北京当代自然灾害史

1949—2000

于德源 著

北京燕山出版社

目 录

编 辑 说 明

一、《北京当代自然灾害史》详细介绍了北京地区自 1949 年至 2000 年 50 年间的主要自然灾害，按照自然灾害的种类分成七个部分。考虑到在这 50 年间，北京地区还有一些由于病毒或者细菌引起的传染病。传染病虽然不属于自然灾害，但是作者为了更真实地反映出当时的情况，作为补充内容，以附录的形式进行了介绍 ——北京的传染病。

二、全书在引用的资料或者文献中，为了使原资料更加翔实、准确、真实，保留了原计量单位，例如：公里、亩、公斤、尺等，并未进行统一。

前　言

北京位于华北平原的北部，三面环山，南面是所谓北京小平原，属暖温带大陆性半湿润半干旱季风气候，夏季炎热多雨，冬季严寒干燥。又由于其处于山区和平原的交界，所以地质构造相对复杂。再由于北京自古以来是中原地区和东北、西北地区交会之地，所以各方人员往来频繁，人口流动性较强。在这样的地理自然环境下，历史上北京地区的自然灾害主要以水灾、旱灾、地震、瘟疫、风灾、蝗虫灾害为主，一场大灾往往造成数十万甚至数百万人口死亡，社会财富惨遭破坏，社会经济严重滞后。

1949 年以后，特别是近几十年以来，随着自然环境（主要是气候环境）的变化，以及社会结构的变化，自然灾害的表现形式与历史时期相比有了很大不同。例如，随着城镇化的发展，北京的水灾更多是以城市内涝的形式表现出来。例如北京广安门外的莲花桥立交桥，自 2005 年以后连续七年一下雨就深度积水，以致淹没小汽车的车顶。至于旱灾，随着北京人口的剧增，也大多以饮用水匮乏的形式表现出来，耗费大量财力的南水北调工程就是万般无奈之下的艰难选择。地震灾害的潜藏危险性更多是表现在外表豪华而实际建筑质量十分低劣的高大建筑物上，一旦发生地震灾害，这些建筑物会瞬间变成无情的杀手。在卫生方面，虽然随着生活条件和环境的改善，过去猖獗的天花、白喉、脊髓灰质炎、大脑炎、肺结核等疾病已经基本被抑制，有些已经多年不见了。但是，在新的环境里有的疾病死灰复燃，而且又产生了过去闻所未闻的新的传染疾病，特别是输入性传染病，例如艾滋病、"非典"、禽流感等等。非洲部分地区发现的埃博拉病毒目前虽然没有传入中国内地，但香港地区已有病例发现；近来拉美地区又发现了主要通过埃及伊蚊传播的寨卡病毒，2016年2月在我国江西已出现第一例输入性寨卡病例，至3月已有4例输入性病例，现实的威胁不容忽视。过去只是偶尔一见的手足口病，现在几乎成了北京地区特定人群中的常见病，所幸现在已经研发出疫苗。这些传染病来势汹汹，一旦染病又非常凶险，其发病原因和防治方法往往一时超出了我们已有的经验，这就难免造成社会的极度恐慌，不但影响到社会经济的正常运转，也会影响到社会秩序的稳定。联想到2013年北京发生"非典"的时候，市民由最初的毫不在意，很快就转为极度恐慌。由于没有掌握预防的方法，为了控制疾病的传播，只好采取临时封闭发现病例的地方，除了必要的部门以外一律采取停课、停工等办法。人们尽量避免外出，马路上空空如也，街上的公交车大多空驶，即使有乘客也只是一两位。经过一段时间的探索以后，医务人员掌握了治疗方法和防预措施，人心才随之稳定。短短几个月的经历，给人们留下的教训十分深刻。艾滋病这种输入性传染病，最初是由于某些人对两性关系的不检点和发生在吸毒者中间，但是随着河南周口艾滋病人群体的发现，血液开始成为艾滋病的又一重要传播途径，以致今天病人需要输血的时候都要考虑再三。据报载，近年来艾滋病患者在我国又有年轻化的趋势，在年轻男性中成倍增长，甚至在一些中学生中也开始发现艾滋病患者，实在令人忧心。在饮食卫生方面，由于我们对街头饮食摊贩的监控存在大量漏洞，从北京市卫生局的疫情通报中可以看到，肺结核、乙肝又死灰复燃。痢疾过去往往只有在夏季才高发，现在痢疾和感染性腹泻病竟然一年四季都处于高发态势。2015年11月，北京市卫生局发布的疫情通报中，报告病例数居前5位的病种依次为：感染性腹泻病、手足口病、肺结核、痢疾和病毒性肝炎，共占法定传染病报告发病数的82.73%。此外，由于环境污染，近十几年来雾霾成为对人们特别是城市居民身体健康的严重威胁，特别是北方城市一到冬季，雾霾的橙色警报甚至是红色警报频频，引发大量的呼吸道病人发病，这种情况同样让人触目惊心。

就气象灾害而论，北京地区历史上占主要地位的旱灾、洪涝灾害，现在仍是北京地区的主要威胁。除此之外，由于极端天气频繁出现，所以风灾、雹灾也很突出。

北京地区处于季风带，所以春、秋季节多风，对北京城市建设和居民的人身安全都是很大的威胁。关于北京地区的风灾，早在距今1500多年前的北魏时期，就记载"北魏孝文帝太和八年（484年）四月，济、光、幽（治蓟城，今北京）、肆、雍、齐六州暴风。北魏宣武帝景明元年（500年）二月癸巳，幽州暴风，杀一百六十一人。"[1]根据1950年以来的记载，北京地区在7、8月经常出现雷雨暴风。在1951年4月和7月、1965年5月、1978年7月、1984年8月、1985年7月、1986年7月、1990年7月

/1/《魏书》卷一百一十二（上）《灵征志》。

和 9 月、2000 年 3 月的大风和雷雨暴风中，都发生了人口伤亡的情况。此外，2014 年、2015 年北京延庆、昌平和大兴也都发生过比较严重的雹灾。不过北京地区的雹灾还是以 1969 年 8 月 29 日的特大冰雹最为严重，笔者曾亲历这场骇人的灾害。笔者出生在北京，但记忆中从来没有过这样大的冰雹。据事后有关部门调查，城区及 9 个区县先后遭受雹灾，最大雹径 16.7 厘米，受灾 2.3 万余亩。西郊 2500 亩蔬菜、700 余亩秋粮作物、4000 余亩果树被毁。城区从天安门到西单，2/3 以上路灯和许多窗玻璃被砸毁。德胜门至宣武门一带，有一半路灯被砸坏。树叶全部被砸光。冰雹过后人们得穿着小棉袄出来观看情况，而光秃秃的树枝直到 10 月气温回暖后才又长出嫩叶。地面的积雹有半尺到 1 尺厚，连阳台门都被冰雹堵住，费半天劲才能打开。当时，由于冰雹连雨带风是从西边过来的，城内各处住房朝西面的窗玻璃全部被砸碎，以至于北京市面一时玻璃短缺，房管部门直到 10 月下旬天气渐冷时才全部补齐。这场雹灾的范围之广包括了城区在内的 9 个区县，不过从农田受灾面积来看，雹灾的重点可能主要是在近郊区。

根据北京市气象局统计，1841—1950 年北京的 110 年平均降水量是 645.3 毫米，1951—1980 年北京的 30 年平均降水量是 644.2 毫米。其中，1971—1980 年的 10 年平均降水量是 567.8 毫米。1981—2000 年北京的 20 年平均降水量是 574.1 毫米。由此可见，北京地区自 20 世纪 70 年代以后年平均降水量是逐步减少的，由 600 多毫米降到 500 多毫米。因此，自 1951—2000 年北京地区约有 29 个年份呈旱灾，其中一般干旱有 18 年，严重和比较严重干旱有 11 年。自 1949—2000 年，虽然北京地区发生的洪涝灾害有 37 个年份，但受灾面积在 100 万亩以上的严重洪涝灾害只有 12 个年份。

不过，我们注意到，北京地区洪涝灾害的发生，除了和年降水量的异常增多有关之外，更和汛期降水量集中、降水强度大的特点有密切关系，尤其在山区更是如此。例如 1951 年，年降水量 440 毫米，本属枯水年，可是汛期降水量却有 265 毫米，占全年降水量的 60%。主要是 8 月中旬降暴雨、大暴雨较多。8 月中旬以后，房山县日降水量 105 毫米，通县（今北京通州区）日降水量 128 毫米。日降水量都达到 100 毫米以上，由此造成局部涝灾。再如，1962 年北京年降水量 366.9 毫米，年降水量也少于历年降水量（644.2 毫米）。可是汛期中自 7 月初开始，延庆县、门头沟区、房山县、昌平县、怀柔县（今北京延庆区、门头沟区、房山区、昌平区、怀柔区）等地降暴雨至特大暴雨。房山县史家营（今房山区西北部山区，与门头沟区接壤）日降水量 235.3 毫米，昌平老峪沟（今昌平区西南部山区，平均海拔 800 米，与怀柔区、门头沟区接壤）日降水量 300 毫米，降水时间短，强度大，从而造成山洪暴发，并引发泥石流，灾后地面积石 1 米多厚，死亡 3 人。24—25 日，平谷、大兴、通县连降暴雨至特大暴雨，其中日降水量平谷县黄松峪（今平谷区东北山区，平均海拔 400 米）343 毫米，将军关（今平谷区东北山区，与河北兴隆接壤，平均海拔 400 米）402.8 毫米，平谷县城 255.9 毫米，大兴县安定（今大兴区东南安定镇，属平原地区）218.4 毫米，通县 353.3 毫米，都达到特大暴雨级别，从而造成作物被淹、减产或绝收，房屋倒塌，人员伤亡的严重后果。再如，1980 年北京年降水量 380.7 毫米，也少于历年年降水量（644.2 毫米），可是汛期中自 8 月初门头沟、房山、昌平、怀柔、密云等县降暴雨至特大暴雨。门头沟区三家店（今门头沟区东北，永定河畔）日降水量达到 262.6 毫米，也达到特大暴雨级别，造成山洪暴发，洪水横溢。

自 2000 年以来，北京地区在近十余年中，一共发生六次大暴雨：

2004 年 7 月 10 日，城区降水量达 73 毫米，天安门降水量达 87 毫米，达到暴雨级别。朝阳门降水量达 106 毫米，达到大暴雨级别。

2004 年 7 月 29 日，全市平均降水量达到 57 毫米，达到暴雨级别。世界公园地区降水量达到 106 毫米，达到大暴雨级别。

2007 年 8 月 1 日，全市平均降水量 28 毫米，朝阳区安华桥降水量 171 毫米。健翔桥降水量达 111 毫米。安华桥、健翔桥都达到局地大暴雨级别。

2011 年 6 月 23 日，全市平均降水量 50 毫米，达到暴雨级别。石景山区模式口地区降水量达 215 毫米，局地达到特大暴雨级别。石景山苹果园街道办事处附近一辆路过的黑色轿车抛锚熄火停在水中。两名年轻男子从附近赶来，站在水中帮忙推车，推行没多远，一名男子突然脚下踩空，身体消失在水流中，另外一名男子上前搭手施救时也被水流卷走。事后得知，两名男子推车的地方，有一个排水井的井盖不翼而飞，两人坠入排水井中被水冲走，直至 24 日其中一人才被找到，遗体已被冲出 9 公里以外。

2011 年 7 月 24 日，全市平均降水量 62 毫米，达到暴雨的级别。密云北山下降水量达 244 毫米，达到特大暴雨级别。

2012 年 7 月 21 日，全市平均降水量 170 毫米，城区平均降水量 215 毫米，达到大暴雨和特大暴雨级别。房山区河北镇降水量 460 毫米。

在以上暴雨灾害中，尤以 2012 年的"7·21"暴雨、山洪、泥石流灾害最为严重。这场特大暴雨全市平均降水量 170 毫米，城区平均降水量 215 毫米。房山县河北镇降水量 460 毫米。受灾面积 16000 平方公里，受灾人口 190 万人。道路、桥梁、水利工程多处受损。民房多处倒塌，几百辆汽车损失严重。7 月 21 日白天至 22 日凌晨，北京城遭遇自 1951 年有气象记录以来最凶猛、最持久的一次强暴雨，或 61 年来不遇的最强暴雨。城内多条路段积水严重，房山区等北京郊县引发严重泥石流，灾情惨重。后经确认，北京境内共有 79 人在此次暴雨中遇难，包括在抢险救援中因公殉职的 5 人。这场暴雨水灾有两个特点：一是 7 月 21 日 8 时至 22 日 8 时，房山区全区平均降水量达到 281.1 毫米。山区平均降水量达到 313 毫米，最大降水中心点为河北镇。平原平均降水量达到 249.2 毫米，最大降水中心点为城关镇，降水量达到 357 毫米。特大暴雨在山区造成了严重山洪、泥石流暴发。房山县周口店镇娄子村村民说，水 1 米多高的时候，看到有小汽车连人带车被山洪带下来，还有人被水冲下来。还有村民称看见一辆公交车被卷了下来，里面装着人，不知去向。房山县黄山店村的养殖户肖凤伶的鸡场全部被冲毁，死鸡都被掩埋在淤泥之下。她的猪场原共有生猪 3800 多头，且多以种猪为主，洪水过后仅剩 100 头左右，总共损失 1500 万元左右。二是这场暴雨在城市中引起严重内涝，莲花桥、丰益桥、广渠门桥等立交桥下成为重点积水区。一辆途胜 SUV 行经北京东二环广渠门桥下，因暴雨致立交桥下积水深达 4 米，车子被整体淹没，驾驶员无法打开车门逃生，被困车中，不幸罹难。另外，在京港澳高速上至少发现了 3 名遇难者。城区 95 处道路因积水断路，莲花桥下积水齐胸。二环路复兴门桥双方向发生积水断路；二环路东直门桥区，南北双向主路因为积水无法通行，南向北方向车辆发生较长排队等候现象；三环路安华桥、十里河桥、方庄桥、北太平庄桥、玉泉营桥、丽泽桥、六里桥立交桥等发生积水，导致主路断路；四环路岳各庄桥、五路桥等发生积水断路情况。城区的遇难者中，五环路以内6人，其中核心城区1人。

然而，正当人们为这场严重灾害遭受的损失感到沉痛、市政府为了恢复灾后正常生产和生活秩序全力以赴的时候，社会上却冒出了"壬辰多水"的说法。北京某家报纸在采访新闻中写道："×××先生告诉记者，早在清朝康熙五十二年阴历六月，有一天外面正下着大雨，康熙皇帝触景生情，跟身边的大臣说：'昔言壬辰、癸巳年应多雨。'当年刚好是壬辰年，转年则是癸巳年。又过3天，雨还继续下，康熙跟身边的人又举了几个例子，说顺治十年癸巳年，北京地区雨大成灾；万历二十二年壬辰年，大雨；明朝成化九年癸巳年，北京地区也是大雨。康熙举的3个例子在《清实录》上都有记载。×××当时正在做北京市科学规划办公室的一个课题（3个人的合作课题）——北京历史灾害研究。康熙皇帝的这番话引起他的重视，于是他把秦始皇以来一直到现在，按照60年一甲子的规律，总结出2000多年里大概有37次甲子，然后从各种史书中找壬辰、癸巳年间的天气情况，结果显示在这两年中发生水灾的概率高达80%以上。也就是说，在北京历史上，只要逢壬辰、癸巳年，80%以上都是雨水成灾。这个概率是很高的。2012年就是壬辰年，明年就是癸巳年，所以我在1996年的文章中就明确地预报了这一点。"这位先生引用的《清实录》原文是这样的："昔言壬辰、癸巳年应多雨……朕记太祖皇帝时壬辰年涝，世祖皇帝癸巳年大涝，京城内房屋倾颓。明成化时癸巳年涝，城内水满，民皆避居于长安门前后，水至长安门，复移居端门前。"其实，这条史料本身就有问题，清太祖是努尔哈赤的庙号，壬辰年是明万历二十年（1592年），是努尔哈赤拥父祖十三副遗甲举兵后的第 10 年，当时所据还只不过是建州（今吉林通化、集安）一带，因此所谓"太祖皇帝时壬辰年涝"与北京地区根本无关。《明实录》中，这一年北京地区也没有关于洪涝灾害的记载。世祖皇帝是清顺治皇帝的庙号，癸巳年是顺治十年（1653 年），这年 6 月以后北京确实发生了洪涝灾害，但是在这年的春季，北京同时也还发生了严重的春旱，应该是旱涝兼作年。明成化癸巳年是明宪宗成化九年（1473 年），这年北京地区并没有洪涝灾害的记载。真正发生巨大洪涝灾害的是在成化六年（1470 年）。康熙皇帝述及的当时北京城内情况和明代史书记载的成化六年（1470 年）北京城内情况大致相同，但成化六年（庚寅，1470 年）既不是壬辰也不是癸巳。由于这年的灾害后果一直持续到成化十一年（乙未），可以肯定是康熙皇帝在说史时出现了错误，史官据圣言而录，当然不会去订正皇帝的错误。但就是这样一条错误百出的史料却被这位先生认为是可靠的依据，并说自辽、金至今共有 18 轮壬辰、癸巳年，除辽、金 3 轮不见水灾记载外，其余 15 轮中水灾占 83.33%，也就是 12 个壬辰、癸巳年，可见应验率之高。因此，大胆预报下一轮的壬辰、癸巳年即 2012 年、2013 年将是多雨水大的年份。其实，北京地区受季风影响，旱涝往往同在一年，即以这位先生说的顺治十年（癸巳，1653 年）来说，《清实录》记载："顺治十年（1653 年）四月壬子，谕内三院：'今年三春不雨，入夏亢旱，农民失业……著顺天府官督率所属竭诚祈祷。'〔又〕谕内外法司各衙门：'朕念上年京师畿辅水潦为灾，夏秋俱歉，米价日贵。今三春不雨，入夏犹旱。'"只是这年 6 月以后才大雨绵绵，以致淫雨成灾："闰六月庚辰，谕内三院：'兹者淫雨匝月，岁事甚忧。都城内外，积水成渠，房舍颓坏，薪桂米珠……甚者倾压致死。'礼部奏言："淫雨不止，房屋倾塌，田禾淹没，请行顺天府祈晴。'"[1] 在这位先生自己参加撰写的《北京历史灾害研究》中，其在"清代北京旱灾简要年表"中也把顺治十年列为"重旱"，而在"清代北京水灾简表"中又把这同一年列为"特大水灾"。可见这应该是水旱交替年。过去这位先生曾说他统计过 15 轮壬辰、癸巳年，但笔者统计的结果，其中至少元、明、清 11 轮壬辰、癸巳年中就有 5 轮是水旱交替年，2 轮是单纯旱年，2 轮无灾年，1 轮灾种不详年，单纯洪涝只有 1 轮。如果将水旱兼作年归计入旱年计算，则旱年占 64.64%；如果将水旱兼作年归计入洪涝年计算，则洪涝年占 54.55%。像这样的数字游戏能算作科学的态度吗？更何况《清实录》除了仅有的关于这句话的记载之外，其他各朝各代的官、私记载中都没有相似的说法，而且就是康熙皇帝说这句话时的五十二年（癸巳，1713 年），北京也并没有发生水灾，他自己也认为只是一种可能而已。笔者这样说，并非凭空臆测。因为在君权神授的观念下，只有帝王才能够直接得到上天传达的意旨。

因此，如果真的有"壬辰多雨"、大水泛滥的信念，清王朝必定会订立制度，在这两个年份举行祈禳，就如预测将出现日食一样，但事实上并没有。况且，遍阅浩瀚大清历朝实录，除此一处之外，再无第二句。那么何以数百年之后，这么一句话却被今人捡起来作为千古不易的信条，并据以做出多年的预测来了？只因为康熙皇帝的一句"昔言"，再加上赶巧的 2012 年（壬辰）的北京特大暴雨，就对此更加坚信不疑，这无疑是错误的。须知，无论是在自然发展还是社会发展的过程中，都是存在着人们一时

/1/《清圣祖实录》卷二百五十五 康熙五十二年六月己丑。

无法解释的偶然现象，这正是朴素唯心主义产生的原因。几千年来，占卜术之所以得以存在，绵绵不绝，其原因也就在于此。算命先生的预测一旦偶然和事实沾上了边，那自然就被深信不疑，至于其他那么多不沾边的事情就都有意或无意地被置之脑后了。我们要知道，自然灾害的发生是多种自然因素相互作用的综合结果。而且，各个灾害系统之间和灾害系统与环境系统之间都存在相互作用的关系，尤其是相互诱发、加强的关系。那种认为灾害发生周期就像转盘似的循环的观点是极为有害的，误己误人。

诚然，科学研究确实是可以做出预测的，但那要付出艰巨的努力，要有正确的方法，要舍得下功夫，仅靠道听途说或一叶障目都会出笑话。就以从秦始皇以来的 2000 年来说，所谓壬辰、癸巳年多水，那又是以什么地方的降水为标准呢？如果说是今北京地区的话，那么史书中关于今北京地区气象灾害可是从西汉才有记载。如果说是以各个时期的帝王所在都城的降水为标准的话，那又不免陷入君权神授的泥潭。著名气象学家竺可桢先生的学生张丕远先生曾说过，竺老在阅读大量中国史籍和地方志时曾有一个印象，即中国往往北方旱时，南方涝；南方旱时，北方涝。但因为没有找出合理的解释，所以也只是提出这个现象。他并没有由此就下结论，北方旱时南方就一定涝，反之亦然。笔者认为，这才是真正科学、严谨的态度。可是在科学史上，有成就的科学家在某个问题上出笑话的也不罕见。例如，牛顿就因为找不出地球自转的原因而转向神学，认为是上帝给了地球一脚造成的。我国一位著名科学家，也曾从增加农作物光合作用可以增加产量的角度出发，仅用计算尺推演了一下就得出可以亩产万斤的结论。可是他却忘记了一个基本的事实，一万斤粮食需要种多少庄稼，区区一亩地能插得下这么多庄稼的植株吗？这样的错误如果仅仅是个人的一个小小的失误也就罢了，可是一旦不假思考地向社会广为宣传，且被执政者采纳，那危害就难以想象。

我们说"壬辰、癸巳多水"的说法荒谬，还在于它的出处并不是人们多年以来出于生活经验的积累而形成的民谚。民谚如"八月十五云遮月，正月十五雪打灯"等，虽然也十有八九不应验，但毕竟源于人们的生活和人们对于自然的观察。可是，"壬辰、癸巳多水"却是出于阴阳学的五行学说，纯粹是占卜术的无稽之谈。按照五行的说法，天干"壬"在五行中属水，且为江河湖海之水，为大水。地支辰在五行中属土，在四大墓库（辰、戌、丑、未）中属水的墓库。既然壬本身是水，又遇辰水墓库，因此就认为壬辰应当是大水肆虐之年。所谓墓库，顾名思义，就是坟墓与仓库，原为萨满教（按：这里说的萨满教是指原始社会时期的萨满教，不是指清代萨满教）占卜时的星象名词。因为壬辰在属相中是龙年，因此又有壬辰水龙年的说法，说什么辰是龙年，所以壬辰是壬骑龙背，称水龙年。然而，实际上在民间"水龙年"被称为水旺之年，在民俗中寓意"风调雨顺、国泰民安"，并没有"多雨"一说。至于把"壬辰、癸巳多水"和《周易》强拉硬扯，更是无知可笑。《周易》根本与此不沾边，翻遍《周易》也找不到与此相关的词句和思想。

北京地区的山地约占全市面积的 62%，平原约占 38%。地貌类型主要有中山、低山、丘陵、平原、山间盆地等。北京的地质结构特点形成了山区的大量断裂带，而且平原地区的凹陷隆起边缘也存在着不少活动断裂带，这些都是发生地震灾害的根源。北京地区的地震灾害历来是人们关注的重点。在史书记载当中，最早的就是晋惠帝元康四年（294 年）二月，上谷（治沮阳，今河北怀来县大古城）、上庸、辽东地震。八月，上谷地震，水出，杀百余人。居庸地裂，广三十六丈，长八十四丈，水出，大饥。按：《水经注》卷十三《漯水注》云："沧水（今妫水）又西南，右合地裂沟。古老云：晋世地裂，分此界间成沟壑。有小水俗谓之分界水，南流入沧河。沧河又西迳居庸县故城（今北京延庆）南，有粟水入焉。"据此，地裂沟当在今北京延庆区东北。而在史书记载中距今最近且破坏严重的大地震当数清代康熙十八年（1679年）的北京平谷—三河大地震和雍正八年（1730年）北京西郊的大地震。就现代而言，对北京影响较为严重的就是1966年的河北邢台地震和1976年的唐山大地震。其中邢台地震时北京有明显震感，当时笔者正坐在办公室中，只见随着一阵强烈的摇动，楼房的墙角都歪斜了。不过，摇动以后，没有更大的震感。1976年的唐山大地震就不一样了，当时笔者因事一夜未眠，恍惚中看到外面天空变成了黄色，好像下黄沙一样，正觉得奇怪，又听见一阵轰隆隆的声音，于是暗想原来是要下雨了。正在此时，楼房就剧烈地震动起来，接着就是猛烈地摇晃，这才明白原来是地震了。这是我有生以来第一次经历如此强烈的地震。地震发生以后，人们都离开了家，到附近公园宽敞处搭棚子睡觉，一直到当年的10月底天冷了才陆续回家居住。有时我想，前几年日本发生的9级地震中，东京的高楼大厦尽管像天线一样摇来晃去却没有倒塌。我们目前的建筑能够达到这样的级别吗？这虽然是一个有待验证的问题，但当人们听到有关建筑界人士说中国近年盖的大楼的保质期只有20—30年的时候，不能不对目前建筑的安全性感到担忧。伪劣建筑无异于杀人凶器。

北京地处季风带，受此影响，风灾也是比较突出的自然灾害。北京历史上记载最早的就是"北魏孝文帝太和八年（484年）四月，济（治今山东聊城东南）、光（治今山东掖县）、幽（治今北京）、肆（治今山西定襄西）、雍（治今陕西安西北）、齐（治今山东济南）六州暴风。北魏宣武帝景明元年（500年）二月癸巳，幽州暴风，杀一百六十一人。景明三年（502年）九月丙辰，幽（治今北京）、岐（今陕西宝鸡东北）、梁（治今陕西汉中）、东秦州（今陕西宝鸡北）暴风昏雾，拔树发屋"。而在近代以来，随着全球气候变暖，风灾也渐渐突出起来。一般来说，北京在1、2、3月份发生的大风基本上是大陆干燥季风造成的；而在6、7、8月份发生的大风则是海洋暖湿季风造成的，所以往往同时伴有雷暴雨。夏季的大风对农业生产造成的损失最大，成片已经成熟的庄稼倒伏。特别是在山区，除粮食作物受损之外，还造成数万棵果树的倒折，果品损失动辄数十万公斤。

对于灾害史研究来说，52年的跨度（1949—2000）毕竟是短了一点。但是也有好处，这就是殷鉴不远，便于我们总结经验教训。例如城市积水问题。近几年来，几次夏季的骤然强降水都造成北京城市不少地区发生严重积水，乃至水没汽车车顶，溺死人命，这是北京人几十年来没有看到过的惊人景象。明、清时期，为了防止城市积水，屡屡明令禁止在城内掘坑取土，并且还填埋了一些水洼。现实的问题是，在城市交通建设中，在建造高架桥的同时，人为地挖了不少深于地面的车道和隧道，在排水不畅的情况下自然就会造成严重水患。笔者认为，在北京城市交通建设中应该尽量避免修建这样的车道。实际上，欧、美一些城市出现这样的车道大多是因其地理形势使然，别无其他选择。北京城市都是平地，不必人为地制造向下的坡道，特别是大坡度的向下坡道。最近报载，北京市政府明令禁止今后在城市中修建下凹的交通通道。这确实是明智之举。

我们应该清醒地看到，与拥有难以想象的巨大破坏力的自然灾害相比，即使是现代社会，人类仍然是渺小的弱者，因此培养人们的自我保护意识应该是一项重要的措施。北京城市中百年禁之不止的随地吐痰恶习，在2003年"非典"流行期间竟一时成为人人喊打的过街老鼠，几乎绝迹。但是"非典"一过，没有多久就又故态复萌，街道上痰迹斑斑，这种状况不禁令人叹息。倘若我们的防灾意识都只能依靠一次又一次地牺牲数千百人甚至数十万人的生命才能有所觉醒，才能保持一时，那实在是我们民族的巨大悲哀了。但愿不是如此。这也是笔者写作本书的目的。

一 北京极端气候现象

相对于一般气象灾害来说，极端气候现象对社会的伤害更为严重。所谓极端气候现象，是指那些罕见的、50年一遇或100年一遇的灾害性气候现象，例如特大暴雨、特大暴风、特大冰雹、特大旱灾等等。从笔者的回忆和资料记载来看，大约从20世纪70年代以后，北京地区极端气候现象开始增多，与极端异常气候有关的厄尔尼诺现象、拉尼娜现象这些词汇也开始渐渐为人们所熟悉。严中伟、杨赤先生的研究指出，极端气候完全可以逆平均气候而变化，在很多情形下，平均气候变化不大，而极端气候相反显著，其变化可达平均气候变化的5—10倍。所以平均气候远远不能完全描述气候变化的真实过程，极端气候有独立的研究价值。/1/

　　如前所述，从平均气候的角度来看，北京地区自20世纪70年代以后年平均降水量是逐步减少的，由600多毫米降到500多毫米。这虽然表明北京地区平均降水量的减少，但在汛期内发生特大暴雨、泥石流的极端气候现象却并不罕见，而且给全市的生产和居民的生活造成巨大损失。特别是极端的特大暴雨和泥石流，往往造成数十人的死亡。例如，1972年的年降水量是374.3毫米，只有历年平均值的58%，是一个典型的干旱年，而且这年也是整个华北地区的特大干旱年。但是就在这年7月，北京怀柔、延庆、密云却出现了大暴雨，造成山洪和泥石流暴发，人民生命财

/1/　严中伟、杨赤《近几十年中国极端气候变化格局》,《气候与环境研究》第5卷 第3期。

产受到极大损失。怀柔、延庆、密云等地山区死亡达 55 人。1974 年延庆、怀柔极端暴雨和泥石流中伤亡 4 人、冲走 7 人。1976 年密云等地发生的暴雨和泥石流中竟死亡 104 人。1977 年密云番字牌乡发生的暴雨和泥石流中死亡 14 人。1979 年暴雨中全市死伤 7 人。1982 年极端暴雨和泥石流中，房山十渡死亡 4 人，2 人受伤，2 人失踪；密云大城子乡死亡 13 人，重伤 8 人。1989 年极端暴雨和泥石流中，密云番字牌乡死亡 18 人，重伤 8 人，轻伤 432 人。1991 年暴雨和泥石流中密云怀柔交界地区死亡 28 人，重伤 8 人。以上所举历年暴雨和泥石流中人口伤亡情况，除少数几年是发生在多水年或平水年之外，大多数都是在全年降水量 500 多毫米、400 多毫米，甚至 300 多毫米时发生的，这确实应该引起我们的警惕。平均气候作为一种趋势确实是我们应该掌握的，但绝不能因此而忽略那些突如其来的、逆平均气候的灾害性天气。另外，雹灾也是如此。首先从时间上看，北京地区的雹灾一般以 5、6、7、8 月份发生得居多，其中 7、8 月份最为集中，6 月份次之，5 月份又次之。但是，也有提前到 4 月份和延伸到 9 月份发生的情况。例如，1962 年 4 月 30 日，密云、顺义、平谷发生雹灾，冰雹密度大，雹径有 3 厘米左右，地面积雹 18 厘米。雹径 3 厘米应该有核桃那么大了，地面积雹 18 厘米应该有半尺多厚。这样强烈的冰雹发生在这个月份应该属于特例。1978 年 4 月 27 日，顺义、密云、怀柔发生降雹密度很大的冰雹，受灾地区农作物减产 50% 左右。9 月份发生的雹灾有个特点，一个是在同一个月份中相继发生雹灾，例如 1970 年 9 月 3 日、11 日、15 日，在延庆的不同地区先后发生雹灾，而且冰雹大如杏核或核桃，即直径 2—3 厘米。1983 年 9 月 2 日、29 日，在房山、密云、平谷、延庆、怀柔也先后发生冰雹。其中 9 月 29 日发生的冰雹最为严重，最长降雹 20 分钟，最大如核桃，地面积雹 18 厘米，受灾严重，市领导亲自前往组织救灾。1986 年北京是多雹年，当年除 6、7、8 三个月降雹 20 次以外，9 月份 7、11、19 日又先后降雹 3 次，而且强度不减，最长降雹时间长达 20 分钟。最为罕见的是 1991 年的 9 月 1 日至 5 日连续 5 天分别在城区、大兴、密云、房山、怀柔、延庆等地降雹。这些都可以说是平均气候之外的特例。另外，从空间方面看，由于冰雹形成需要上下冷热空气强烈对流的条件，所以一般大多发生在地形复杂、地面受热不均的北京北部山区。这里在夏季正是潮湿东南季风的迎风面，也容易产生厚厚的积雨云层。这二者都是冰雹形成的必要条件。所以说冰雹发生有局地性的特点。但是，在一定的特殊条件下，北京的平原地区，如城区、大兴、通州等大范围地区也可以出现冰雹天气，例如 1969 年 8 月 29 日北京城区及郊区九县的大冰雹，最大雹径 16.7 厘米（一说 16 厘米），城区的冰雹不但强度很大，而且伴有阵风达 11 级的罕见大风。老人都说这是从来没有见过的现象。总而言之，这些发生在 4 月和 9 月的大范围冰雹灾害都属于特例的极端气候现象。

极端气候非常罕见，有时甚至超出了我们的生活经验，加之其突发性强，所以很难预料。气象工作者也认为那种极端降雨是很难预测的。极端气候对人类社会的威胁很大，需要我们时时提高警惕。当一种气象灾害出现异常动向的苗头时就要加强监测，并做出一旦出现极端气候时的应对方案。像 2012 年 7 月 21 日的特大暴雨，对人民生命财产造成严重损失，教训极为深刻。由于其降水量达到了 61 年以来最严重的级别，河北镇降水量甚至达到创纪录的 541 毫米，强降水持续 20 小时，可以说超出了人们的想象。在这种极端气候面前，平时的应急预案已经不能有效应对，人们难免一时手足无措。7月21日当天，房山区两次下达行政命令，组织拒马河、大石河流域两侧群众向安全地带转移。对拒不撤离的群众，果断采取强制措施。房山区虽然将6.5万人转移到了高地，但是还有那些路过的、盲目的、没有来得及反应的人，仍然被洪水无情地吞没了。另外，在灾害面前不少干部、群众表现出英雄主义精神，如京港澳高速南岗洼路段严重积水，最深处达6米，数十辆汽车被淹，上百人的生命受到威胁。京港澳高速南岗洼附近北京丰台区河西再生水厂的工棚里，150名月薪仅3000元的农民工自发地迎着洪水而上，舍生忘死地投入营救。最终，200多名被困者获救。房山区韩村河镇副镇长高大辉，房山区燕山公安分局向阳路派出所所长李方洪，房山区周口店镇副镇长冷永成，房山区长阳第二供水厂抢险队队长郭云峰，密云县大城子镇党委副书记、镇长李建民都在与洪水的搏斗中为抢救群众而献出生命。其中，冷永成副镇长救了100多个人，自己被卷入了洪水，其遗体是事后在清理沙子的时候，在淤沙下发现的。房山区区长祁红说："我见到群众的时候，有村民拉着我的手，要表达对村支书的感谢，洪水达到了4米高，北车营村的村支书，开着挖掘机，一个一个地找人，营救村民。尽管如此，在这次特大暴雨、山洪、泥石流的袭击下，人民生命财产和社会经济还是遭到了重大损失，需要我们好好地反思。因此，应对极端气候仍然是我们一个长期的研究课题。"

二　北京暴雨和洪涝灾害

北京地区年降水量是 644.2 毫米，最早出现于 4 月，最晚结束于 10 月下旬，但在时间的分布上十分不均衡，降水一般集中在 6—9 月的汛期，其中 7 月下旬、8 月上旬的降水最为集中，在暴雨时节能达到全年降水总量的 80%，即所谓的"七下八上"。这也是北京特大暴雨发生的集中时间段。单位时间内的降水量称为降水强度，气象科学按 12 小时和 24 小时降雨强度划分降雨等级，分为小雨、中雨、大雨、暴雨、大暴雨、特大暴雨：

小雨：　　　12 小时降水量小于 5 毫米，日降水量小于 10 毫米。

中雨：　　　12 小时降水量 5 至 14.9 毫米，日降水量 10 至 24.9 毫米。

大雨：　　　12 小时降水量 15 至 29.9 毫米，日降水量 25 至 49.9 毫米。

暴雨：　　　12 小时降水量 30 至 69.9 毫米，日降水量 50 至 99.9 毫米。

大暴雨：　　12 小时降水量 70 至 139.9 毫米，日降水量 100 至 199.9 毫米。

特大暴雨：　12 小时降水量不小于 140 毫米，日降水量不小于 200 毫米。

北京地区的暴雨分布与降水分布是一致的，就是说在汛期降水多的地区也就是暴雨的多发地区。这个地区大致以房山百花山、昌平军都山、云蒙山为界，分布在其以南的房山暴雨区、怀柔暴雨区和平谷东部暴雨区。这三个地区，房山、怀柔在暴雨发生的时候，日降水量一般在 180 毫米以上；平谷东部山区在暴雨发生的时候，日降水量一般在 150 毫米以上，都达到特大暴雨的级别。在极端气候下，则可以是特大暴雨。像房山的南尚乐、张坊、城关镇、十渡、马各庄、史家营都是经常发生暴雨、泥石流的地区。怀柔的黄花城、杨宋、枣树林（今怀柔区怀北庄）、八道河、汤河口、崎峰茶、沙峪、琉璃庙，密云的石城乡、四合堂、水堡子、冯家峪、番字牌、黄土梁、北庄、大城子、张家坟，以及怀柔以东和密云以西交界处的地区，都是北京地区的暴雨和泥石流经常出现的地区。平谷的镇罗营、黄松峪、将军关、西水峪、大华山和昌平的老峪沟、下庄、阳坊也是暴雨和泥石流经常发生的地区。以上地区一般海拔在 400—600 米。地理位置对于暴雨和泥石流的形成至关重要，怀柔的枣树林、汤河口、崎峰茶，密云的冯家峪、番字牌往往是暴雨的中心地区。其中，枣树林村因地处迎风坡面，造成暴雨异常，被列为 1942 年以来海河流域 12 个最大降雨点之一。北京地区的特大暴雨则主要分布在山前和山前偏南迎风坡一带，北京市区、城近郊区、海淀、石景山、门头沟东部、昌平、顺义、怀柔等地常见特大暴雨。有统计指出，自清末光绪九年（1883 年）至 2000 年之间的 118 年中，北京出现日降水量或 24 小时降水量超过 200 毫米的计有 73 次，其中大于 300 毫米的有 20 次，有 17 次是发生在 1949 年以后。1972 年 7 月 27 日怀柔枣树林出现创纪录的日降水量 479.2 毫米，怀柔县沙峪出现创纪录的 12 小时降水量 410.8 毫米。1976 年 7 月 23 日密云县田庄出现创纪录的 2 小时降水量 288 毫米[1]。

北京在 20 世纪 50—60 年代属于多水年，在 1949—1969 年之间发生的 14 次洪涝灾害中，有 9 次是在降水量大大超出历年平均降水量 644.2 毫米的丰水年发生的。这些年份的年降水量往往达到 800—900 毫米，有的时候如 1954 年的年降水量竟达 1005.6 毫米，1956 年的年降水量竟达 1022.2 毫米。这都是少见的。最突出的是 1949—1958 年的 10 年中，由于降雨偏多，而水利设施还不完备，所以几乎年年发生水灾。

/1/　北京市地方志编纂委员会：《北京志·自然灾害卷·自然灾害志》，北京出版社，2012 年，第 92 页。

另外，值得注意的是，虽然从 20 世纪 70 年代以后北京地区的年降水量逐渐减少，从年平均降水量 600 多毫米降到 500 多毫米，但是自 2008 年以后年降水量逐渐增多。和近 30 年的历年平均值相比，北京 2008 年降水量偏多，2009 年偏少，2010 年接近历年平均值。2011 年是 721.1 毫米，已经大大超过了历年平均值，即使是在五六十年代也是丰水年。2012 年是 758.7 毫米，仍高于 2011 年。2013 年是 508.4 毫米，虽有所减少但也接近历年平均值和近 10 年平均值。所以有专家认为，目前北京乃至华北地区在长期干旱的背景下，年降水量有往偏多方向转移的看法是有依据的。所以防御洪涝灾害仍是长期的任务。

/ 一 /

1949 年　北京大水

从表 2–1 中，我们可以看到这年的年降水量 921.0 毫米是历年的年降水量的 1.43 倍，其中 6、7、8 三个月的总降水量是 737.8 毫米，占全年降水量的 80.1%，这是造成这年水灾的重要原因。新中国刚成立时，各方面的工作还来不及开展。永定河堤低矮，在多年洪水的淤塞下，河床高抬的态势依然如旧，所以这年的暴雨造成北京各条河道水涨泛滥遂难以避免。

据记载，1949 年 7 月 9 日由于连日降雨，卢沟桥一带的永定河水接近危险水位。中共北平市委、市政府成立防汛指挥部，连夜组织修堤。7 月 29 日全市普降大雨，暴雨中心在北京西南的通县土门楼附近。从 7 月 28 日到 8 月 4 日降水量已达 338.1 毫米，短短七天降水量已达全年的 36.7%，其中最大日降水量达 150.2

表 2-1　1949 年年降水量对照表（单位：毫米）

年	1月	2月	3月	4月	5月	6月	7月	8月	9月	10月	11月	12月	总降水量
1949	0.0	5.5	3.3	6.5	57.6	112.7	417.3	207.8	68.7	16.8	7.2	17.6	921.0
历年平均	3.0	7.4	8.6	19.4	33.1	77.8	192.5	212.3	57.0	24.0	6.6	2.6	644.2

毫米，已经是大暴雨级别。各河涨溢。潮白河、北运河都出现了洪峰，卢沟桥一带的永定河水位也达到危险水位。7 月 31 日，潮白河由山区出山到平原地区汇合的苏庄（今顺义东南苏庄）潮白河水文站最大洪峰达 5470m³/s（每秒 5470 立方米），且高水位持续 42 小时；8 月 1 日，北运河最大洪峰达 920m³/s，这都达到了20 年一遇或 50 年一遇的级别。

　　潮白河流域自 6 月 25 日—8 月 4 日连续降雨 45 天，历史上非常罕见。7 月 29 日潮白河上游山洪暴发，白河水逼临密云县西门，潮河水漫进密云东北的南台村（今密云前南台、后南台），冲毁其西南的石匣（今密云石匣）沙坝，逼近密云县城。密云县农田受灾 41.18 万亩，成灾 10.45 万亩。怀柔自 6 月 25 日—7 月下旬，霖雨不止，10.7 万亩农田遭涝灾，其中 1.5 万亩绝收。怀柔全县坍塌房屋 819 间，被洪水冲走 72 间。7 月 31 日，由于潮白河 50 年一遇的巨大洪峰，潮白河在顺义东南东房子村（今顺义王家场，东临潮白河）决口，洪水向东南冲入李家桥村（今顺义李桥镇）附近的潮白河故道（今小中河）。直至 8 月 1 日上午，洪水在高水位上持续了 5 个小时，禾苗受灾严重。顺义境内潮白河东的箭杆河本来是向西南入潮白河，这时受涨溢的潮白河所阻，无法顺畅下泄，也发生了漫溢，沿河部分村庄被淹，低洼处也有3 米左右。顺义县全境受灾 60 万亩，成灾 35 万亩。由于是平原地区，所以受灾比山区的密云县还要严重。通县境内的潮白河右堤（河西的堤岸）也发生溃决，水漫遍野，大量村庄的房屋进水，水深近2米左右。

在潮白河发生险情的同时，北运河水系也发生了险情。北运河的上游是温榆河，其至通州北关闸后，以下河道称北运河，其位于永定河与潮白河之间，是北京的五大河流（永定河、潮白河、北运河、拒马河、泃河）之一。7月29日和8月1日全市普降大雨，而且暴雨中心就在通州东南的土门楼（今河北香河土门楼）。7月30日通县暴雨最大，日降水量达到120.7毫米。北运河通州水文站出现50年一遇的920m³/s的洪峰流量，沿运河直泻而下，经武窑（今通州武窑），到牛牧屯（今通州牛牧屯）出通州境。通县境内北运河自南刘各庄至牛牧屯的东堤岸有9处发生溃决，洪水漫流，并且与潮白河西堤决口的洪水连成一片。北京东南本来就地势低洼，这时成为泽国，通州全境农田受灾达67.56万亩，其中10万亩颗粒无收，粮食严重减产。

京城南部的凉水河和近郊区的一些小河也发生漫溢，北运河流域内大兴、顺义、通州三县受灾总面积达195万亩。虽然从暴雨来临的时候中共北平市委、市政府就成立防汛指挥部，连夜组织修堤抢险，但是由于当时北京的各种水利设施年久失修，河道历年失于疏浚排泄不畅，堤防也单薄低矮难以抵挡大的水患。所以在50年一遇的大暴雨和洪水的袭击下，最终还是发生了50年来未有的大涝灾。

城区西北部的海淀自8月13日普降大雨，香山东部的南旱河附近的四王府、门头村、北坞、蓝靛厂、西郊机场被淹。海淀全区有47个村庄遭受不同级别的水灾。低洼地区积水1—2天才消退，积水面积达160平方公里，深度达25—70厘米，倒塌房屋 3467 间，死亡 12 人。受灾农田 1.33 万亩，其中积水面积是 1.13 万亩，河水漫溢过水 0.2 万亩。

北京西北山区的延庆县，和全市一样，自 6 月 21 日至 8 月 8 日的一个半月中阴雨绵绵，土壤中饱含水分，以致农作物烂根，全县受涝灾 7.26 万亩绝收，水冲沙压地 0.6 万亩，减产 326.7 万公斤。

据灾后统计，这次水灾中，全市农田受灾总面积达 331.12 万亩，其中大兴、通县、顺义、房山、昌平五县约 268 万亩，占全部的 81%。全市农田成灾 243.96 万亩。在成灾农田中，失收的有 62.34 万亩，占 19%；重灾 88.01 万亩，占 27%；轻灾 93.61 万亩，占 28%。粮食减产 7793 公斤。冲毁堤防 9 处[1]。

/ 1 / 北京市水利局：《北京水旱灾害》，中国水利水电出版社，1999 年，第 58 页；北京市北运河管理处、北京市城市河湖管理处：《北运河水旱灾害》，中国水利水电出版社，2003 年，第 95 页；通州水资源局：《通州水旱灾害》，中国水利水电出版社，2004 年，第 24 页；北京市潮白河管理处：《潮白河水旱灾害》，中国水利水电出版社，2004 年，第 59 页；顺义区水资源局：《顺义水旱灾害》，中国水利水电出版社，2003 年，第 48 页；怀柔区水资源局：《怀柔水旱灾害》，中国水利水电出版社，2002 年，第 35 页；密云县水资源局：《密云水旱灾害》，中国水利水电出版社，2003 年，第 34 页；海淀区水利局：《海淀水旱灾害》，中国水利水电出版社，2002 年，第 40 页；延庆县水资源局：《延庆水旱灾害》，中国水利水电出版社，2002 年，第 100 页；北京市气象局：《北京气候资料》（一）铅印本。

表 2-2　1950 年年降水量一览表（单位：毫米）

年	1 月	2 月	3 月	4 月	5 月	6 月	7 月	8 月	9 月	10 月	11 月	12 月	总降水量
1950	0.0	6.5	0.6	132.4	53.2	58.5	289.1	334.4	20.1	6.9	8.6	0.6	910.9
历年平均	3.0	7.4	8.6	19.4	33.1	77.8	192.5	212.3	57.0	24.0	6.6	2.6	644.2

/ 二 /

1950 年　北京大水

　　1950 年的北京年降水量 910.9 毫米（见表 2-2），与上年的 921.0 毫米相差不多，突出的是汛期中的 7、8 两个月的降雨特别集中，而且都大大超出了历年的平均值。1950 年北京 7、8 月的总降水量是 623.5 毫米，占全年降水量的 69%。按说这样的汛期应该不至于发生水灾，但是因为降雨分布十分不均衡，在极短时间内局部地区发生强度很大的降雨，于是在局部地区也容易发生水灾。1949 年北京降雨的中心部位在北京东部的通县东南，可是 1950 年的降雨中心却是在北京的西北方向。

　　1950 年全市降雨始于 8 月 1 日，降雨中心在门头沟区斋堂、清水镇上清水村。斋堂和上清水村位于门头沟区西部，东南部是房山、西南是河北涞水，海拔 700 米左右，地势结构主要是山区。8 月 3—4 日斋堂、清水地区出现最大降水量，日降水量 287.4 毫米，达到特大暴雨级别；最大洪峰流量 1900m³/s，沿岸 107 个村庄不同程度遭到水灾。这年的降雨集中在 8 月 1—7 日，7 天降水量 331.4 毫米，平原地区大部分也降雨 250 毫米左右。在这样的情况下，永定河、北运河、潮白河先后出现洪峰。由于

1949 年以后在永定河的上游修建的官厅水库是 1952 年 12 月合龙，1953 年正式拦蓄洪水，所以 1950 年永定河洪水还处于无法约束的状态，在汛期连续出现 7 次洪峰，8 月 4 日永定河出山处的三家店水文站洪峰流量达到 2750m³/s，下行至卢沟桥水文站时洪峰流量减至 2250m³/s。这已经和后来的 1956 年永定河发生水灾时的级别相差不多（1956 年 8 月，永定河三家店洪峰流量 2640m³/s，卢沟桥洪峰流量 2450m³/s），所以下游沿堤漫溢遂不可免。大兴境内自卢沟桥南的立垡、鹅房以下至北小垱的 15 处险工均出现险情，幸亏依靠军民的大力抢护才没有决口。不过，当时虽然上游三家店与卢沟桥之间的永定河段已经开始向小清河分洪。小清河是拒马河的支流，发源于北京丰台区长辛店镇羊圈头村，与永定河并行南流。流经丰台、房山两区的长阳、葫芦垡等 8 个乡镇，在房山区八间房附近出北京市境而进入河北省涿州市境内。该河在丰台长辛店以上的河段又称哑叭河，而在大宁滞洪区以下部分称小清河。小清河是间歇性的季节河流，历代都作为永定河的分洪道。这年永定河洪水虽然从小清河成功分洪，但永定河洪峰下行至大兴与河北安次（今河北廊坊）交界仍然发生决口，在南汉村冲断京津铁路护路堤，造成停车一天。这是永定河自 1949 年以后的第一次决口。永定河卢沟桥以南，自北天堂村以下左堤（东堤、北堤）28 处出现险情，经过大力抢护才没有发生漫溢，前后历时 15 天。这年，大兴境内的大小龙河、凤河、天堂河先后决口 137 处，漫溢 76 处。大龙河位于大兴县中部。起自黄村南铁道口闸，从西北向东南流经大兴县的 4 个乡镇至白塔村东与小龙河汇合。沿途建有 6 座阶梯闸、17 座桥，是大兴县主要排灌河道。大龙河河水暴涨，河上的 5 座桥梁被冲毁，从永定河左堤到大兴采育镇之间 50 公里一线一片汪洋，水深 0.5—1.7 米，农业严重受损。凤河发源于大兴县红星区团河双泡子。曾供帝后妃子垂钓，故名。1955 年开挖凤河新段，将团河至南红门段并入。现凤河起源于南红门，流经大兴县 5 个乡，至凤河营入河北省安次县，支流有岔河、旱河、官沟、通大边沟。天堂河发源于丰台区南天堂附近蛤蟆洼，由永定河透堤水汇集成河。1949 年后曾几次裁弯取直，改道加深、加宽。潮白河苏庄水文站在 7 月 18 日出现最大洪峰流量 2370m³/s，所幸水位不久回落，没有造成溃堤，可是在回落过程中，顺义的东房子村（今顺义王家场村东）因靠近潮白河岸，土壤被冲刷、浸泡，一夜之间 120 户的 500 多间房屋都塌陷到河流之中，只剩下 10 多户人家的房屋幸免。万幸的是当地政府事先做好了防险准备，人畜全部安全。这一年潮白河水患是全流域的洪水灾害，顺义、怀柔地区倒塌房屋 2730 间，死亡 4 人。

昌平自 8 月 2—16 日发生 2 次暴雨过程，一是 8 月 3 日昌平地区日降水量 93.7 毫米，达到暴雨级别。一是 8 月 16 日昌平地区日降水量达到 147.2 毫米，达到大暴雨级别。后一次降雨造成昌平北部山区山洪暴发，温榆河水深 6 米，漫溢两岸约 1000 米。全县 181 个村庄受水灾，占全县总数的 46%；受灾农田 71.64 万亩，占全县总数的 80%，其中绝收 12.13 万亩；倒塌房屋 6959 间，死亡 18 人。

北运河通州水文站 8 月 7 日出现洪峰达流量 823m³/s。如前所述，1949 年北运河在通州发生水灾时，洪峰流量 920m³/s 是 50 年一遇，所以这年北运河通过通州时的洪峰也是非常罕见的。通州境内大小河道堤防决口 50 余处，洪水漫溢，加之地势本来就低洼，汪洋一片，510 个村庄受灾，倒塌房屋 9000 余间，死 14 人，伤 11 人。20 多万亩农田颗粒无收。在这年的水患当中，通州受灾的程度有过于大兴。

朝阳区内自 8 月 17—19 日连降 3 天大雨，降水量累计达到 158.9 毫米，境内坝河、温榆河等河道暴涨，大多决口，因处于平原地区，所以很多地方被淹，死亡 6 人。坝河位于北京市东郊，源于东城区东北护城河，自西向东在朝阳区东郊边界入温榆河，属北运河水系。主要支流有北小河、亮马河和北土城沟等。坝河本来是元代开凿的运粮河，后成为排水渠道。1949 年后，曾进行了 4 次治理。河道建有蓄水闸 7 座，一次蓄水量 120 余万立方米，可灌溉农田 4.4 万亩。

这年水灾中，全市重点灾区积水面积达 1117 平方公里，一般地方水深 20—80 厘米，水淹时间 1—3 天，由于这时大田秋季作物正在接近成熟，晚秋作物也已经生长，所以经水灾之后农田中的秋粮作物严重受损，晚秋作物基本颗粒无收。

经统计，这年水灾中全市受灾农田 380.44 万亩，成灾 293.9 万亩。其中受灾比较严重的通县受灾 88.43 万亩，而且全部成灾；大兴受灾 82.61 万亩，成灾 77.10 万亩；昌平受灾 71.64 万亩，成灾 48.00 万亩；顺义受灾 50.00 万亩，成灾 32.50 万亩；房山受灾 21.43 万亩，而且全部成灾。五县共受灾 314.11 万亩，成灾 267.46 万亩，其中失收 70 万亩，重灾 112 万亩。总计减产粮食 11242 万公斤，蔬菜 6280 万公斤，仅农业就损失 1736 万元。其中，通县、顺义、大兴是受灾最严重的三个县，共有 221 万亩良田受灾，占五县总受灾农田的 70%。此外，丰台受灾 16.52 万亩，成灾 10.58 万亩；朝阳受灾 4.60 万亩，成灾 3.00 万亩；延庆受灾 1.86 万亩，而且全部成灾；密云受灾 43.35 万亩，成灾 11.00 万亩。

据记载，北京市至 1978 年底的全部耕地是 644 万亩，考虑

到北京市耕地面积的大量减少是从 1995 年开始的，可以认为
1950 年的全市耕地面积与 644 万亩不会相差很多。1950 年北京这
场水灾虽然在规模上被定为一般水灾，但就其破坏性而言，大致
和 1949 年一样，使北京境内一半的耕地遭到灾害[1]。

/ 三 /

1951—1953 年、1962 年
北京四个旱年水灾的教训

1951 年北京局部地区出现涝灾。这年的年降水量是 481.6 毫
米（见表 2-3），仅是历年平均年降水量 644.2 毫米的 75%，而
汛期内 6、7、8 三个月的降水量也分别比对应的各月平均值要低，
总的来说应该属于干旱年。但是在 8 月中旬降雨过于集中，出现
的暴雨和大暴雨比较多。8 月 14 日房山日降水量 105 毫米，达到
大暴雨级别。8 月 13—15 日通州连续降雨，3 天累计 160.4 毫米。
其中，8 月 15 日的日降水量 128.1 毫米，也达到大暴雨级别。由
于汛期降雨过于集中，所以在旱年中由于暴雨而致使房山、通县、

/1/　北京市水利局：《北京水旱灾害》，中国水利水电出版社，1999 年，第 59 页。
　　北京市北运河管理处、北京市城市河湖管理处：《北运河水旱灾害》，中国水利
　　水电出版社，2003 年，第 97 页。北京市潮白河管理处：《潮白河水旱灾害》，中
　　国水利水电出版社，2004 年，第 61 页。北京市永定河管理处：《永定河水旱灾
　　害》，中国水利水电出版社，2002 年，第 84 页。丰台水利局：《丰台水旱灾害》，
　　中国水利水电出版社，2003 年，第 27 页。大兴区水资源局：《大兴水旱灾害》，
　　中国水利水电出版社，2003 年，第 21 页。顺义区水资源局：《顺义水旱灾害》，
　　中国水利水电出版社，2003 年，第 49 页。朝阳区水利局：《朝阳水旱灾害》，中
　　国水利水电出版社，2004 年，第 23 页。通州水资源局：《通州水旱灾害》，中国
　　水利水电出版社，2004 年，第 24 页。昌平区水资源局：《昌平水旱灾害》，中国
　　水利水电出版社，2004 年，第 30 页。北京市气象局：《北京气候资料》（一）铅
　　印本。

表 2-3　1951 年年降水量一览表（单位：毫米）

年	1月	2月	3月	4月	5月	6月	7月	8月	9月	10月	11月	12月	总降水量
1951	8.2	10.2	1.4	0.9	145.9	52.5	72.8	123.1	25.8	35.5	4.5	0.8	481.6
历年平均	3.0	7.4	8.6	19.4	33.1	77.8	192.5	212.3	57.0	24.0	6.6	2.6	644.2

朝阳、大兴、昌平境内的大小河流出现涨溢，农田受损。8月17日，永定河最大洪峰流量 $655m^3/s$，这虽然还不是太大的洪峰，但也在大兴境内的西大营、赵村、北章客等险工地段造成险情，幸亏经大力抢护才没有漫溢。经统计，1951年北京境内受灾59.63万亩，全部成灾。其中，朝阳受灾2.7万亩，通县受灾27.93万亩，大兴受灾4.5万亩，房山受灾14.5万亩，昌平受灾10万亩，以上全部成灾。在受灾的59.63万亩农田中，失收5.8万亩，重灾22.52万亩，轻灾31.31万亩，总计减产2791万公斤。这年的水患虽然不算非常严重，但也警示我们，即使在旱年也不能对防御洪涝有一丝疏忽。北京不但年降水量有很不均衡的特点，就是在降雨比较集中的汛期，其在空间和时间分布上也都非常不均衡。这个特点造成北京地区即使在旱年也可能出现局部的涝灾和水灾。

1952年与1951年一样也是旱年时在局部地区发生了水灾。这年的年降水量虽然比1951年的481.6毫米略多，但也仍少于历年平均年降水量的644.2毫米，所以仍属于降水不足的年份。但是我们通过表2-4可以看到，这年各个月份的降水量虽然都基本少于历年同期的降水量数值，但唯独7月份的降雨达到302.2毫米，是历年平均值的1.57倍，这种异常情况遂造成本年度局部地区的水患。

这年7月21—24日北京市连降大雨。郊区河流水位上涨，

表 2-4　1952 年年降水量一览表（单位：毫米）

年	1 月	2 月	3 月	4 月	5 月	6 月	7 月	8 月	9 月	10 月	11 月	12 月	总降水量
1952	0.0	14.3	16.1	6.3	35.0	22.4	302.2	70.3	64.8	5.5	6.6	3.8	547.3
历年平均	3.0	7.4	8.6	19.4	33.1	77.8	192.5	212.3	57.0	24.0	6.6	2.6	644.2

坝河、通惠河河水漫溢，门头沟区山洪暴发，造成严重灾害。7月 30 日，永定河在暴雨的影响下暴涨，卢沟桥最大洪峰流量达到 1160m³/s，应该是属于较大洪水。金元时期，永定河自石景山以土堤为主；明清时期，加以改造，对北京城威胁最大的卢沟桥以上河道的左堤改成石条堤，并用铁锭板镶嵌，使之牢固。但是，卢沟桥以下的两岸堤岸还都是沙土堤，直到 1956 年以后才有改变，所以 1952 年永定河大水洪峰仍造成卢沟桥以下永定河堤岸被冲刷、塌陷，出现 15 处险情。位于永定河上游的门头沟地区因是山区，永定河在峡谷中穿行不会有平地河那样的漫溢之虞，但是山势陡峭，大暴雨时大量的雨水在短时间内降临陡峭的地面，就会很快形成山洪。7月 21—22 日，门城镇（今门头沟城子）连续降雨 263 毫米，达到暴雨级别。附近的崇化庄沟、门头沟都发生山洪。洪水漫过防洪堤顶，冲毁耕地 891 亩，倒塌房屋 466 间，裂漏 257 间。门头沟地区自元代以来就生产煤炭，是北京西部的煤炭矿区，这年大雨冲走煤炭 0.13 万吨，塌陷 27 处矿坑，造成煤矿停产。

房山大石河、拒马河受暴雨、山洪影响也发生大水，沿河的各村低洼耕地被淹。由于地下水位抬升，良乡镇城关 5 个村庄地面出水。

这年水灾，北京境内农田总计受灾 37.89 万亩。其中，失收

表 2-5　1953 年年降水量一览表（单位：毫米）

年	1月	2月	3月	4月	5月	6月	7月	8月	9月	10月	11月	12月	总降水量
1953	0.1	4.3	4.0	9.3	87.8	90.4	140.8	258.9	26.0	28.3	5.8	2.0	657.7
历年平均	3.0	7.4	8.6	19.4	33.1	77.8	192.5	212.3	57.0	24.0	6.6	2.6	644.2

2.69 万亩，重灾 1.50 万亩，轻灾 13.9 万亩，总计成灾 18.09 万亩。粮食减产 699 万公斤。就各县而论，大兴受灾 7.8 万亩、顺义受灾 4 万亩、门头沟受灾 0.09 万亩，而且都全部成灾。房山受灾 10 万亩，成灾 6.2 万亩。昌平受灾 16 万亩。

1953 年的年降水量 657.7 毫米，与历年平均年降水量基本持平，可就是这样的平历年份，在北京局部地区也还是发生了水灾。我们通过表 2-5 可以发现，这年只有 8 月份降雨显得略有异常，但也只不过比历年多 22%。这年的全年降水总天数是 73 天，与历年平均降水总天数 73.9 天也没有多大差别。永定河上游的官厅水库于 1952 年合龙，在 1953 年的 8 月 24 日—9 月 6 日就拦蓄洪水 5.6 亿立方米，这是有记录以来的第二位大洪水。但就是这样，8 月 27 日永定河三家店洪峰流量还是达到了 998m^3/s，卢沟桥洪峰流量达到 824m^3/s，在永定河的历史上，这都是属于比较高的洪峰，说明这年永定河还是发生了洪水。

1953 年降水异常的情况是出在 8 月份。8 月份的降水量比历年平均值多出了近 1/4。根据北京气象局的历年各月逐旬统计，8 月份上旬降水量 106.8 毫米，是历年平均值 53.9 毫米的 1.98 倍，中旬降水量 38.2 毫米，比历年平均值 54.7 毫米略少，但是下旬降雨 113.9 毫米又是历年平均值 41.4 毫米的 2.75 倍。可以肯定，1953 年 8 月上旬和下旬比历年平均值多出 1 倍左右的降水量，是这年部分地区发生洪涝灾害的原因。

1953年8月24日—9月6日，永定河中上游普降大到暴雨，官厅水库在这14天的时间就蓄洪5.6亿立方米，是有记录以来的第二位大洪水。尽管永定河已经有官厅水库拦洪，门头沟地区还是不免水患，倒塌房屋220间，冲毁农田136亩，积水内涝6300亩。

大兴县从8月初就出现永定河洪水，由于洪峰来势凶猛，如一堵高墙齐头并进，所以大兴境内两岸河堤各处险工河段纷纷出现险情。由于当时各处河堤还都是沙堤，加以苇秸沙石捆束的埽工[1]，所以很容易被洪峰顶开冲散，而沙堤更经不住洪水的反复冲刷。大兴马村、南章客、西麻各村的险工段最为危险。首先，大兴永定河东堤的六合庄险工段埽工下挫，漫溢出的洪水直冲东南的马村，致使马村险工大堤坍溃290米，经过11天的抢护才转危为安。其次，在永定河洪水中经常出现横河、斜河现象，即在洪水中河势发生剧烈调整，河流的顶冲点发生变化，从而顶冲大堤，给防洪造成不利甚至有害的影响。这一年，大兴靠近北河堤的南章客村险工河段就出现横河，并且进一步发展成斜河，坍溃大堤240米，几乎决口，经过十几天的紧张抢护，才转为平稳。总之，这年永定河大水，从卢沟桥以下的鹅房、立垡、六合庄、马村、南章客、赵村、西麻各村，直到阎家铺，近60里的河堤险工屡出危象，沿河的农田也受到一定的损失。

经统计，北京境内受灾农田总计103.66万亩。其中，失收

/1/　中国古代创造的以梢料、苇、秸和土石分层捆束制成的河工建筑物。可用于护岸、堵口和筑坝等。埽工的每一构件叫埽个或埽捆，简称埽。小的叫埽由或由。累积若干个埽个接连修筑构成的工程就叫埽工。埽工就地取材，制作较快，便于应急，且秸草等料可缓溜、抗冲刷、留淤，特别适用于多沙河流，具有多种用途，但体轻易腐，要经常修理更换，管理费用大。

18.89万亩，重灾28.5万亩，轻灾25.53万亩，总计成灾72.92万亩。就各县而论，大兴农田受灾77.34万亩，成灾47.40万亩；丰台受灾1.52万亩，全部成灾。另外，房山、门头沟等地也受暴雨影响，发生了水灾。房山农田受灾7.68万亩，全部成灾，受灾人口6500人；通县受灾16.31万亩，全部成灾；门头沟农田受灾0.01万亩，全部成灾；昌平受灾0.8万亩[1]。

1962年北京的年降水量是366.9毫米，远低于历年平均年降水量的644.2毫米，是典型的枯水年。可是就在这一年的7月，北京部分地区却发生了以山洪、泥石流为主的严重灾害。造成灾害的主要原因就是极端气候现象。前已言之，这年的年降水量偏少，而且从表2–6来看，这年7月的降水量201.0毫米，与历年同期的平均值也相差无几。然而，我们进一步翻检记载，却发现问题就出在当年7月北京延庆、门头沟、房山、昌平、怀柔等部分地区的山区出现的极端气候现象上。根据北京气象局的资料记载，1962年7月延庆降雨119.8毫米，其中7月8日最大降水量达到90.0毫米，这已经达到暴雨和大暴雨级别。密云在7月降水量是329.3毫米，其中7月2日最大降水量是93.9毫米，这也已经达到暴雨和大暴雨级别。古北口在7月降水量是253.1毫米，其中7月25日最大降水量是101.1毫米，这也已经达到暴雨和大暴雨级别。怀柔在7月份的降水量是210.3毫米，其中7月25日最大降水量是54.3毫米，这也已经达到暴雨级别。昌平在7月份的降水量是198.0毫米，其中7月16日最大降水量是

---

[1] 北京市水利局：《北京水旱灾害》，中国水利水电出版社，1999年，第64页；北京市永定河管理处：《永定河水旱灾害》，中国水利水电出版社，2002年，第73页；大兴区水资源局：《大兴水旱灾害》，中国水利水电出版社，2003年，第21页；房山区水资源局：《房山水旱灾害》，中国水利水电出版社，2003年，第32页；北京市气象局：《北京气候资料》（一）铅印本。

表 2-6　1962 年年降水量一览表（单位：毫米）

年	1 月	2 月	3 月	4 月	5 月	6 月	7 月	8 月	9 月	10 月	11 月	12 月	总降水量
1962	2.2	17.7	2.3	12.5	26.8	50.4	201.0	34.0	17.8	0.0	2.1	0.1	366.9
历年平均	3.0	7.4	8.6	19.4	33.1	77.8	192.5	212.3	57.0	24.0	6.6	2.6	644.2

44.6 毫米，这也已经达到暴雨的级别。顺义在 7 月份的降水量是 330.2 毫米，其中 7 月 26 日最大降水量是 89.0 毫米，这也已经达到暴雨和大暴雨级别。平谷在 7 月份的降水量是 292.5 毫米，其中 7 月 25 日最大降水量是 119.5 毫米，这也已经达到暴雨和大暴雨级别。正是这一次次的短时间、大强度的暴雨和大暴雨在以上地区的山区和半山区造成了瞬间的巨大山洪和泥石流，给人民的生命财产造成巨大损失[1]。

　　另据记载，7 月 8 日以上地区降暴雨至特大暴雨。房山史家营日降水量 235.3 毫米，昌平老峪沟日降水量 300 毫米，降雨时间短，强度大，造成山洪暴发，沿途庄稼、树木被冲毁，泥石流过后地面积石达 1 米多厚，死亡 3 人。23 日，密云、怀柔持续降雨，至 26 日，降水量达 200 毫米。致使 18 个乡受洪水灾害 6000 余亩，倒房 700 余间，死亡 4 人。怀柔杨宋等 3 个乡洪涝过水作物 1 万余亩。24—25 日，平谷、大兴、通县连降特大暴雨，（平谷）黄松峪 343 毫米，（平谷）将军关 402.8 毫米，平谷县城 255.9 毫米，大兴安定 218.4 毫米，通县 353.3 毫米。作物被淹、减产或绝收，房屋倒塌，人员伤亡。平谷减产 600 多万斤。通县受灾 7800 余亩，倒房 4800 余间。延庆在 7 月 8—9 日 24 小时降

/1/　北京市气象局：《北京气候资料》（二）铅印本。

水量在 100 毫米以上，康庄达 147 毫米。全县 1859 亩耕地积水，倒塌房屋 71 间。二道河冲毁护堤坝 92 道。公路路面过水，冲断 10 余处。这年，通县境内受灾农田总面积 24.80 万亩。另外，房山境内永定河西堤赵营、金门闸（今房山窑上）、公议庄、葫芦垡等处险工出险，冲走新栽小树 4150 棵。

1962 年，全市境内受灾农田 52.99 万亩，成灾 14.66 万亩。其中，朝阳受灾 5.8 万亩；通县受灾 24.8 万亩，成灾 1.5 万亩；大兴受灾 7.2 万亩，成灾 0.8 万亩；顺义受灾 8.4 万亩，成灾 8 万亩；延庆受灾 0.19 万亩，全部成灾；怀柔受灾 0.9 万亩，全部成灾；平谷受灾 5.7 万亩，成灾 3.27 万亩。

/ 四 /

1954 年　北京大水

1954 年是北京严重水灾年。全年降水量达到 961.4 毫米，是历年降水量平均值的 1.49 倍。从表 2-7 中，我们可以发现这年汛期的 6、7、8 三个月的降水量比历年同期平均值出现严重异常。6 月份降水量 231.7 毫米，是历年同期平均值的 2.98 倍。7 月份降水量 223.0 毫米，是历年同期平均值的 1.16 倍。8 月份降水量 393.1 毫米，是历年同期平均值的 1.85 倍。由于这年前 5 个月少雨的状况，所以 6 月的大雨量还能一时消纳，但经过 6、7 两个月的连续降雨之后，土壤水分已经饱和，各河的水位也已经经过连续的增长，8 月份的超常降雨遂酿成水灾。

8 月 4 日全市普降大雨，暴雨中心在房山西南的张坊镇千河口村山区，日降水量达到 143.3 毫米，达到大暴雨级别。8 月 4—

表 2-7　1954 年年降水量一览表（单位：毫米）

年	1月	2月	3月	4月	5月	6月	7月	8月	9月	10月	11月	12月	总降水量
1954	0.8	6.5	4.6	21.1	30.3	231.7	223.0	393.1	14.2	15.6	16.1	4.4	961.4*
历年平均	3.0	7.4	8.6	19.4	33.1	77.8	192.5	212.3	57.0	24.0	6.6	2.6	644.2

* 一作 1005.6 毫米

10 日的 7 天降水量达到 413.5 毫米，东南部平原地区也达到 250 毫米左右。7 月 23 日，永定河卢沟桥洪峰达到 813m³/s，是本年度的最大流量；8 月 9 日，永定河三家店洪峰流量 611m³/s，大兴境内永定河北岸河堤出现 82 处险情。潮白河流域在 8 月 9、10 两日连降暴雨，出现了全流域的大水。

潮白河上游的密云地区全年降水量 764.6 毫米，略少于历年平均年降水量。最大日降水量 124 毫米，达到暴雨级别，潮、白两河在密云境内的最大流量达到 1980m³/s 和 1410m³/s，少于下游苏庄的洪峰流量，但是也酿成了水灾，受灾农田 14.6 万亩，成灾 9.67 万亩，倒塌房屋 1087 间，死亡 12 人。怀柔县全年降水量 1005 毫米，超出当年年降水量的平均值。7 月 22 日夜晚，怀柔县大雨如注，洪水暴发，境内的怀河暴涨 2 米有余，怀柔县城东南平原地区的年丰乡（今怀柔年丰）、两河乡（今密云两河）、周各庄乡（今怀柔周各庄）、霍各庄乡（今怀柔霍各庄）等地遭洪涝灾达 3.54 万亩。8 月 24 日怀柔北部山区连降大雨 5 小时，北部山区的柏查子、崎峰茶（海拔 600—700 米）两个乡出现 195 处大小泥石流，冲走材树 1.2 万棵、果树 8300 多棵，冲毁农田 224 亩，受灾 423 余户、1544 人，2 人死亡。这年，怀柔发生的 3

次洪水，共冲毁山地 350 亩，冲毁谷坊[1]78 道，倒塌房屋 70 余间，受灾 12.45 万亩，占全部耕地的 33%，成灾 8.34 万亩，减产 804 万公斤。

顺义年降水量 940.1 毫米，大致与平均年降水量相当。8 月 9—10 日两天连降暴雨，8 月 10 日潮白河苏庄水文站洪峰流量达到 2940m³/s，水位达到 27.8 米，接近 50 年一遇的级别，河道多处出现险情，经过及时抢护，未酿成决口。潮白河顺义段漫堤 6 公里，沿河庄稼、村庄被淹，全县农田受灾 48 万亩，成灾 37 万亩。这年北京境内潮白河流域受灾最重的是密云、怀柔、顺义、通县。

通州年降水量 1073.7 毫米，远多出本年平均年降水量 961.4 毫米。8 月份降水总量 531.1 毫米，比全年的一半还多。8 月 9 日的日降水量 202.6 毫米，8 月 4—12 日 9 天连续降雨 413.6 毫米。8 月 11 日北运河通州洪峰 749m³/s，虽然属于一般洪水，但由于当时尚没有有效控制洪水的工程，而且排水能力也差，新凤河、凉水河，排泄标准不足 5 年一遇的级别，所以只要有稍大一点的雨水，就会造成河道漫溢的现象，给河道两旁的农田带来损失。新凤河属凉水河支流，自大兴县芦城乡立堡分水闸流经该县 5 个乡镇，在烧饼庄汇入凉水河。凉水河源于丰台区后泥洼村，流经丰台区、大兴县、通县，于榆林庄闸上游汇入北运河，是北运河的一条主要支流。全长 58 公里，有草桥河、马草河、马草沟、大羊坊沟、萧太后河等支流。20 世纪 50 年代中期拓宽治理

---

[1] 谷坊是在易受侵蚀的沟道中，为了固定沟床而修筑的土、石建筑物。谷坊横卧在沟道中，高度一般为 1—3 米，最高 5 米。主要作用为抬高侵蚀基准，防止沟底下切；抬高沟床，稳定山坡坡脚，防止沟岸扩张；减缓沟道纵坡，减小山洪流速，减轻危害；拦蓄泥沙，使沟底逐渐台阶化，为利用沟道土地发展生产创造条件。

后，河道上建有大红门、马驹桥、新河、张家湾 4 座拦河闸，除可汛期排水外还可蓄水 400 多万立方米，灌溉农田 20 多万亩。

这年，通县境内河道决口漫溢 29 处，全区 309 个村庄遭到不同程度的灾害，计 3.2 万户、13.9 万人。另外，温榆河支流的清河、坝河等京郊河流因缺乏疏浚，排水能力很差，一般不足 5 年一遇，所以也多处出现决口漫溢，两岸被淹农田水深 70—100 厘米。清河位于市区北郊，系市区主要排洪河道。水源为沿北旱河汇入的西山泉水或下游山洪以及沿北长河于安河桥汇入的玉泉山水。流经圆明园、清河镇，在立水桥以东入温榆河。这年通县全县有 76.76 万亩农田被淹，减产六成以上的 46.6 万亩，绝收 18.3 万亩。

北运河的重要上游支流温榆河在昌平境内。这年昌平全年降水量 1251 毫米，高于全市的年降水量，其中汛期降水量达到 1156.2 毫米，占全年的 92.4% 以上。7 月 23 日，最大日降水量 135 毫米，也达到大暴雨级别。虽然说，北京地区的年降水量大部分集中在汛期的 6、7、8 月份，但这样集中的程度也是很少有的。在这种异常情况下，昌平全境受灾农田 24 万亩，倒塌房屋 17033 间，死伤 11 人，减产粮食 859.08 万公斤。顺义境内北运河水系受灾粮田 13.73 万亩。

大兴在 1954 年发生了 4 次洪水，其中 7 月 23 日永定河卢沟桥洪峰达到 813m³/s，是本年度的最大流量；8 月 9 日，永定河三家店洪峰流量 611m³/s，这虽然属于一般洪水，但大兴境内永定河北岸河堤也出现 82 处险情。卢沟桥以下立垈、鹅房、六合庄、赵村、韩家铺、南章客、西麻各庄、阎家铺、西押、石佛寺（按：以上各地均在今大兴境内）等各处险工纷纷出险，自 6 月到 9 月经过 82 次抢护才告安稳。大兴境内大小龙河、天堂河、凤河也普遍涨溢，平地水深 60 厘米，冲毁桥梁 4 座，倒塌房屋

6390 间，死伤 13 人。

朝阳区年降水量 961.4 毫米，和当年的年平均降水量持平，7月 20 日和 23 日、8 月 9 日连降暴雨，温榆河支流的清河、北小河、坝河漫溢，多处决口，成灾 5 万亩，倒塌房屋 5441 间。北小河是坝河的最大支流，位于北京市东北郊。起自朝阳区安定门外小关，向东流经朝阳区北部，在三岔河村西入坝河。河道全长 16.6 公里，原是一条曲折窄浅的季节性河流。

房山境内大石河大水，良乡县（今房山良乡）26.8 万亩农田受灾，且全部成灾，27 个村庄被洪水围困，平原地区河水漫溢，倒塌房屋万余间。房山县 3.3 万亩农田颗粒无收。大石河位于房山境内，属拒马河支流，又称琉璃河，古称圣水。发源于房山霞云岭乡堂上村，流经该区 9 个乡镇，于路村出市界，汇入北拒马河。其中山区流域面积占 70%。沿河黑龙关、河北村及万佛堂等地多泉水。主要支流有周口店河、挟括河等。1958 年后，流域内修建了鸽子台、大窖、牛口峪、丁家洼、天开等中小型水库以及夏村至祖村大堤等防洪工程。沿河名胜古迹有万佛堂、琉璃河大桥等。

海淀西北的西山位于北京夏季东南季风的迎风面，历来夏季雨水较多。这年 7 月 23、24 日连降暴雨，西山洪水暴发，南旱河、清河洪水涨溢，海淀周家巷（在北安河南）、温泉被淹，北坞、中坞、大泡子、养水湖、高水湖一片泽国。海淀全区积水达 144 平方公里，3.5 万亩农田被淹，其中 5617 亩颗粒无收，13 个村庄重灾，倒塌房屋 881 间。

全市重点灾区积水 989 平方公里，水深 17—60 厘米，1—3 天以后才逐渐消退。

全市受灾农田 316.67 万亩，据统计，大兴、通县、顺义、昌平、房山五县受灾 289 万亩，占总数的 91%，是全市重点灾区。全市成灾 244.57 万亩，其中失收 85.29 万亩，重灾 75.58 万亩，轻灾 83.70 万亩。粮食减产 9863 万公斤。倒塌房屋 16390 间，死亡 13 人[1]。

/ 五 /

1955 年　北京大水

1955 年是一个多雨重灾年，年降水量 933.2 毫米（见表 2-8），是历年平均降水量的 1.45 倍。这年的降雨异常情况主要出现在 5 月份和汛期的 8、9 两月。5 月份降水量 103.2 毫米，是历年同期降水量的 3.12 倍，但全月降雨天数只有 7 天，最主要的降雨是发生在 5 月下旬的 27 日（76.1 毫米）一天，所以尚没有酿成灾害。然而，汛期 8、9 月的超常降雨则不然，首先因为继 5 月份之后的 6、7 月份的降雨与历年相比基本持平，于是 8、9 月份的超常降雨为河道所无法容纳。8 月份降水量是历年同期降水量的 1.86 倍，这已经是非常异常的情况了，对北京各条河道形成了巨大的压力。更为特殊的是 8 月份降水量 2/3 以上的 275.9 毫米是集中

/1/ 北京市水利局：《北京水旱灾害》，中国水利水电出版社，1999 年，第 61 页；北京市北运河管理处、北京市城市河湖管理处：《北运河水旱灾害》，中国水利水电出版社，2003 年，第 98 页；北京市潮白河管理处：《潮白河水旱灾害》，中国水利水电出版社，2004 年，第 61 页；大兴区水资源局：《大兴水旱灾害》，2003 年，第 22 页；顺义区水资源局：《顺义水旱灾害》，中国水利水电出版社，2003 年，第 49 页；朝阳区水利局：《朝阳水旱灾害》，中国水利水电出版社，2004 年，第 23 页；通州水资源局：《通州水旱灾害》，中国水利水电出版社，2004 年，第 25 页；平谷区水资源局：《平谷水旱灾害》，中国水利水电出版社，2002 年，第 29 页；昌平区水资源局：《昌平水旱灾害》，中国水利水电出版社，2004 年，第 30 页；房山水资源局：《房山水旱灾害》，中国水利水电出版社，2003 年，第 32 页；海淀水利局：《海淀水旱灾害》，中国水利水电出版社，2002 年，第 40 页；北京市气象局：《北京气候资料》（一）铅印本。

表 2-8　1955 年年降水量一览表（单位：毫米）

年	1 月	2 月	3 月	4 月	5 月	6 月	7 月	8 月	9 月	10 月	11 月	12 月	总降水量
1955	0.0	0.2	9.4	9.5	103.2	53.2	172.8	395.0	143.6	33.3	12.1	0.9	933.2
历年平均	3.0	7.4	8.6	19.4	33.1	77.8	192.5	212.3	57.0	24.0	6.6	2.6	644.2

在本月的中旬，是历年对应时间降水量的 5.04 倍，这是非常罕见的。根据北京气象局的记载，1955 年 8 月 13—20 日连续降雨 8 天，降水量达到 275.9 毫米。北京各河纷纷涨溢，永定河上游由于已经有官厅水库拦洪蓄水，所以没有出现险情。但是，潮白河、北运河及其上游支流的清河、坝河、温榆河和大兴县境内的凤河、大小龙河、天堂河，却都出现了险情。不少农田被淹，农业生产受到巨大损失。

8 月 13 日，全市普降暴雨，暴雨中心在卢沟桥，最大日降水量 162.1 毫米。8 月 13—20 日的连续降雨，各河都超出了安全水位，对灾害的形成起了决定作用。

密云地区 8 月 16—17 日连降两天暴雨，引发了潮白河全流域的洪水。8 月 17 日 4 时，白河水位已经距密云城护城坝顶只有半尺。密云清水河（今密云水库东北）发生了罕见的 60 年一遇的洪水。密云墙子路村（今密云水库东）进水 2 尺深，部分房屋倒塌。程各庄（今密云大城子镇程各庄村，位于密云水库东南）、焦家务（今密云巨各庄镇前后焦家务村，位于密云水库南）等浅山区的护村堤坝几次被洪水冲决。密云全境冲淤农田 3206 亩，倒塌房屋 1120 间，死亡 3 人。8 月 17 日潮白河苏庄水文站洪峰达到 2720m³/s，接近 20 年一遇或 50 年一遇洪水的级别。

顺义年降水量 1097.3 毫米，超出了本年度的年平均降水量。

加之境内潮白河下游河道水位与西部的温榆河水位都与河岸持平，受主流河道洪水的顶托作用，顺义境内的各支流无法宣泄，纷纷漫溢，顺义境内农田 40 万亩受灾，成灾 30.76 万亩，倒塌房屋 1514 间。

据北京气象局统计，通县 1955 年的年降水量达 1042.7 毫米，超出了本年度的年平均降水量；降雨集中在 8 月份达 496.1 毫米，也超出了本年度 8 月份的平均降水量 100 多毫米，遂酿成了通县地区的水灾。这年，通县是北京境内的重灾区之一。8 月 13—19 日通县连续降雨 7 天，其中 8 月 17 日的日降水极值达 135.3 毫米，境内各条河流都超出了安全水位，北运河通州站洪峰达到 1210m^3/s，已经达到特大洪水（50 年一遇）的级别。北运河东堤自通县大营至魏庄（按：均位于通县城东）有 3 处漫溢，洪水冲刷临时筑起的埝堤，决口 10 处，总长 200 多米。温榆河、清河、北小河、小中河未经彻底疏浚，排水只能达到 5 年一遇的水平，高涨的河水高过堤顶 0.6—1.3 米，超过历史最高水位，普遍发生漫溢决口，清河决口 16 处，两岸农田被淹，水深 0.7—1 米。受潮白河和北运河洪水的共同压力，通县农田受灾 80 余万亩，其中重灾 7 万余亩，粮食减产 2200 万公斤。243 个村庄 4 万户、19.6 万人受灾，其中 17 个村庄 3215 户、1.6 万人遭受重灾，共倒塌房屋 7825 间，死亡 3 人，重伤 4 人。这年，北运河流域的洪水达到 1 级洪水的级别，受灾农田占全市总数的 51%。

昌平全年降水 977.9 毫米，8 月 7 日降雨 117.5 毫米，达到大暴雨级别。昌平大部分地区属于山区和半山区，降雨强度大，遂引起山洪暴发。暴发的山洪冲入平原的河道，温榆河及其支流首先纷纷涨溢，农田被淹。全县受灾农田 162000 余亩，占全县总耕地面积的 58%，庄稼普遍减产 5—8 成。倒塌房屋 7513 间，伤亡 7 人。

延庆地区 1955 年的年降水量 681.9 毫米，在本地区是降雨较多的一年。8 月 8 日突降暴雨，官厅水库上方妫水河上游的山区和丘陵地带短时间内大量降雨，雨量多而强度大，妫水河水位猛涨 2 米多。妫水河在延庆县境内，属永定河系支流。发源于延庆永宁乡上磨村的黄龙潭、黑龙潭，由东向西、横贯延庆盆地，汇入官厅水库。8 月 13—17 日延庆全境又普降大雨，平均日降水量达 148 毫米，已经达到大暴雨级别，遂造成境内水灾，7.8 万亩农田过水成灾，其中 2.3 万亩绝收，减产粮食 414 万公斤。倒塌房屋 842 间，死亡 3 人。

平谷 8 月 15—16 日连降大雨，河水全面上涨，7 个乡 72 个村受灾，受灾农田 28.96 万亩，减产 7.82 万亩，绝收 0.42 万亩，倒塌房屋 2396 间，死亡 18 人。

海淀在 8 月 4 日和 9 日分别下了两场大雨，西山洪水暴发，平原地区的清河河水陡涨，清河大桥下水深 3.7 米，河水涨溢上岸，清河四街水深 2 米。自颐和园北的青龙桥到昆明湖西南的中坞村一带一片汪洋，淹农田 1800 亩。

朝阳区由于本年 8 月 16 日境内北部的清河和中部的北小河、坝河流域连降大雨，所以位于下游的朝阳区境内各河普遍涨溢，农田受灾。倒塌房屋 1341 间，受伤 5 人。

大兴境内，凤河、天堂河、大小龙河漫溢 80 余处，决口 43 处。决口处总宽 485 米。

全市重点灾区积水 617 平方公里，一般深 20—80 厘米，历时 1—3 天。受灾农田 208.72 万亩，成灾 155.77 万亩。其中，失收 52.48 万亩，重灾 40.90 万亩，轻灾 62.39 万亩。粮食减产 9586 万斤。死亡 13 人。

全市受灾地区中以通县、大兴、房山、昌平、顺义最为严重,占总数的87%。其中,通县受灾83.50万亩,成灾40.00万亩;大兴受灾37.00万亩,全部成灾;房山受灾13.07万亩,全部成灾;昌平受灾16.21万亩,成灾15.00万亩;顺义受灾30.76万亩,全部成灾。其他,朝阳受灾2.37万亩,成灾0.69万亩;丰台受灾4.09万亩,成灾3.05万亩;海淀受灾0.18万亩,成灾0.13万亩;延庆受灾7.84万亩,成灾2.32万亩;怀柔受灾4.23万亩,全部成灾;平谷受灾8.70万亩,全部成灾;密云受灾0.82万亩,全部成灾。从以上数据可以发现,这年受灾的重点地区虽然只有通县、大兴、昌平、顺义、房山五县,但受灾的范围却很广泛,除门头沟地区之外,全部发生不同程度洪涝灾害[1]。

/ 六 /

1956 年　北京大水

1956 年的年降水量是 1115.7 毫米,是历年平均年降水量的 1.73 倍,这是北京历史上罕见的多雨年。我们从表 2-9 中可以发

/1/ 北京市水利局:《北京水旱灾害》,中国水利水电出版社,1999 年,第 64 页;北京市北运河管理处、北京市城市河湖管理处:《北运河水旱灾害》,中国水利水电出版社,2003 年,第 98 页;北京市潮白河管理处:《潮白河水旱灾害》,中国水利水电出版社,2004 年,第 61 页;顺义区水资源局:《顺义水旱灾害》,中国水利水电出版社,2003 年,第 49 页;朝阳区水利局:《朝阳水旱灾害》,中国水利水电出版社,2004 年,第 23 页;通州水资源局:《通州水旱灾害》,中国水利水电出版社,2004 年,第 25 页;昌平区水资源局:《昌平水旱灾害》,中国水利水电出版社,2004 年,第 30 页;密云县水资源局:《密云水旱灾害》中国水利水电出版社,2003 年,第 35 页;海淀水利:《海淀水旱灾害》,中国水利水电出版社,2002 年,第 40 页;延庆县水资源局:《延庆水旱灾害》,中国水利水电出版社,2002 年,第 100 页;北京市气象局:《北京气候资料》(一)铅印本。

表 2-9　1956 年年降水量一览表（单位：毫米）

年	1月	2月	3月	4月	5月	6月	7月	8月	9月	10月	11月	12月	总降水量
1956	0.0	11.8	11.1	9.4	25.6	252.3	131.4	475.7	128.8	54.0	15.6	0.0	1115.7
历年平均	3.0	7.4	8.6	19.4	33.1	77.8	192.5	212.3	57.0	24.0	6.6	2.6	644.2

现，汛期中 6 月份降水量是历年同期平均值的 3.24 倍，7 月份降水量与历年同期平均值相差不多，8 月份降水量是历年同期平均值的 2.24 倍，9 月份降水量是历年同期平均值的 2.26 倍。由此可以肯定，这年全年降水量之所以出现如此异常，主要原因是出在 6、8、9 三个月的异常降水量上。

这年由于大气环流的影响，太行山东麓一带出现大暴雨。北京主要集中在官厅山峡区间。官厅山峡区间流域面积为 1600 平方公里，位置在北京西郊门头沟区北京境内。8 月 2 日开始降雨，门头沟、房山、大兴达到暴雨级别，暴雨中心在房山霞云岭（海拔 1000 米以上），日降水量 86 毫米。8 月 3 日雨量加大，并成为特大暴雨，暴雨中心是王平口（今门头沟王平口），平均日降水量达到 434.8 毫米。暴雨中心的王平口、上苇甸一带日降水量分别达到 483.3 毫米和 477 毫米，都是特大暴雨级别。8 月 4 日，暴雨中心在大台（今门头沟区），日降水量 111.0 毫米，虽有减少，但也达到大暴雨级别。5 日以后，永定河门头沟区域雨水均有减少，除三家店以外一般日降水量都在 5 毫米以下。

门头沟区这年的大暴雨主要集中在永定河河谷地区，即所谓官厅山峡区间，所以引起了永定河的涨溢。上游官厅水库虽然已经建好，但因大坝下游出现渗漏，而且库容水位超过 475.5 米，为了安全度汛，不能过多蓄水。为了保证下游河道的平稳，只好视下游暴雨的情况，使官厅水库 8 个泄洪闸门轮换启闭，以调节下游河道的水量。8 月 2 日，当暴雨中心在房山霞云岭时，永定河青白口（今门头沟青白口）、三家店、卢沟桥各水文站的洪峰水位还不算异常，但是 8 月 3 日雨量加大，而且暴雨中心北移到门头沟的王平口以后，青白口的洪峰水位就从 16.8m³/s 暴涨到 1590m³/s，三家店的洪峰水位从 41.4m³/s 暴涨到 2640m³/s，卢沟桥的洪峰水位从 31.0m³/s 暴涨到 2450m³/s，分别达到本年度洪峰的最高流量，即达到 20 年一遇洪水的级别。门头沟永定乡（今门头沟永定镇）的稻地、四道桥等 13 个村庄被永定河的东西岔河洪水围困数日之久。洪水对卢沟桥以下险工段造成冲击，大兴境内永定河东北堤的西麻各庄首先出现险情，在洪水不断冲刷下堤岸陆续崩塌，临时挂柳 20 余棵也都被冲走，到 8 月 7 日终于决口，口门达到 300 米宽。洪水泄往东侧的大兴麻各庄、辛庄、求贤村、西胡林村一线，自西麻各庄以下的永定河旧河道几乎干涸。自清代以来，这也是永定河每次发生决口后常见的情况。这年永定河西马各庄决口，使大兴农田遭受严重水灾，42 个村庄被淹，倒塌房屋 3358 间，死亡 1 人，伤 7 人，96 万亩农田受灾，且全部成灾。

城区最靠近永定河的丰台区在 7、8 月份也有 9.52 万亩农田受灾，成灾 6.74 万亩，分别达到全区耕地面积的 50% 左右。

北京西北部山区的延庆境内的妫水河古称清夷水、妫水，是永定河的一条古老支流。过去它是直接流入永定河，在官厅水库修建以后则自水库东北流入官厅水库，与永定河汇合。1956 年延庆境内的洪涝灾害主要是山区洪水和妫水河漫溢所致。首先，这年降水异常，年降水量达 799 毫米，汛期降水量达 715.9 毫米，是延庆自 1949 年以来的最大多水年。6 月 15、16 日的 24 小时内降水量即达 161.8 毫米，达到大暴雨级别。在山区，强度大而且集中的降雨极容易在山坡形成径流，造成山洪暴发。妫水河水位 3 天上涨 2.3 米，造成洪水漫溢，受灾农田 1.5 万亩，0.21 万亩被淤泥覆盖，0.32 万亩完全毁了，0.24 万亩冲成乱石滩。延庆县城西北的张山营、小河屯、姚家营 3 个乡的 0.27 万亩耕地被毁，500 余亩稻田被淤盖。8 月 3 日延庆东部山区再降暴雨，妫水河水位再次暴涨 2.7 米。在这两次暴雨的作用下，官厅水库最高水位达到 478.11 米，造成涝地 13 万亩，其中仅官厅水库周围即达 8 万多亩，全县 9.4 万亩颗粒无收，减产 969 万公斤。沿妫水河两岸水冲沙压耕地 3400 亩，淹死 3 人，伤 9 人，倒塌房屋 3358 间，冲毁公路桥梁 9 座、谷坊 4041 道、梯田 1402 亩、防洪坝 5 道。

在永定河流域发生水灾的同时，北京潮白河、北运河流域也发生了不同程度的暴雨洪水。

怀柔的灾情出现较早，我们前面提到这年 6 月份北京降水量是历年同期的 3.24 倍，这主要就是怀柔地区的降雨造成的。怀柔境内汛期降水量 846 毫米，与当年汛期的降水量大致相当。6 月 5 日怀柔地区降雨，并且伴有 5—6 级大风和冰雹，小麦全部倒伏，27 个乡受灾，其中 10 个乡最重，夏收作物（主要是小麦）减产 80% 左右。6 月 15—16 日，怀柔出现局部暴雨，2 天的降水量累计 310 毫米，均达到大暴雨级别。同时发生的冰雹更加大了灾情。至 6 月 19 日大雨，怀柔境内各河水位普遍上涨，洪水并导致沙峪、马家坟等山区泥石流发生，冲走果树 3.7 万棵，冲毁谷坊、梯田 656 道，坍地 1560 亩，倒塌房屋 276 间，冲毁木桥 72 座，淹地 2.58 万亩。6 月初和 6 月中旬的两次大雨，怀柔境内总计 45 个乡受灾，受灾农田 11.75 万亩，其中 3.39 万亩小麦绝收。小麦总计减产 101.5 万公斤，山区果品损失 150.25 万公斤。

同年 8 月，受南方登陆北上的台风影响，北京境内 8 月 2 日再次开始降雨，3 日则演变为暴雨中心在门头沟王平口的特大暴雨。这次暴雨中心在官厅山峡区间的特大暴雨也覆盖到怀柔地区，怀柔地区也再次出现大暴雨，8 月初的这两场大暴雨又使怀柔境内各河水位狂涨，河岸塌陷，河水漫溢，5800 亩低洼地积水不退并引发了潮白河全流域的洪水。怀柔全境又有 5.19 万亩农田受灾，其中冲毁耕地 6138 亩，洪涝成灾 4.31 亩，粮食减产 429 万公斤。

顺义地区自 7 月 30 日到 8 月 5 日连续降雨，整个汛期降水量 834.8 毫米，也与当年汛期的降水量大致相当。但是由于 8 月初降水量集中，各河一时难以容纳，出现陡涨的洪峰，水位相继上涨。8 月 4 日潮白河苏庄水文站洪峰 2350m³/s，尚属一般洪水。潮白河在顺义境内的重要支流箭杆河东岸的双营、河北村（按：都在顺义县城东）出现严重决口，使得箭杆河决口处以下东侧今顺义杨镇东南的王辛庄和今顺义南彩镇东南的于辛庄、太平庄、宣庄户、水屯等村庄受灾严重。箭杆河的东侧支流蔡家河原来只有一条小土堤，此时在洪水的反复冲刷下西岸也发生塌陷决口，洪水淹及西侧的菜园子、汉石桥等村庄，并与箭杆河决口洪水连成一片。顺义境内的小中河在顺义县城西侧，是一条流程比箭杆河还要长的河流，该河是温榆河的支流，在通县北汇入温榆河，以下则为北运河。这年，顺义境内的箭杆河决口 4 处，漫水 4 处；小中河决口 25 处，造成两岸大面积农田被淹。经统计，1956 年洪水使得顺义全境受灾 54 万亩，成灾 41 万亩。其中，大约失收 9 万亩，重灾 10.57 万亩，轻灾 20.43 万亩。其中 1/3 强是北运河水系洪水造成的，2/3 弱是潮白河水系洪水造成的。

北运河出现洪灾的时间也是在 6 月和 7 月底 8 月初，这和暴雨的出现是一致的。6月15日北运河上游的昌平地区出现特大暴雨，日降水量达到216.6毫米，其后又连续降雨，温榆河、清河、坝河、北小河等境内河流水位暴涨。6月26日，北运河出现第一次洪峰，流量1120m³/s，相当于20年一遇或50年一遇的洪水。以后的持续降雨，8月1—7日又出现了两次洪峰。8月7日，北运河洪水在通县东南的大营决口，洪峰多日持高不下，持续了7天之久。温榆河下游洪水漫溢，凤河东北岸3处漫溢决口。北运河全流域在这年洪水中受灾农田153.4万亩，成灾146.81万亩，减产粮食4500.7万公斤。

通县处于潮白河和北运河的下游，由于潮白河和北运河洪灾同时暴发，所以在本市各区县中受灾最重。通县这年本身降雨就多，6月份有6天连续降雨，总量达243.3毫米；7月份有5天连续降雨，总量达247.3毫米，显然7月份降雨强度比6月份还要大。7月31日单日降水量101.5毫米，达到大暴雨级别。8月份有9天连续降雨，总量达302毫米。这年洪水中通县受灾58.6万亩，全部成灾，减产0.42亿公斤，死5人，伤21人。

昌平在1956年汛期有两次大的降雨过程，第一次在6月15—26日，降水量294.2毫米，其中以15日的大暴雨为主；第二次7月29日—8月6日连续降雨，总计511毫米，其中流村（今昌平西南流村镇）地区在8月3日的日降水量达到183毫米，也达到大暴雨的级别。昌平处于北运河的上游，所以本地区的异常降雨对下游北运河是巨大威胁，同时境内的北运河上游支流清河、沙河、温榆河也会因为排泄不畅而酿成洪涝灾害。本年，昌平受灾36.6万亩，成灾12.8万亩，减产335.91万公斤，倒塌房屋3540间，死亡2人，受伤5人。

朝阳区位于北京东北，7月29日—8月6日连降两次大暴雨、两次暴雨，清河流域降水量为 486 毫米，坝河流域降水量为 471 毫米，造成温榆河、清河、坝河漫溢，多处决口，境内农田成灾 8.60 万亩，其中 3 万亩颗粒无收，倒塌房屋 10854 间，9 人死于洪水，41 人受伤。

海淀区位于北京西北，7 月 31 日和 8 月 1—9 日的 4 场大雨，使得各河水位上涨，清河水位达 39.11 米，桥面及路面水深过腰，西北部靠近山区的北安河被附近的山洪冲击，与温泉之间的交通中断。洪水漫溢清河、南沙河、南旱河、南长河、万泉河两岸，平原地区北至清河镇，南至六郎庄，东至大钟寺、马神庙，西至温泉乡，都被水淹。南沙河源头分南、北二支，北支源于海淀区西北部山区的上方寺、龙泉寺一带，南支源于寨口村一带，南、北二支汇于上庄乡西马房村西。下游于老牛湾村入昌平县境，后入沙河水库，属温榆河水系。南长河是长河的一部分，即今京密运河安河闸以下至紫竹院的部分。万泉河位于海淀区境内，始于万泉庄，流经海淀镇西部，与西颐路平行，经北京大学、圆明园，沿清华西路入清华校园，再向北，穿京包铁路汇入清河。南旱河位于海淀区西南，起自香山路，顺公路而下，至万安公墓向南而行，经小屯新桥，穿越首都机场路至南平庄，再转向东南，在槐树居电站下游流入永定河引水渠。这年全海淀区受灾农田 6.9 万亩，全部成灾，其中 8400 亩绝收。

这年 8 月 2 日首降暴雨的中心就在房山地区，所以房山地区在这场水灾当中受灾严重。由于 7 月底、8 月初的连续暴雨，房山洪水暴发，良乡县（今房山良乡镇）低洼地区汪洋一片，受灾 15461 户，倒塌房屋 12751 间，死亡 12 人。除良乡县以外，房山县全境农田受灾 25.37 万亩，成灾 18.5 万亩，共倒塌房屋 6214

间，死亡 7 人，灾民 63243 人[1]。

/ 七 /
1958 年　北京水灾

1958 年的年降水量 691.9 毫米（见表 2–10），是历年平均年降水量的 1.07 倍，应该说是相差不多。但是，这年北京部分地区仍然发生了水灾，其原因何在呢？从逐月降水量来看，7 月份降水量 243.3 毫米，是历年同期降水量的 1.26 倍，8 月份降水量比历年同期还少 40.3 毫米，9 月份降水量是历年同期降水量的 2.3 倍，比较异常。如果再检查逐旬降水量的话，根据北京气象局的记载，1958 年 7 月上旬和下旬的降水量和历年对应的降水量相差不多，甚至还偏少。只有 7 月中旬降水量 171.0 毫米，是历年对应降水量 59.2 毫米的 2.89 倍，这就显得非常异常。9 月份上旬和

[1] 北京市水利局：《北京水旱灾害》，中国水利水电出版社，1999 年，第 65 页；北京市北运河管理处、北京市城市河湖管理处：《北运河水旱灾害》，中国水利水电出版社，2003 年，第 99 页；北京市潮白河管理处：《潮白河水旱灾害》，中国水利水电出版社，2004 年，第 137 页；北京永定河管理处：《永定河水旱灾害》，中国水利水电出版社，2002 年，第 74 页；大兴区水资源局：《大兴水旱灾害》，中国水利水电出版社，2003 年，第 22 页；顺义区水资源局：《顺义水旱灾害》，中国水利水电出版社，2003 年，第 69 页；朝阳区水利局：《朝阳水旱灾害》，中国水利水电出版社，2004 年，第 23 页；通州水资源局：《通州水旱灾害》，中国水利水电出版社，2004 年，第 26 页；昌平区水资源局：《昌平水旱灾害》，中国水利水电出版社，2004 年，第 30 页；房山水资源局：《房山水旱灾害》，中国水利水电出版社，2003 年，第 32 页；海淀水利局：《海淀水旱灾害》，中国水利水电出版社，2002 年，第 40 页；丰台水利局：《丰台水旱灾害》，中国水利水电出版社，2003 年，第 28 页；门头沟水资源局：《门头沟水旱灾害》，中国水利水电出版社，2003 年，第 26 页；延庆县水资源局：《延庆水旱灾害》，中国水利水电出版社，2002 年，第 105 页；怀柔区水资源局：《怀柔水旱灾害》，中国水利水电出版社，2002 年，第 36 页；北京市气象局：《北京气候资料》（一）铅印本。

表 2-10 1958 年年降水量一览表（单位：毫米）

年	1 月	2 月	3 月	4 月	5 月	6 月	7 月	8 月	9 月	10 月	11 月	12 月	总降水量
1958	4.3	0.0	6.5	13.7	38.1	37.1	243.3	172.0	131.2	35.1	5.0	5.6	691.9
历年平均	3.0	7.4	8.6	19.4	33.1	77.8	192.5	212.3	57.0	24.0	6.6	2.6	644.2

下旬的降水量也都和历年同期的降水量相差不多，可是 9 月中旬降雨 89.0 毫米却是历年对应降水量 20.9 毫米的 4.26 倍，这也显得颇为异常。那么，本年度 7 月中旬和 9 月中旬的一场降雨是发生在什么地方了呢？据北京气象局记载，1958 年密云 7 月份降水量 365.8 毫米，9 月份降水量 102.7 毫米；古北口 1958 年 7 月份降水量 376.8 毫米，9 月份降水量 85.4 毫米，均大大超过了历年同期的降水量。昌平 1958 年 7 月份降水量 329.1 毫米，9 月份降水量 118.7 毫米，几乎是历年同期降水量的 2 倍。其中值得注意的是，密云和古北口 7 月份日降水量的极值而且也是当地全年日降水量的极值 101.8 毫米和 101.7 毫米都是出现在 7 月 14 日。昌平 1958 年 7 月份日降水量极值而且也是当地全年降水量极值 170.2 毫米是出现在 7 月 11 日。1958 年的日降水量极值而且也是本年度最大日降水量 90.5 毫米也是出现在 7 月 11 日。因此，可以推测这年北京部分地区发生水灾，其原因应在于此，即 7 月份部分地区降雨过于集中，雨量大且强度也大，于是造成河水涨溢，发生水患。

本年 7 月 10—15 日密云县普遍降雨 200 毫米，九松山站（今密云九松山村，位于密云水库南岸，穆家峪镇北）7 月 10 日最大降水量 280.5 毫米，达到特大暴雨级别。7 月 12 日潮白河苏庄水文站洪峰近 1000m³/s，虽然还没达到严重的程度，但是雨量不断加大，洪峰持续暴涨，当晚9时距苏庄不远的顺义王家场以南的潮白河西堤溃决150多米，洪水经潮白河故道入小中河。7月13—14日潮河上游最大日降水量120毫米，密云清水河流域最大日降水量110毫米，白河流域最大日降水量96毫米，引起各河水位猛涨。7月14日，苏庄水文站的洪峰涨到3480m³/s，达到3级洪水的级别。经过紧张的抢护，15日晚才将王家场以南的决口堵住。可是14日这天，白河和潮河也都出现了巨大的洪峰，水位都超出了各河的安全水位。两河的洪水从密云县城东门入城，城内水深1.2米左右，城内外一片汪洋。沿河20多个村庄被洪水围困，经数千军民的拼死搏斗，最终全部抢救出来。密云在这年大水灾中，受灾农田25.8万亩，成灾10.1万亩，减产粮食3000万公斤。洪水冲毁塘坝162处，倒塌房屋1643间，死亡17人，伤15人。潮白河流域是1958年北京大水灾中的重点灾区。

顺义在这次水灾中主要也是受害于潮白河泛滥，王家场决口造成了顺义境内潮白河以西地区农田被淹，水深淹没高秆庄稼的穗子，所幸经过3天艰难的抢修，很快堵住了决口，否则后果不堪设想。然而，即使这样，顺义境内农田还是被淹11.6万亩，成灾4.5万亩。

怀河主要流经怀柔县境内。怀柔水库以上，由怀九河、怀沙河两条支流组成。怀柔水库以下至梭草村南入潮白河之前，有红螺镇牤牛河、庙城牤牛河、雁栖河、南房小河、周各庄小河先后汇入。全长约80公里，流域面积1042.6平方公里。怀河曾称西大河、朝鲤河、七渡河。怀柔水库建成后，改为现名。怀沙河和怀九河这两条河实际上是怀柔境内的怀河分别和沙河、九渡河交汇以后的名称。怀沙河发源于怀柔县沙峪乡南、北苇滩，经三岔村进入长城后，与响水湖支流汇合后形成干流，流经沙峪、辛营，于城关乡凯甲村附近入怀柔水库。怀九河自怀柔县黄花城乡东宫，流经九渡河、四渡河，于前辛庄入怀柔水库。源头有黄花城东沟和西沟两支。东沟发源于黄花乡杏树台、庙上一带。西沟发源于延庆县大庄科，经西水峪入怀柔县境，于黄花城南东宫与西沟汇合形成怀九河干流。1958年怀柔年降水量780.4毫米，比本年平均降水量超出88.5毫米。怀柔境内降雨始于7月1日，比其他地方稍早，至7月10—11日开始普遍集中降雨，怀柔城关降水量206.1毫米，县西北九渡河附近的黄花城更多，达402毫米，达到特大暴雨级别。于是怀九河等河涨溢，冲毁小水库17座、谷坊201道、梯田坝33处，农田受灾1.59万亩，坍地0.37万亩，死亡2人，伤1人。

朝阳地区与昌平、顺义相邻，因此受这两个地区的影响较大。7月13—14日境内与周边地区普降暴雨，朝阳境内坝河、清河等温榆河支流一方面受暴雨影响河水涨溢，另一方面受温榆河洪水顶托，无法下泄，造成境内河水泛溢。9月13日受昌平影响，再降大暴雨，日降水量达到157毫米，北京南护城河漫溢决口，以致境内受灾农田4.1万亩，倒塌房屋6057间。

平谷位于北京东部，境内的洵河是第一大河，还有它的支流错河（泃河）、金鸡河、州河、还乡河。错河发源于北京市密云县东邵渠乡太保庄南山北麓，自北向南流至刘家店乡北店村入平谷县境，后于马昌营乡前荷营村东南汇入洵河。金鸡河位于顺义县城东22公里处。北起龙湾屯乡大北务村东北的大、小金鸡坞，流经顺义县6个乡，至小故现村入平谷县境，汇入洵河。1958年7月13日平谷突降暴雨，10小时的降水量即达256.2毫米，远远超过了特大暴雨级别。平谷地势北部三分之二是山区和半山区，南部三分之一左右是平原地区。骤降的暴雨在山区和平原形成径流，汇入各河，引起水位暴涨。尤其是沟河，其上承各河的来水，水位更是瞬间暴涨，在沟河与错河汇合处的英城（今平谷区英城）大桥出现相当于20年一遇的1580m³/s巨大洪峰（按：20年一遇洪峰是1510m³/s），由于当时沟河河道平时失于疏通，洪水下泄不及，沟河东北自海子水库以下的韩庄，西南至英城以下的曹庄子、小屯，沿河60余里的两岸19个村庄都被洪水漫淹，52人死亡。倒塌房屋5725间，农田受灾30.96亩，成灾16.29亩，粮食损失20.65万公斤。

延庆地处北京西北山区，1958年7月10日中午突降大雨，降水量达到142.8毫米，达到大暴雨级别，境内妫水河水位暴涨3米，白河水位甚至暴涨8米。由于有官厅水库的蓄洪作用，所以境内河道上没有出现普遍漫溢。这年，延庆全境被冲毁农田1200余亩，倒塌房屋150间，冲倒树木5230棵，粮食减产14.5万公斤。

这年永定河流域虽然不是主要灾区，但7月10—12日门头沟斋堂也连续降雨350毫米，也达到暴雨或大暴雨的级别，门头沟清水河达490m³/s，山洪冲毁农田0.62万亩。另有公路6200米也被冲毁。北京有两条清水河，门头沟区境内的清水河源头有灵山和百花山，两处源于塔河口处交汇始称清水河。流经清水、斋堂于青白口入永定河，全长约48公里。得名于河水清澈。为季节性河流，历史上曾多次成灾。

这年全市农田受灾117.39万亩，其中朝阳受灾4.1万亩，通县19万亩，大兴15万亩，房山7.9万亩，昌平3.87万亩，顺义

8.4 万亩，延庆 0.12 万亩，怀柔 1.59 万亩，平谷 30.96 万亩，密云 25.80 万亩，门头沟 0.62 万亩[1]。

/ 八 /

1959 年　北京水灾

1959 年是北京异常多雨年，年降水量达 1406.0 毫米（见表 2-11），是历年平均年降水量的 2.18 倍，这在北京历史上是很罕见的。从 1949 年到 2011 年的 63 年中，年降水量超过 1000 毫米的只有两次（1956 年、1959 年），本年即为其一。而汛期各个月中，除 6 月降水量是历年的 1.07 倍以外，其他各月的降水量都是历年的 2.6 倍左右，所以灾情也就出在这年的 7、8、9 三个月份中。据北京市水利局统计，这年 7 月份的一日最大降水量是 7 月 31 日的 244.2 毫米，8 月份的一日最大降水量是 8 月 13 日的 152.2 毫米，都达到特大暴雨和大暴雨级别。7 月 31 日的降水量也是全年日降水量的极值。可以推测这年汛期降雨中的危险是出现在 7 月底。但是由于永定河上游的官厅水库已于 1953 年投入拦洪，1954 年竣工；1956 年怀柔红螺寺水库竣工，1958 年十三陵

/ 1 /　北京市水利局：《北京水旱灾害》，中国水利水电出版社，1999 年，第 65 页；密云县水资源局：《密云水旱灾害》中国水利水电出版社，2003 年，第 37 页；北京市潮白河管理处：《潮白河水旱灾害》，中国水利水电出版社，2004 年，第 62 页；顺义区水资源局：《顺义水旱灾害》，中国水利水电出版社，2003 年，第 49 页；朝阳区水利局：《朝阳水旱灾害》，中国水利水电出版社，2004 年，第 24 页；门头沟水资源局：《门头沟水旱灾害》，2003 年，第 26 页；延庆县水资源局：《延庆水旱灾害》，中国水利水电出版社，2002 年，第 105 页；怀柔区水资源局：《怀柔水旱灾害》，中国水利水电出版社，2002 年，第 37 页；平谷区水资源局：《平谷水旱灾害》，中国水利水电出版社，2002 年，第 29 页；北京市气象局：《北京气候资料》（一）铅印本。

表 2-11　1959 年年降水量一览表（单位：毫米）

年	1 月	2 月	3 月	4 月	5 月	6 月	7 月	8 月	9 月	10 月	11 月	12 月	总降水量
1959	0.6	31.2	19.6	10.5	4.2	83.8	511.1	575.0	149.0	16.2	2.5	2.3	1406.0
历年平均	3.0	7.4	8.6	19.4	33.1	77.8	192.5	212.3	57.0	24.0	6.6	2.6	644.2

水库和怀柔水库两座中型水库春季动工，汛期前竣工；密云水库于 1958 年 9 月动工，1959 年 9 月拦洪，1960 年 9 月竣工，这一系列大大小小水库的建成，极大地控制了北京境内永定河、潮白河、温榆河上游支流东沙河、怀沙河、怀九河等河流，所以这年虽然也有 1956 年那样罕见的降水量，但各大河并没有出现太严重的险情。反而是北京郊区的众多小河在暴雨的袭击下出现漫溢、洪涝的灾情。

自 7 月开始降雨以来，北运河流域经历了 7 月 21—24 日，以及 8 月 4—6 日两次暴雨。北运河通州站在强降水之后的 8 月 7 日洪峰流量达到 534m³/s，达到一般洪水的级别，平原区县 12 条小河发生漫溢，造成严重涝灾。

7 月 20 日通县开始降水，20—23 日连续 4 天降水量累计 131.1 毫米。7 月 26 日—8 月 6 日连续 12 天降水量累计 438 毫米。其中 8 月 6 日的日降水量就达到 172.4 毫米，达到大暴雨级别。这年，通县年降水量 1114.2 毫米，仅汛期就达到 1024.8 毫米，是全年的 90% 以上。对于通县地区而言，这也是自 1949 年以来降水最多的一年。全境受灾农田 68.28 万亩，成灾 52.18 万亩，其中失收 27.16 万亩，重灾 10.48 万亩，轻灾 14.54 万亩，粮食损失 1759.2 万公斤。

大兴县是永定河主河道在平原地区的经行之地，是一条地面河，8 月中旬北京出现强降雨天气以后，官厅水库为了保证水库安全，同时为以后的强降雨做准备，开始有计划泄洪，8 月 24 日卢沟河最大流量达 760m³/s，这虽然较大但也还属于正常范围。然而，尽管如此，由于永定河是一条地上河，平时河水运行全靠两岸的堤防维护，汛期遭遇强降雨的时候，大兴区段自南章客东南至石佛寺等 10 处险工段还是出现了程度不同的 25 处险情，所幸经过抢护都安然无恙。

永定河自官厅至三家店的河段都是在门头沟山区的河谷中，河道是稳定的，在暴雨来临时最主要的危险是泥石流和山间洪水。本年 8 月 3—18 日，门头沟普降大雨，斋堂是暴雨中心区域。日降水量达到 123.2 毫米，达到大暴雨级别。清水河青白口洪峰 219m³/s，这远远大于卢沟桥 8 月 24 日的洪峰，所以山区洪水造成的损害遂不可免。在这场洪水中，门头沟全境受灾农田 3.24 万亩，粮食减产 108 万公斤，倒塌房屋 304 间，冲走煤炭 200 吨。

北京另一条主要河流潮白河由于上游的密云水库 1958 年 9 月动工，在 1959 年汛期前还有一些主要工程没有完成，在上万军民一再抢建的情况下直至 1959 年 9 月才真正实现了拦洪。这年，潮白河上游山区只是由于山洪和泥石流灾害受到损失。

本年 7、8 月间，密云、怀柔连续发生大暴雨，造成潮白河全流域的山洪灾害。密云年降水量 977.4 毫米，汛期降水量 833.7 毫米。密云在 7 月 19 日下午出现强降雨天气，张家坟、冯家峪分别降雨 190 毫米和 114 毫米，都达到大暴雨级别。张家坟、冯家峪、西白莲峪等地发生 5 处泥石流。倒塌房屋 1404 间，死亡 9 人，7.76 万亩农田受灾，成灾 0.8 万亩，粮食减产 550 万公斤。怀柔年降水量缺少完整记载，估测为 813.3 毫米，汛期降水量 824.4 毫米，其中 7、8 月份多为局部暴雨。7 月 19 日怀柔柏查子、崎峰茶发生强降雨天气，2 小时降水量即达 100 余毫米，其为大暴雨或特大暴雨无疑。在这种情况下，柏查子附近的琉璃庙沟、黄泉峪沟等河水水位暴涨，洪水甚至超过了 1939 年特大洪水的水位。沿河两岸农田被冲，仅后山铺一个生产队就冲毁农田615 亩。7 月 27 日又降雨 115.3 毫米，也是大暴雨，其后 8 月 3—5 日又是连续暴雨，于是境内的汤河、白河、雁栖河、怀河等几条较大的河流都发生了洪水。平原地区潮白河、雁栖河洪水漫溢，涝区积水无处排泄，与洪水连成一片，由北房村西至驸马庄一片汪洋，京密公路上水深至膝，造成 6.26 万亩农田被淹，成灾 3.25 万亩，其中失收 0.46 万亩，重灾 1.52 万亩，轻灾 1.27 万亩。粮食损失 335.19 万公斤。其中白河、汤河是怀柔境内的主要河流，其水位都超过了 1939 年特大洪水的水位。汤河发源于河北省丰宁县邓家栅子，于大南沟门进入北京市怀柔县，经头道岭、喇叭沟门、八道河、长哨营到汤河口入白河，全长 110 公里，境内 52.4 公里，沿河有十数条支流汇入。受灾最重的怀柔城关地区成灾农田面积 2.98 万亩，4628 亩颗粒无收，8669 亩减产一半以上，6559 亩减产三至五成，9990 亩减产三成以下。小周庄地势低洼，十年九涝，成灾 1260 亩，占全村农田总面积的 72.9%，减产粮食 10.16 万公斤。又有统计，本年怀柔全境 5.84 万亩农田受灾，1.18 万亩减产八成以上，累计减产粮食 510 万公斤，冲走树木 6200 多棵，倒塌房屋 153 间，死亡 2 人。

北京东部的蓟运河流域，平谷 7 月 1—16 日首次出现暴雨，7月 21 日形成强暴雨，6 小时降水量 87.6 毫米。8 月 4—7 日出现第 3 次暴雨过程。8 月 13 日出现第 4 次暴雨过程。暴雨历时 9.5小时，全境平均降水量 108.9 毫米，达到大暴雨的级别。8 月 18日的日降水量 129.1 毫米，也达到大暴雨级别。由于雨量大，降雨过程时间长，且降雨中心都在平原地区，因此产生陡涨的洪峰，河道排泄不及，造成决口或漫溢。沟河、错河两岸1.1万亩农田被淹，涝地7.9万亩，占农田总数的16.8%；成灾4.96万亩，占涝地面积的62.2%；绝收0.56万亩，占涝地面积的11.3%。倒塌房屋1211间，死亡1人，伤8人。

北京西北的昌平是山区、丘陵地区占主要地位的地区，这年汛期也经历了两次大暴雨过程。第一次是7月20—27日的降雨过程，平原地区的大东流村（今昌平小汤山镇东）和丘陵地区的阳坊镇在7月21日的日降水量达到122.6毫米，达到大暴雨级别。第二次是8月3日昌平西北的浅山区响潭水库地区（今昌平南口镇西北，海拔400—600米）日降水量102.0毫米，老峪沟（今昌平西南端山区，海拔600—800米）日降水量103.6毫米，也都分别达到大暴雨级别。这两次强降雨的特点是降雨过程急促，雨量大，范围广，促使山洪暴发，附近的老峪沟、北沙河、蔺沟等河道内洪峰陡涨，以致漫溢决口。北沙河位于昌平县沙河镇北。由虎峪沟、关沟、狡猊沟、兴隆沟、白洋城沟、柏峪沟、高崖口沟汇合而成。主河道全长60公里，总流域面积为623平方公里。河流走向为自西北向东南，穿京包铁路桥，于十三陵水库下游入东沙河，属温榆河支流。古称双塔河。河上朝宗桥为明代建筑。蔺沟河位于昌平县东南部。由牤牛河、白浪河、钻子岭沟、八家沟于大东流乡小东流村附近汇合而成，在前、后蔺沟村附近入温榆河。昌平全境有11.04万亩农田受灾，成灾8.42万亩，减产粮食430.57万公斤，倒塌房屋458间，死伤2人。

1959年8月份北京地区的大雨，造成北京境内各主要河流的水位上涨，永定河虽然上游有官厅水库拦洪，但当洪水压力太大的时候，为了万无一失，也只得向下游开闸泄洪。永定河下游虽然屡经施工固堤，但重点是在于保护北京的东堤、北堤，在房山、河北一侧的西堤、南堤相对比较薄弱。

房山县在1959年汛期平均降水量904.2毫米，为历年汛期降水量的1.6倍，良乡汛期降水量达到1102.9毫米。7月份，房山地区又经历连续几场大雨。8月1—7日，由于北方冷空气和西南台风送来的湿空气交汇，在房山山前平原地区遂形成暴雨带，属于暴雨型洪涝灾害。由于山区降雨较少，所以没有形成山洪为主的灾害。暴雨中心葫芦垡日降水量达410.7毫米，达到特大暴雨级别。此外，房山东部和南部的良乡、交道地区的暴雨强度也很大。房山平原地区平均降水量达250毫米以上，超过200毫米，达到特大暴雨级别的地区有190平方公里。境内南部的拒马河、东部的小清河和中部的大石河，本来就容易受山洪影响暴涨，加之大石河上游又一直没有控制工程，所以在强降雨的作用下造成9处小水库决堤被毁，115个低洼村庄遭受水灾。房山境内的永定河、拒马河也都出现洪水漫溢。经统计，这年房山全境受灾面积230平方公里，是1949年以来最严重的一次，受灾农田27.82万亩，成灾21.51万亩，损失粮食2239万公斤，其中减产80%以上的有8.8万亩，倒塌房屋4947间，死伤17人。

1959年是海淀区自1891年（光绪十七年）以来68年间出现的最大降水年份，年降水量1406.0毫米，其中汛期1318.9毫米，占全年降水量的91%。7、8月份，海淀全境累计发生5场大暴雨，即7月21日、31日，8月6日、13日、18日，以7月31日和8月6日最大。除了降雨强度之外，持续降雨时间对水患灾害的形成也有重大作用。这年汛期降雨天数67天，占全年降水总天数的72%，因此说这年的水患属于暴雨、淫雨型。

大暴雨和持续降雨使得境内大小河流漫溢，多处决口，很多地区被淹。8月6日全境积水面积133平方公里，计有31处，深在0.5米以上，成府、清华园、罗道庄、车公庄最为严重。有些工厂被迫停工。动物园前积水0.5米左右，园北的南长河漫溢，全部被淹。本年海淀受灾农田1.1万亩，成灾0.71万亩，其中失收0.35万亩，轻灾0.36万亩，减产粮食17.7万公斤。

朝阳地区全年降水量1169毫米，其中汛期降水量1100.2毫米。7月下旬到8月上旬出现7次暴雨，2次大暴雨，全境河道多处溃决，成灾农田12.8万亩，倒塌房屋8359间，4人死亡，17人受伤。

1958年后，全市合乡并社，建立人民公社，实行政社合一，一度出现高指标、瞎指挥、共产风，超越农业生产力发展水平，严重挫伤农民生产积极性，加上自然灾害，1959—1961年全区农业生产遭到较大损失。1960年5月上旬中共北京市委农村工作部派出由干部和医生组成的工作组，对怀柔、顺义和平谷三县浮肿病人的情况进行调查，认为浮肿原因主要是营养不良，吃野菜中毒，劳动时间过长。11月23日中共中央发出指示，要求抓紧瓜菜及其他副食品的生产，凡是口粮标准已经减得差不多的地方，不要再减口粮标准；对现有的浮肿病人，限期治好。1961年5月22—25日，中共北京市委第二书记刘仁在郊区县（区）委第一书记会上做了两次讲话。他代表市委对"大跃进"以来的错误做了自我批评，他说："这几年干了许多傻事，想多吃点肉，结果比去年更少了；想干点社会主义，但没从实际出发，是从唯心主义出发，违反了马克思主义。饿饭就是给我们的惩罚，教训要好好总结，责任不在你们，不在公社，更不在一般党员，在市委。"

这一年城市内涝也很严重。由于城市排水系统的排水能力薄弱，北京历史上明、清、民国时期都曾发生过暴雨时城市被水浸淹的情况。例如明朝成化六年（1470年）六月戊辰，顺天府大水。庚午，吏部尚书姚夔言："自六月以来，淫雨浃旬，潦水骤溢。京城内外军民之家，冲倒房舍，损伤人命，不知其数[1]。"由于城市内涝主要是城内的排水系统陈旧，出水不畅造成的，所以成化八年（1472年）正月戊午，工部以监察御史夏玑奏："西城频年雨潦为害。议以京城壕堑自正统间修城之后，三十余年未经疏浚，及城内河槽、沟渠尤多湮塞，每天雨连日，流泄不及，坏军民庐舍，乞敕内外大臣总督疏浚。[2]"朝廷采纳了他的建议。（明）朱国桢：《涌幢小品》卷二十七《都城大水》又载："万历三十五年丁未（1607年），闰六月二十四等日，大雨如注，至七月初五、六等日尤甚，昼夜不止。京邸高敞之地，水入二三尺，各衙门内皆成巨浸，九衢平陆成江，洼者深至丈余，官民庐舍倾塌及人民淹溺，不可数计。内外城垣倾塌二百余丈，甚至大内紫金（禁）城亦坍坏四十余丈，会通运河（通惠河）尽行冲决，水势比甲寅（嘉靖三十三年，公元1554年）更涨五尺。皇木漂流殆尽，损粮船二十三只，米八千三百六十石，淹死运军二十六人，不知名者尤多……雨霁三日，正阳、宣武二门内，犹然奔涛汹涌，舆马不得前，城堙不可渡，诚近世未有之变也。有诏发银十万两，付五城御史，查各压伤露处小民，酌量赈救。仍照甲寅年例，发太仓米二十万石平粜。"（明）谈迁：《国榷》："京师大雨，至七月丙申不止，地水三尺，九逵如河，淹溺人畜无算。"

　　至于清朝，彭孙贻《客舍偶闻》载："戊申（康熙七年）六月，京师大旱……俄而大澍。至六月杪入都，初秋雨甚，崩垣圮

/1/《明宪宗实录》卷八十。
/2/《明宪宗实录》卷一百。

屋，昼夜声相闻。予在查给谏邸，上漏下湿，无置足地，仅下榻斗室，苟幸无恙……初八日夕，初更，大风怒号，雨如决河，庭水涌阶入室，暗中僮仆靴履皆浮，良久始觉，群起夜呼畚水。须臾风息雨止，倖逃崩压。”"浑河水决，直入正阳、崇文、宣武、齐化诸门。午门浸崩一角。五城（按，清代，北京外城分为五区，称五城）以水灾压死人数上闻，北隅已报民亡一百四十余人。上登午门观水势，更遣章京察被灾者，屋倒之家户给二两，人亡者人给四两。”"宣武门水深五尺，冒出桥上，雷鸣峡泻。有卖蔬人，乱流过门下，人担俱漂没。有乘驼行门下，驼足不胜湍激，遂流入御河，人浮水抱树得免，驼死水中。宣武、齐化诸门流尸往往入城。”父老言：万历戊申（三十六年，按误，应当是三十五年）都门亦大水，未若今尤甚。诸门既没，肩舆入朝者增，人戴舁出。乘马者翘足马背，靴乃不濡。满洲大人例不得乘舆，有侍郎体肥不能翘捷，乃浮大浴盆，健儿数人扶舁水中以入，见者莫不大笑。讹言四起，查给谏肩舆甫出，市人奔迸云："大水入彰仪门矣。”合城惊忧，老幼啼号。给谏奔车返，填街塞巷，一时乃定。

民国时期，1925 年 7 月 23 日狂雨终朝，至下午雨势更猛，直至夜间始稍止息。下雨时间之长，为向来所未有，雨量如何虽未得确实报告，其已超过 3 尺之外则可断言也。各城街衢，泥泞不堪，马路水深及膝，东、西单两条大街，望之几成一片汪洋。顺治门（宣武门）内水深 3 尺以上，电车亦停止开驶。西长安街地方汽车因驶行水中，损坏者数辆。此外各城房屋坍塌者，更不计其数，西南城一区损失最巨。宣武门外下洼一带情形如下：宣武门外张垂营（今帐垂胡同）一带地势低洼，每有雨水，住户就由屋内往外淘水。连日降雨，城南一带雨水均往该处汇积，苇塘已满，无处再为流泻，以致张垂营汪洋一片，住户纷纷冒雨各寻宿处。该处房屋，建时就偷工减料，去年淫雨，已坍塌 20 余间，而倾斜未倒者即抹泥敷衍，依然租赁，此次雨水，坍塌亦不少，墙垣多有倾倒，各院通行……该巷以南蔚文里（今福州馆前街东南），地势亦洼，房基多用秽土炉渣垫高，此次经雨水浸泡，多有陷下，以致房屋墙垣随之倾斜，各住户冒雨纷纷迁移……南下洼（今南华西街西）、窑台（今南纬路西南）迤东地方，去年被雨将三合里房屋冲塌 100 余间，于去秋修建完竣，但地势仍未垫高，以致此次淫雨该处复成泽国，后檐墙均已坍塌。其无处投奔者，在城隍庙前街迤南高坡，租桌椅支席，暂为栖身之所（以上地区大致今宣武区虎坊桥至陶然亭北一带）。天桥东、西市场汪洋一片，平地水深二尺余，由高桥（误，当为天桥）至永定门一望无际。鉴于淫雨不止，张垂营、蔚文里、三合里及下洼等处房屋，被雨浸塌者在所难免，居民则无栖身之处，情形极惨。业饬巡官长向城隍庙住持商议，将庙暂借，容留无处栖身居民 [1]。各城街巷泥溏不堪，马路水深及膝。东、西单两条大路，望之几成一片汪洋，顺治门内水深达三尺以上，电车停止行驶。西长安街汽车因停水破坏数辆……此外，各城房屋坍塌者，更不计其数。西北（误，当为西南）城一区，损失最巨 [2]。以上仅是各个历史时期的典型例子。

1959 年北京大雨，也造成了城市内涝。城区在 7 月 31 日和 8 月 6 日两次普降暴雨，降水量分别达到 185.2 毫米及 108.9 毫米，都是大暴雨级别。降雨时间短而强度大，城市排水系统宣泄不及，造成城区 234 处积水，严重积水 113 处，其中 80 处是在

/ 1 / 《晨报》1925 年 7 月 24 日《昨日雨后之京内各地》。
/ 2 / 《大公报》1925 年 7 月 24 日《北京顺承门外水深三尺》。

今二环路以内和关厢地区，如地势低洼的今西城二龙路和正阳门外龙须沟地区，积水都深达 1 米以上。交通干线被淹，公交车辆被迫停驶，城市居民房屋被泡，甚至倒塌。据朝阳区统计，全区倒塌房屋 8300 多间，死伤 17 人。作为城市排水渠的东、西护城河因无法消纳来水而溃决。城东南的萧太后河，主流源于东南护城河，上游支流源于朝阳区老虎洞，自西北向东南流，在通县汇入。1958 年修建通县通惠引水干渠时，将该河拦腰截断。上段主河道长 11.85 公里，宽 8—13 米，在朝阳区马家湾村南入通惠排水干渠。萧太后河是北京市南部城区及朝阳区南部的主要排水通道，在这年暴雨中也发生漫溢，造成下游 14 个村庄被淹。

全市受灾 260.89 万亩，成灾 202.96 万亩，伤亡 100 多人。/1/

/1/　北京市水利局：《北京水旱灾害》，中国水利水电出版社，1999 年，第 67 页；房山水资源局：《房山水旱灾害》，中国水利水电出版社，2003 年，第 32 页；北京市北运河管理处、北京市城市河湖管理处：《北运河水旱灾害》，中国水利水电出版社，2003 年，第 98 页；通州水资源局：《通州水旱灾害》，中国水利水电出版社，2004 年，第 40 页；大兴区水资源局：《大兴水旱灾害》，中国水利水电出版社，2003 年，第 50 页；北京永定河管理处：《永定河水旱灾害》，中国水利水电出版社，2002 年，第 81 页；北京市潮白河管理处：《潮白河水旱灾害》，中国水利水电出版社，2004 年，第 62 页；朝阳区水利局：《朝阳水旱灾害》，中国水利水电出版社，2004 年，第 24 页；；海淀水利局：《海淀水旱灾害》，中国水利水电出版社，2002 年，第 69 页；昌平区水资源局：《昌平水旱灾害》，中国水利水电出版社，2004 年，第 30 页；门头沟水资源局：《门头沟水旱灾害》，2003 年，第 26 页；密云县水资源局：《密云水旱灾害》中国水利水电出版社，2003 年，第 41 页；怀柔区水资源局：《怀柔水旱灾害》，中国水利水电出版社，2002 年，第 37 页；平谷区水资源局：《平谷水旱灾害》，2002 年，第 26 页；北京市气象局：《北京气候资料》（一）铅印本。

表 2-12 1963 年年降水量一览表（单位：毫米）

年	1月	2月	3月	4月	5月	6月	7月	8月	9月	10月	11月	12月	总降水量
1963	0.9	0.8	12.4	32.7	51.9	6.1	161.6	492.1	7.8	5.4	3.7	0.2	775.6
历年平均	3.0	7.4	8.6	19.4	33.1	77.8	192.5	212.3	57.0	24.0	6.6	2.6	644.2

/ 九 /

1963 年　北京大水

　　从 1959 年的大雨过后，北京地区一连干旱了 3 年，直到 1963 年。北京 1963 年是丰水年，年降水量达 775.6 毫米，是历年平均年降水量的 1.20 倍（见表 2–12）。按说这样的年降水量不至于酿成大灾，但是 8 月份的降雨出现异常，是历年平均同期降水量的 2.32 倍，成为致灾的重要因素。这年 8 月北京降水量异常增多，主要是受河北太行山区发生的百年不遇的特大暴雨影响。8 月 4 日开始，北京地区受此影响也开始在北京城区和城区西北出现特大暴雨。暴雨中心在当时的北京西城区（今北京西城区北部）和海淀区，日降水量在 100 毫米以上。6 日开始，暴雨中心移至北京西南部的房山十渡，日降水量达到 194.5 毫米，这已经成为大暴雨或特大暴雨。7 日，暴雨中心移至北京西北的昌平王家园，日降水量达 325.2 毫米，已经是特大暴雨。8 日，暴雨中心又东移至北京东北的朝阳来广营，日降水量甚至达到 463.5 毫米，这已经属于罕见的特大暴雨。9 日以后，暴雨强度已经明显减弱，且东移到大兴、通县一带。这次大暴雨的特点是降雨时间长，强度大，覆盖地区广泛。特别是暴雨中心的移动和河流的走向一致，使地面洪水和空中降雨叠加，相当于加大了洪水水势或降水量，因而加剧了下游地区的水患灾害。

1963年8月8—9日北京市连降暴雨。全市平均降水量为206毫米，达到特大暴雨级别。暴雨中心的东北郊来广营24小时降水量达463.5毫米。清河、坝河、通惠河、莲花河、长河、凉水河、温榆河等均漫溢成灾，淹涝农田99万亩，倒塌房屋18000多间。这次暴雨是1949年以来最大的一次。

据经历者回忆：8月2日，北京房山开始下雨。4日，北京城里也下了一场雨，雨量不算大，时而下，时而停。4日，北京城西部下了一场雨，海淀、西城区日降水量超过100毫米，7日，昌平王家园24小时降水量325毫米。8日8时，北京城区开始下雨，到8日18时，德胜门松林闸降水量达50毫米，傍晚入夜雨量骤然加大，到24时，降水量已超过100毫米，雨势继续增大，瓢泼大雨下了一夜。到9日8时，暴雨中心在来广营，24小时降水量达到464毫米，超过北京市年平均降水量的2/3。朝阳区气象站监测到的降水量为404.2毫米；酒仙桥为400.7毫米。

8日，雨下了一天。甚至冲垮了德胜门附近一段城墙，但总体态势还算平稳。真正的危机在于北京城里已是沟满壕平，蓄水量几乎达到极限。而一场百年不遇的暴雨正趁着夜色，悄然袭来。24时雨量骤然增大形成暴雨，德胜门松林闸水文站的雨线清晰地记录着突如其来的变化：原本走势平缓、徐徐上行的雨线突然间陡峭起来，仿佛被什么力量给硬生生地拽了上去，与原先的路径几乎构成了一个大直角。老人们说，从那时起，雨不是下的，而是倒的。到9日8时，松林闸地区的24小时降水量就达到了325毫米。

从8日8时到9日8时，北至昌平沙河、东至朝阳楼梓庄，包括整个城区在内的 900 平方公里土地上，24 小时平均降水量达到 300 毫米。

城区、近郊区河道漫溢，全线告急。护城河水位迅速拉高，超过历年最高水位。东南护城河水位超出附近地面 1 米，成了罕见的地上河。与护城河连通的 93 处下水道中，62 处被水淹没。洪水顺着下水管道灌回下水口，一股冲劲居然把前三门大街的下水道井盖顶起老高，而后甩在一边。护城河以内，600 公顷的积水面积无法下泄，就好像在城区里凭空添了三个颐和园昆明湖的水面，积水深度达到 0.3—1.5 米。天桥、永定门一带逢雨必涝，自然是积水重灾区。

据统计，城区和近郊区总共倒塌房屋 11016 间，危险房屋 20913 间。公房漏雨 305222 间，庭院积水 775 处，影响住户 8067 户，总计 4 万余人。

东西长安街、新华门附近、王府井南口、交道口、新街口南大街、北河沿大街、永定门内大街、朝阳门内大街、广渠门内大街等城中心的几条主干道积水达半米以上。市内公共交通全部瘫痪，无轨电车自 8 日下午就停运，至 9 日上午仍未能开动。市内 56 条公交线路，全部停驶和分段停驶的有 36 条。

温榆河流域内降雨普遍强度大。8 月 7 日，暴雨中心移动到昌平西部王家园水库一带。王家园日降水量 325.2 毫米，老峪沟日降水量 150 毫米。8 月 8 日，暴雨中心移动到昌平百善和朝阳区来广营。据沿温榆河自北往东南各站观测，8 月 8 日的日降水量极值：昌平，203.5 毫米；德胜口，188.7 毫米；响潭，125.1 毫米；南庄，234.8 毫米；顺义，253.9 毫米；孙河镇，314.3 毫米；海淀，321.5 毫米；楼梓庄 244.9 毫米；酒仙桥，400.7 毫米。绝大多数都达到特大暴雨级别。而且暴雨分布范围广泛，8 月 2—9

日昌平地区连续降雨，日降水量不小于200毫米。1056平方公里的日降水量大于300毫米，336平方公里的日降水量大于400毫米，88平方公里的日降水量超过500毫米。总计达到特大暴雨级别的地区有1480平方公里，占全流域总面积的一半左右。其中沙河闸以上的山区降水量是总降水量的一半，而且暴雨中心从温榆河上游渐移至下游，因此依次出现流域内普降暴雨的局面。在这场特大暴雨中，其降水量集中也是非常罕见的。如上所述，朝阳区酒仙桥的日降水量达400.7毫米，即占该地区全月降水量的76%，这在北京历史上是有记录以来的唯一的一次。所以历史上将这次特大暴雨造成的洪水灾患称之为河北"63·8"大水。这次大水造成京密引水渠7处渠岸被冲毁。温榆河两岸一片汪洋，沿河11个村庄被淹。昌平全县受灾10.61万亩，重灾7.73万亩，损失粮食371.97万公斤。

8月3—9日，北京大石河（琉璃河）流域普降暴雨。6—8日的降水量最为集中。大石河发源于房山霞云岭乡堂上村，流经该区9个乡镇，于路村出市界，汇入北拒马河，其中山区流域面积占70%。大石河流域的这次降雨也和温榆河一样，暴雨中心从上游向下游依次移动，而且山区降雨大于平原地区。这是由于昌平和房山的山区都正处于沿太行山南麓北上气流的西南迎风面，所以云中雨量丰富。房山这次降雨，山区8月6—7日最大，平原8月8日最大。8月8日，房山十渡降雨101.3毫米，霞云岭降雨108.9毫米，漫水河降雨118.5毫米，大宁降雨237.6毫米，葫芦垡降雨185.1毫米，偏道子降雨185.7毫米。都达到大暴雨或特大暴雨级别。

在这次大雨造成的洪涝灾害中，温榆河流域是重灾区。据统计，8月8日温榆河流域暴雨中，山区洪水流量占总流量的一半。

山区大量洪水下泄与平原地区的积水汇合，加重了温榆河下游地区的灾情。在这次暴雨中，温榆河干流和支流都出现了较大洪峰，超出了河道设计的安全泄水量，从而造成河道漫溢决口。温榆河各支流由于本地积水过多，加之干流洪水的顶托使得本身河水无法下泄，所以漫溢和决口现象十分严重。清河是北京市区主要排洪河道。水源为沿北旱河汇入的西山泉水或下游山洪以及沿北长河于安河桥汇入的玉泉山水。流经圆明园、清河镇，在立水桥以东入温榆河。这年清河自安河桥以下普遍漫溢，沿河 17 个村庄、2 万亩农田被淹。坝河位于北京市东郊。源于东城区东北护城河，自西向东在朝阳区东郊边界入温榆河，属北运河水系。主要支流有北小河、亮马河和北土城沟等。这年坝河自北岗子以下决口 23 处，4 万亩农田被淹。这年温榆河洪涝灾害主要集中在清河、坝河、北小河等地区。北运河全流域受灾面积 63.04 万亩，其中朝阳 9.54 万亩，丰台 4.49 万亩，海淀 7.83 万亩，顺义 9.94 万亩，通县 11.48 万亩，昌平 10.61 万亩；成灾 29.95 万亩。粮食减产 2167.51 万公斤。

顺义地区分属温榆河流域和潮白河流域。8 月 8 日大雨，暴雨中心朝阳来广营正紧邻顺义，顺义的高丽营、后沙峪及天竺也降雨 253.9 毫米，达到特大暴雨级别。这场暴雨对顺义的影响主要集中在温榆河的大部分和潮白河的牛栏山地区，天竺、后沙峪地区受灾严重，牛栏山镇日降水量 80 毫米，也达到暴雨级别，1.5 万亩农田被淹。顺义区全年因水灾倒塌房屋 1236 间，死亡 1 人，全区受灾 9.94 万亩，粮食减产 50% 以上。

房山自 8 月 3—9 日普遍降雨。8 月 6 日暴雨中心在房山十渡，日降水量 194.5 毫米，已经接近特大暴雨级别。山区 8 月 6—7 日雨量最大，平原地区 8 月 8 日雨量最大。拒马河和大石河流域在 8 月 8 日洪峰屡创高峰，超过了沿途堤防设计标准的 2 倍或 0.7 倍，大石河下段堤防漫溢 51 处，被洪水围困的田园、梨元店立教、庄头等村庄 12 个左右，受灾 2959 户，倒塌房屋 438 间，死亡 2 人。积水普遍达 2 米左右。全区受灾农田 16.91 万亩，成灾 8.07 万亩，绝收 2 万亩。拒马河流域张坊 8 月 8 日最大洪峰 992m³/s，北拒马河洪水超过安全标准 0.75 倍。张坊、南尚乐等地有 7 个村庄被洪水围困，2 万亩农田被淹。

由于暴雨主要分布于山前及城近郊区，所以大兴、通县受灾较轻。朝阳、丰台、海淀和远郊的昌平、房山是重灾区。

8 月 8 日大兴全境普降大雨，北部最大，日降水量达 230 毫米以上，西部较小仅 92 毫米，东部最小。即使这样，由于北部特大暴雨的发生，还是引起境内各小河水位暴涨。新凤河属凉水河支流，自大兴县芦城乡立堡分水闸流经该县 5 个乡镇，在烧饼庄汇入凉水河。全长 27 公里。这年新凤河在南大红门测量站的洪峰流量达 120m³/s，已接近设计的最大流量。大龙河水面已接近堤顶。天堂河洪水已经充溢整个河道。境内各小河共漫溢决口 17 处，积水面积达 14 万亩。

8 月 8 日城区及近郊区的暴雨中心在朝阳区的来广营，日降水量达 463.5 毫米，市区平均日降水量 300 毫米，均可谓特大暴雨。由于暴雨强度超大，而且降雨过程长，山区洪水下泄和市区的积水相加，更加重了灾情。朝阳区 8 月 3—7 日降水量为 489.7 毫米，占整个汛期降水量的 72%，市区各河水位暴涨并普遍漫溢，清河沿途的体育学院、清华大学、北京大学、清河镇、成府街都出现大面积积水，清河流域的洼里、立水桥、清河营等低洼村镇房屋被淹，万亩农田被淹，农作物绝收。金盏村至沙窝村的温榆河道决口 14 处，尤以楼梓庄以东地区最为严重，一片汪洋，村民爬到树上或房顶上避险。坝河自三岔河到温榆河口共决口19处。南长河漫溢，西郊动物园被淹。北京城东北角、东直门、右安门、左安门护城河都先后出现险情。通惠河在咸宁侯村决口，水位暴涨，险些将第一热电厂取水泵房淹没。同时，受通惠河洪水顶托，南护城河水位暴涨，河水无法顺利下泄，纷纷溢出河堤，使南城沿河地区出现大片积水。大兴境内的凉水河在大红门以上河道全线漫溢，农田被淹。据统计，城区及近郊区积水面积达200多平方公里。其中，水深超过0.5米以上的有263处，死亡27人，倒塌房屋1万余间。市内交通大多断绝，295所工厂由于水淹而被迫停工。这次洪水使朝阳区20个村镇、5个办事处的地域被淹，积水达1米左右。区内大部分农田过水，成灾面积15万亩，倒塌房屋1220间，死亡9人。1963年，北京市河道排洪能力比现时低很多。永定河左堤只能防御15年至20年一遇的洪水，温榆河也只能排除20年一遇的洪水。市区内部的主要排水河道——通惠河、凉水河、清河、坝河泄洪能力很有限，只能对付日降水量在100—150毫米的雨水。一批河道旧建筑、临时性低标准建筑阻水严重。这次灾后，北京市规划局于1964年提交了一份《北京市区防洪排水规划报告》。城市河道的防洪标准，按百年一遇的标准设计。这是北京市第一次有了自己的防洪排水规划，也是北京市第一次提出防洪排水标准。城市河道排水标准采用20年一遇的标准设计。此后，北京市所有河道、建筑物的建设都遵照这个标准执行，直至今天。

自1960年以后，由于永定河上游降水较少，再加之官厅水库蓄水泄洪作用，除了1963年在卢沟桥达到洪峰813毫米以外，永定河汛期都没有大水，没有出现大的危险。1980年以后，永定河三家店以下河段断流。

本年海淀区洪涝面积 7.83 万亩，其中涝地 6.1 万亩，占耕地的 35%。积水面积 115 平方公里，占全区面积的 27%。水深30—100 毫米。8 月 8 日海淀北安河、温泉山洪暴发，辛庄、三星庄一片汪洋，清河地区 2—3 小时即降雨 380 毫米，清河水位超过警戒水位 1 米多，洪峰时清河镇段排洪能力的 10 倍。河水漫溢，清河毛纺厂被淹，清河镇可行船，北京大学、清华大学、体育学院积水 1 米多。长河、万泉河、小月河、莲花河全面漫溢。小月河起自德胜门外关厢，沿德昌公路两侧向北，经马甸至清河镇入清河，长 8.4 公里。小月河上游为西北土城沟。长河分北长河、南长河。北长河位于海淀区玉泉山和颐和园之间。历史上曾是北京市主要水源，发源于玉泉山"天下第一泉"，经青龙闸流入昆明湖。以下则为南长河，长河经南长河入城内"三海"。玉泉山泉水断流后，成为排水河道。莲花河发源于石景山区石槽，流经莲花池。莲花池以上称新开渠。原在鸭子桥流入南护城河，1951 年治理后改在万泉寺东入凉水河。全长 4.2 公里，底宽16—20 米。主要支流有新开渠、水衙沟。水源原主要出自莲花池，后被新开渠石景山工业废水所代替，古称洗马沟。

本年暴雨海淀区全区死亡 8 人，倒塌房屋 113 间，粮食减产332.13 万公斤。

怀柔虽然不是重灾区，全年降水量只有 538.8 毫米，但汛期雨量集中，达到全年的 88%。8 月 8 日全县普降暴雨，日降水量 120—160 毫米，北房、杨宋庄、庙城、城关等低洼地区 1.18

万亩过水，9070 多亩积水达 60 毫米。受灾 2350 亩，绝收 1700 亩。在这一年暴雨造成的水灾中，全市农田受灾 99.25 万亩，成灾 45.61 万亩，其中失收 6.74 万亩，重灾 13.25 万亩，轻灾 25.62 万亩。全市粮食减产 3438 万公斤，倒塌房屋 11063 间，死亡 35 人[1]。

/ 十 /

1964 年　北京水灾

1964 年北京年降水量 817.7 毫米（见表 2-13），是历年平均降水量的 1.27 倍。这和 1963 年的情况近似，按说也不至于发生洪涝灾害。但是这年 8 月降水量 357.6 毫米，却是历年同期降水量的 1.68 倍，应该属于异常情况。据北京市气象局记载，1964 年日降水量超过 100 毫米的情况发生在 8 月 1 日，一日极值 111.8 毫米，达到大暴雨级别。同样根据北京市气象局记载，8 月 1 日，延庆县一日降水量极值 142.5 毫米，昌平一日降水量极值 183.8 毫米。8 月 5 日，密云一日降水量极值 128.8 毫米。8 月 13 日，顺义一日降水量极值 113.9 毫米。7 月 21 日，平谷一日降水量极值

/1/　北京市水利局 :《北京水旱灾害》，中国水利水电出版社，1999 年，第 68 页 ；顺义区水资源局 :《顺义水旱灾害》，中国水利水电出版社，2003 年，第 49 页 ；北京市北运河管理处、北京市城市河湖管理处 :《北运河水旱灾害》，中国水利水电出版社，2003 年，第 97 页 ；大兴区水资源局 :《大兴水旱灾害》，中国水利水电出版社，2003 年，第 50 页 ；朝阳区水利局 :《朝阳水旱灾害》，中国水利水电出版社，2004 年，第 24 页 ；海淀水利 :《海淀水旱灾害》，中国水利水电出版社，2002 年，第 41 页 ；昌平区水资源局 :《昌平水旱灾害》，中国水利水电出版社，2004 年，第 33 页 ；怀柔区水资源局 :《怀柔水旱灾害》，中国水利水电出版社，2002 年，第 37 页 ；北京市气象局 :《北京气候资料》（一）铅印本。

表 2-13　1964 年年降水量一览表（单位：毫米）

年	1 月	2 月	3 月	4 月	5 月	6 月	7 月	8 月	9 月	10 月	11 月	12 月	总降水量
1964	7.5	5.9	10.6	141.6	13.2	36.7	124.9	357.6	80.7	38.9	0.1	0.0	817.7
历年平均	3.0	7.4	8.6	19.4	33.1	77.8	192.5	212.3	57.0	24.0	6.6	2.6	644.2

100.3 毫米。8 月 5 日，平谷一日降水量极值 74.7 毫米。以上，除了平谷县 8 月 5 日一日降水量在 100 毫米以下（但也达到暴雨级别），其他都达到大暴雨级别。这应该是 1964 年北京部分地区发生水灾的基础。

延庆在 1964 年的年降水量是 747.1 毫米，其中汛期（6—9月）降水量 595.2 毫米是全年降水量的 80%。汛期中的降雨又集中在 7—9 月，累计 551.8 毫米，是全年降水量的 73.9%。据当地观测，8 月 1 日延庆的日降水量是 170.1 毫米，妫水河老君堂段洪峰流量 655m³/s，达到几十年一遇的级别，遂使延庆遭到较重的洪涝灾害。全县涝地 3.14 万亩，其中 2.14 万亩绝收，1 万亩重灾，粮食减产 350 万公斤。同时，7 月 15 日遭到了两次大风灾害，8 月 1—4 日在降雨过程中，又受到 7—8 级大风的袭击，受灾农田达 3.14 多万亩，有 10% 的高粱、玉米等高秆作物被刮断，50% 的禾苗被刮倒，减产 25 万公斤。

通县全年降水量 793.2 毫米，少于全市一年的降水量，但仍然出现涝渍灾害。这主要是由于自 6 月中旬至 8 月底的两个半月中通县地区连续降雨，虽然降雨强度不大但降雨范围广泛。通县地区处于北京东南，地势本就低洼，长时间的连续降雨和降雨范围的广泛，使得土壤过于饱和，积水难以排出，造成涝渍，属于淫雨型涝渍灾害。同时，境内各小河水位上涨，使得积水排泄受到河水顶托，变得更加困难。全境农田过水 40 万亩，减产面积 19 万亩。受灾较重的通县永乐店、牛堡屯、漷县镇，受灾农田 13.85 万亩，其中绝收 2.72 万亩，重灾 2.09 万亩，轻灾 9.04 万亩，粮食减产近 1 万吨。

朝阳区全年降水量 904.4 毫米，高于全市一年的降水量，也就是说其汛期降水量超过北京其他地区的水平。8 月 1 日，朝阳区降暴雨，仅 8 时至 20 时降雨 122.9 毫米。其后，8 月 3 日、5 日又连降两次暴雨，造成河水水位暴涨，温榆河、清河、坝河漫溢上岸，成灾农田 5 万亩（一记载为 3.53 万亩），倒塌房屋 443 间。

房山在 8 月中旬连续出现大暴雨（日降水量 100—199.9 毫米），境内的主要河流大石河、小清河、刺猬河、周口店河和马刨泉河等均洪水漫溢，决口 24 处，低洼地区受灾 8.88 万亩，成灾 3.49 万亩。周口店河发源于房山区猫斗山东麓周口店镇栗园、长沟峪一带，流经周口店、石楼 2 个乡镇，于三叉口汇入大石河，全长 15 公里。主要支流马刨泉河于石楼镇双柳树村汇入周口店河。

丰台区在这年也遭受洪涝灾害，情况与通州相同。汛期降雨日 42 天，占全年降雨日的 46.7%。特别是在 7 月 30 日—8 月 13 日的 15 天内降雨日竟达 12 天。降雨日之多，连续降雨时间之长，都是历史上罕见的。这年，丰台全境受灾农田 2.23 万亩，成灾 1.96 万亩。

大兴这年受灾农田 10.93 万亩，全部成灾。

顺义这年受灾农田 12.80 万亩，成灾 5 万亩[1]。

又据记载，1964 年北京第一次降雨出现在 7 月 31 日和 8 月 3 日，暴雨主要集中在昌平、延庆、（延庆）大庄科（今延庆大庄科乡）日降水量 205 毫米。延庆 8 个乡受灾 1.3 万亩，死亡 3 人。第 2 次出现在 8 月 12—13 日，暴雨集中在平原区，雨量均超过 100 毫米，沿河两岸和东南郊地区的温榆河、小中河、天堂河等排水河道漫溢，受灾 112.8 万亩，其中绝收 14.8 万亩[2]。

/十一/

1969 年　北京水灾

北京 1969 年的年降水量是 913.2 毫米（见表 2–14），是历年平均年降水量的 1.42 倍，是明显的丰水年。汛期降水量 797.4 毫米，是历年平均值的 1.48 倍，多出近一半左右。特别是汛期的 7、8、9 三个月的降水量是历年平均值的 1.63 倍，是造成这年水灾的重要原因。据北京市气象局记载，1969 年汛期降雨主要集中在 7 月份的上、中旬和 8 月份。9 月份虽然也比历年增多，但雨量不是太大。

/1/ 北京市水利局：《北京水旱灾害》，中国水利水电出版社，1999 年，第 61 页；延庆水资源局：《延庆水旱灾害》，中国水利水电出版社，2002 年，第 104 页；丰台水利局：《丰台水旱灾害》，中国水利水电出版社，2003 年，第 64 页；朝阳区水利局：《朝阳水旱灾害》，中国水利水电出版社，2004 年，第 24 页；房山水资源局：《房山水旱灾害》，中国水利水电出版社，2003 年，第 32 页；通州水资源局：《通州水旱灾害》，中国水利水电出版社，2004 年，第 40 页；北京市气象局：《北京气候资料》（一）铅印本。

/2/ 北京市地方志编纂委员会：《北京志·自然灾害卷·自然灾害志》，北京出版社，2012 年，第 94 页。

表 2-14　1969 年年降水量一览表（单位：毫米）

年	1 月	2 月	3 月	4 月	5 月	6 月	7 月	8 月	9 月	10 月	11 月	12 月	总降水量
1969	0.8	3.8	16.5	29.7	41.0	44.4	310.6	319.6	122.8	5.7	18.2	0.1	913.2
历年平均	3.0	7.4	8.6	19.4	33.1	77.8	192.5	212.3	57.0	24.0	6.6	2.6	644.2

1969 年日降水量极值是 8 月 17 日的 70.8 毫米；而且，这年 7 月 14 日的日降水量也达到 67.9 毫米，9 月 25 日的日降水量达到 69.9 毫米，都达到暴雨级别。据北京市气象局记载，1969 年密云日降水量极值是 8 月 11 日的 80.5 毫米；怀柔日降水量极值是 7 月 10 日的 137.3 毫米，而且 8 月 11 日的日降水量极值是 113.0 毫米，都达到暴雨和大暴雨级别；顺义日降水量极值是 7 月 10 日的 99.1 毫米，而且 8 月 17 日是 72.5 毫米，都达到暴雨级别。这些都为水灾的发生准备了客观条件。

1969 年 8 月 9 日全市普降大到暴雨，暴雨中心位置在通县南部的牛堡屯，3 天降水量达到 248 毫米。这场暴雨造成潮白河流域发生全流域的洪水灾害。

怀柔县年降水量 1120.8 毫米，比全市年平均降水量多出 23%，而且汛期雨量集中达 990 毫米，是年降水量的 88%，这也是北京地区汛期降雨的普遍特点。不过，汛期降水量接近全年降水量的 90%，这也是比较少见的例子。汛期中较大的降雨有 9 次，怀柔枣树林共降雨 1503 毫米，八道河共降雨 1286.4 毫米，这样高强度的降雨历史罕见。8 月 10 日 23 时—11 日 1 时，怀柔山区琉璃庙、崎峰茶、八道河、西庄地区出现瞬间特大暴雨级别。暴雨中心枣树林 2 小时降雨 280 毫米，达到特大暴雨，城关日降水量 108 毫米，北台山水库日降水量 100 毫米，八道河日降水量

110 毫米，辛营、北宅日降水量也都达到大暴雨级别。8 月 20 日，八道河、西庄、范各庄、沙峪等地又出现暴雨，其中八道河达到大暴雨级别。

1969 年怀柔县的两次水灾是 8 月 10—11 日和 8 月 20 日的两场特大暴雨造成的。大暴雨降在山区，引发山洪和泥石流，破坏力更加严重，造成人民生命财产的严重损失。8 月 10—11 日特大暴雨造成北部山区的通信线路全部中断，公路桥梁冲断。八道河、崎峰茶、琉璃庙、西庄等乡、镇水灾最为严重。八道河镇冲走房屋 32 间，冲毁耕地 588 亩，死亡 12 人，伤 8 人。交界河南沟沟口的村民石天兴一家 12 口人、8 间房屋，被泥石流卷走 6 口人、6 间半房屋。崎峰茶乡死亡 31 人，伤 36 人，冲毁耕地 700 余亩，倒塌房屋 84 间。孙湖沟尹家西沟农民尹国荣一家 6 口，被泥石流冲走 4 口。大西沟于汤瑞家被冲走 5 个孩子，冲毁 5 间房屋。同村于学存家被冲走姐妹 2 人，冲毁 3 间房屋。南西沟于德贵、于德启家被冲走 2 个孩子，冲毁 6 间房屋。于学忠家房屋被冲倒后，全家 5 口人被冲到院子墙角，泥水齐腰深。2 个孩子满嘴泥沙，奄奄一息。崎峰茶村 777 亩耕地被洪水冲毁 720 亩。琉璃庙镇死亡 36 人，伤 6 人。8 月 10 日半夜下暴雨，主沟河水位暴涨，村口洪水深达 5 米。村东小太平沟南、北两岔发生泥石流，与主沟洪水汇为一股，旋泄而下。北岔居民马洪录一家 11 口被洪水冲走，住在南、北两岔交会处的居民马洪勋一家 7 口被冲走 4 口，住在南太平沟的 3 户农民共计被冲走 19 口。西庄（今怀柔怀北镇）属于浅山区，但被洪水冲毁房屋 51 间，死亡 9 人，伤 2 人。其中北部山区的枣树林损失最为惨重，死亡 9 人，冲毁房屋 20 余间、耕地 200 余亩。

除了山区的乡、镇之外，怀柔县东南部平原地区的庙城镇、北房镇、杨宋镇、范各庄等地也同时遭灾，数十万公斤粮食被淹或冲走，城关大屯80%的住户房屋倒塌，北房村的小孩被洪水冲走。平原地区总计过水耕地7.3万亩，涝渍成灾6.114万亩，失收1.6万亩，重灾1.98万亩，轻灾2.56万亩，粮食减产607.66万公斤，倒塌房屋177间。

在8月10日暴雨之后，8月20日19时—22日6时的48小时内八道河再降暴雨124.7毫米，再次出现泥石流灾害。受灾地区包括交界河、枣树林、渤海所、石片、长元、柏崖厂。

1969年怀柔县的两次水灾，使得全县农作物受灾8.47万亩，水淹7.62万亩，冲毁耕地4890亩，成灾6.14万亩，其中绝收2.33万亩。粮食减产1250万公斤，冲走7.50万公斤，被水浸泡26.08万公斤，倒塌房屋742间，死亡89人，伤70人，冲走果树4.12万棵、材树12.88万棵。

这场水灾中，怀柔山前平原地区受灾严重，但潮白河流域没有发生重大险情。

密云县年降水量904.4毫米，其中汛期降水量791.3毫米，占全年的87%。汛期中的7、8两月降水量627.2毫米，占汛期总量的79.3%，显然是造成汛期洪涝灾害的主要原因。这年8月10日夜在暴雨降雨中心的石城、冯家峪遭遇百年不遇的泥石流袭击。

本年全市受灾农田153万亩，其中通县、大兴、顺义三县受灾128万亩，占全市的84%，属农业重灾区。

通县是平原地区，汛期雨量达797.4毫米，出现洪涝灾害，受灾农田49.55万亩，成灾20万亩。

大兴县也是平原地区，7月开始降雨但雨量不大，灾害性天气是从8月开始的。8月出现两次连阴雨过程。8月9—10日，大兴部分地区降大雨或暴雨。青云店、凤河营、安定、采育 4 个乡的日降水量 150 毫米，长哨营的日降水量 200 毫米，达到大暴雨或特大暴雨级别。全县过水、积水的农田面积 18 万亩，倒塌房屋 995 间，1 人死亡，1 人下落不明。定福庄、凤河营 2 个乡的粮库因库房倒塌而损失粮食 10 万公斤。受灾 44.60 万亩，成灾 18 万亩。

顺义县地处燕山南麓、华北平原的北端，地势北高南低，属冲积扇下段，大部地区是平原。北部山地最高点海拔 637 米。1969 年顺义地区年降水量 978.9 毫米，汛期降水量 868.3 毫米，都超过了全市的平均值。8 月初出现的两次连阴降雨过程，使土壤趋于饱和，因此 8 月 9 日开始普降大到暴雨以后，造成大面积涝渍灾害。全县受灾农田达 33.98 万亩，其中重灾 21.5 万亩，失收 9 万亩。

平谷县 1969 年由于汛期 7—9 月降雨过多，发生水灾，成灾面积 10.47 万亩，其中绝收 4.4 万亩，倒塌房屋 550 间，砸死 1 人，伤 6 人。洪水淹死 1 人。

海淀区由于这年的降水量大，降雨集中，降雨强度大，所以造成较严重的洪涝灾害。全海淀区农田洪涝受灾面积 4.55 万亩，全部成灾，是该地区自 1949 年以来灾情较重的洪涝年。

丰台区 1969 年 7—8 月由于降雨造成农田受灾 0.51 万亩，成灾 0.3 万亩，粮食减产 41.7 万公斤。

朝阳区年降水量 940.1 毫米，超过本年全市平均年降水量。汛期降水量 816.2 毫米，其中 7 月上旬至 8 月上旬的 31 天中连续降雨，竟有 24 天下大雨，7 天下暴雨。8 月 9 日的日降水量为 91.6 毫米，接近大暴雨级别。由于本年汛期中降雨时间长且降水量较大，辖境内的大小河道如坝河、北小河等普遍涨溢，总计受灾农田 7.9 万亩，成灾 6.3 万亩。

这年的水灾，在山区是由于山洪和泥石流的冲击，造成的人口死亡数量很多，达 160 人。但是山区的可耕农田面积少，所以就农业生产方面来说，损失的程度低于平原地区。怀柔、密云的灾害都是由于降雨强度大的大暴雨造成的。而平原地区如大兴、通县、顺义、朝阳等地大多是由于降雨时间长，土壤水分饱和，再加之瞬间大暴雨造成的[1]。

/ 十二 /

1972 年　北京水灾

如果我们单纯根据表 2–15 的数据来看，无论是从年降水量，还是汛期的降水量，都找不出 1972 年会发生水灾的理由。因为这年北京的气候是一个严重的干旱年，其旱情为 50 年所未有，年降水量只有 374.2 毫米，只是历年平均值的 58%，而在京、冀、晋的华北地区，这年也是严重的大干旱年。虽然这年的 7 月北京全境的降水量是 166.7 毫米，但也只是和历年的水平接近。但是

/ 1 /　北京市水利局：《北京水旱灾害》，中国水利水电出版社，1999 年，第 72 页；大兴区水资源局：《大兴水旱灾害》，2003 年，第 50 页；朝阳区水利局：《朝阳水旱灾害》，中国水利水电出版社，2004 年，第 24 页；平谷区水资源局：《平谷水旱灾害》，中国水利水电出版社，2002 年，第 26 页；北京市北运河管理处、北京市城市河湖管理处：《北运河水旱灾害》，中国水利水电出版社，2003 年，第 98 页；北京市潮白河管理处：《潮白河水旱灾害》，中国水利水电出版社，2004 年，第 64 页；怀柔区水资源局：《怀柔水旱灾害》，中国水利水电出版社，2002 年，第 41 页；密云县水资源局：《密云水旱灾害》，中国水利水电出版社，2003 年，第 34 页；通州水资源局：《通州水旱灾害》，中国水利水电出版社，2004 年，第 43 页；顺义区水资源局：《顺义水旱灾害》，中国水利水电出版社，2003 年，第 69 页；海淀水利局：《海淀水旱灾害》，中国水利水电出版社，2002 年，第 40 页；北京市气象局：《北京气候资料》（一）（二）铅印本。

表 2-15　1972 年年降水量一览表（单位：毫米）

年	1月	2月	3月	4月	5月	6月	7月	8月	9月	10月	11月	12月	总降水量
1972	14.3	8.7	0.0	4.7	6.6	19.5	166.7	41.0	78.5	25.7	8.5	0.0	374.2
历年平均	3.0	7.4	8.6	19.4	33.1	77.8	192.5	212.3	57.0	24.0	6.6	2.6	644.2

　　我进一步根据北京市气象局的记载，1972 年北京怀柔在 7 月 28 日的日降水量达到 76.0 毫米，顺义在 7 月 19 日的日降水量达到 124.4 毫米，平谷在 7 月 20 日的日降水量达到 80.1 毫米，密云在 7 月 20 日的日降水量达到 95.4 毫米，延庆在 7 月 27 日的日降水量达到 62.6 毫米，都分别达到暴雨至大暴雨级别。这样短时间的降雨虽然在平原地区上可以消纳，但在怀柔、延庆、密云等山区却出现了山洪和泥石流。

　　1972 年潮白河流域属于干旱少雨年，年降水量仅 492.3 毫米。怀柔县全年降水量 530.4 毫米，汛期降水量 449.3 毫米。1972 年 7 月受台风影响，全县在 7 月 26—27 日连降大暴雨，暴雨中心在枣树林。暴雨从 26 日晚开始，到 27 日夜加大，连续 40 多个小时。其中有 3 个多小时伴有 8—9 级大风。中心地区枣树林降雨 518 毫米，八道河降雨 446 毫米，沙峪降雨 461 毫米，崎峰茶降雨 314.7 毫米，琉璃庙降雨 347 毫米。降雨时间集中在 27 日 14—20 时，平原地区 6 小时降水量也都在 200 毫米以上，均超过了特大暴雨级别。这场暴雨的特点就是降雨时间短，降雨强度超强。例如琉璃庙 1 小时 25 分降雨 120 毫米，沙峪 1 小时降雨 114 毫米，其他如茶坞、北宅、黄花城、长哨营、汤河口、碾子、七道河、宝山寺、城关、北房、杨宋庄等地 1 小时降水量也都在 100—200 毫米之间。

7月26—27日的暴雨使得山洪暴发，河水猛涨，山间地区还出现了泥石流。7月27日怀柔水库入库最大洪峰3970m³/s，是1958年建库以来最大洪峰流量。怀九河、怀沙河也都出现了巨大洪峰。雁栖河、沙河两岸及沙峪、辛营、黄坎、北宅、八道河等地区的沿河村庄和枣树林村（今怀柔区怀北庄）都被大水围困，河水进村，最深2米。怀柔县沙河源于怀柔县枣树林村的各山沟，经椴树岭、峪道河注入大水峪水库。琉璃庙南沟洪水和琉璃河干流汇合以后，围困了琉璃庙地区。八道河位于深山区，周围多是河汊，暴雨倾泻之下，山洪四起，直泻而下，局里村洪水齐胸。

在这次暴雨、山洪、泥石流袭击下，怀柔县共冲毁、淹没耕地3.44万亩。位于山区的黄坎、琉璃庙、崎峰茶、八道河、北宅、汤河口、宝山寺等地死亡39人，冲淹耕地2.6万亩，粮食减产695万公斤，毁坏房屋984间，其中冲走237间，倒塌747间，冲毁树木42.54万棵。

这年的7月26日21时—28日16时，延庆东部与怀柔县比邻的深山区四海（今延庆区四海镇）、珍珠泉（今延庆珍珠乡）、黑汉岭（在珍珠泉西）地区98平方公里范围内也发生暴雨和大暴雨，引发山洪和泥石流。在这次山洪、泥石流灾害中共死亡13人，伤3人。其中，四海镇和珍珠泉乡就死亡12人，冲毁耕地5200亩，冲毁房屋190.5间，倒塌房屋232间，冲毁林果树25万棵，粮食减产88.2万公斤。1972年怀柔、延庆两地遭受的自然灾害，都是由于同一场特大暴雨造成的，怀柔以山洪灾害为主，延庆以泥石流灾害为主。

1972年7月26—28日昌平东北部山区连降大雨，3日降雨339.9毫米。7月27日桃峪口（今昌平区东部）日降水量294.6毫米，属特大暴雨，是当日最大降水量。下庄日降量水278.2毫米，

大东流、北七家（今昌平区东南部平原地区）日降水量也超过了
200毫米。7月28日桃峪口水库水位达70.14米，超过警戒水位
2.4米，于是开闸从溢洪道泄洪。与此同时，7月27日桃峪口水
库上游的木厂、连山石（均今昌平区东北部山区）发生泥石流和
滑坡，冲毁树木近万棵。在强势暴雨的冲击下，上、下庄（在木
厂、连山石西）沟壑山洪暴发，冲毁耕地900亩、果树6000棵。
沙沟河、香屯村东河的河堤被冲毁2公里。下庄、兴寿（桃峪口
水库西南）、大东流受灾农田2.39万亩，粮食减产19.2万公斤。

　　不仅是山区就是平原地区的朝阳区也受到这场暴雨的影响。
本地区和全市一样，上半年降雨极少，仅有66.5毫米。但是7
月28日受台风影响在来广营至广渠门一线，出现3小时降雨
278毫米的特大暴雨，造成北京重要排泄河道通惠河下游河道的
漫溢，沿岸受灾农田0.4万亩。北运河上游支流洪水汇集到通州，
北运河7月29日最大洪峰达到$546m^3/s$，相当于20年一遇的一
般洪水的级别[1]。

/1/　北京市水利局：《北京水旱灾害》，中国水利水电出版社，1999年，第61页；
　　　北京市潮白河管理处：《潮白河水旱灾害》，中国水利水电出版社，2004年，第
　　　65页；怀柔区水资源局：《怀柔水旱灾害》，中国水利水电出版社，2002年，第
　　　43页；延庆县水资源局：《延庆水旱灾害》，中国水利水电出版社，2002年，第
　　　103页；北京市北运河管理处、北京市城市河湖管理处：《北运河水旱灾害》，
　　　中国水利水电出版社，2003年，第98页；朝阳区水利局：《朝阳水旱灾害》，中
　　　国水利水电出版社，2004年，第24页；昌平区水资源局：《昌平水旱灾害》，中
　　　国水利水电出版社，2004年，第30页；北京市气象局：《北京气候资料》（一）
　　　（二）铅印本。

表 2-16　1973 年年降水量一览表（单位：毫米）

年	1 月	2 月	3 月	4 月	5 月	6 月	7 月	8 月	9 月	10 月	11 月	12 月	总降水量
1973	21.0	2.5	8.8	5.3	24.5	53.9	290.3	184.3	67.0	31.4	9.2	0.0	698.2
历年平均	3.0	7.4	8.6	19.4	33.1	77.8	192.5	212.3	57.0	24.0	6.6	2.6	644.2

/ 十三 /

1973 年　北京水灾

从表 2-16 中，我们可以发现，1973 年北京的年降水量与历年的水平相差无几，只有 7 月份的降水量明显多于历年同期的平均水平，是历年的 1.5 倍。据北京市气象局记载，1973 年 7 月北京地区一日降水量极值是 7 月 3 日的 89.6 毫米，其中延庆是 7 月 3 日的 88.8 毫米，昌平是 7 月 3 日的 107.7 毫米，顺义是 7 月 2 日的 90.0 毫米。

延庆在 7 月 1 日全县普降大到暴雨，东部山区尤甚，日降水量达 230 毫米，淹没耕地 1.627 万亩，冲毁 0.172 万亩，冲毁梯田阶 744 道，倒塌房屋 72 间。总计农田成灾 1.8 万亩，其中失收 0.17 万亩，重灾 1.63 万亩。粮食减产 187.2 万公斤。

通县汛期降水量 498.5 毫米，少于历年汛期的降水量，但是仍然有 5 万亩农田受灾，粮食减产 1.23 万公斤。

朝阳区 1973 年的年降水量是 745.9 毫米，高于这年全市平均的年降水量；汛期降水量 641.3 毫米，也高于这年全市汛期平均降水量 595.5 毫米。朝阳区在 7 月 1 日和 3 日两次降大暴雨，合计降水量 181 毫米，河水水位猛涨，清河、坝河河道漫溢，受灾农田 3 万亩。

房山县在 1973 年 7 月连续降雨，雨量集中，强度大，以致各河水位猛涨。山区的鸽子台、鸳鸯水、柳林水、大窖、水峪等小型水库和塘坝在洪水的压力下出现溢洪现象[1]。山区有 5400 亩农田被冲毁。大石河（琉璃河）在下游石楼境内决口。全县农田受灾面积 2.2 万亩，全部成灾，倒塌房屋 90 间。

怀柔县 1973 年全年降水量 814.5 毫米，汛期降水量 686.2 毫米，累计降雨 53 天。首先，自 6 月 18 日，琉璃庙半小时降水量 60 毫米，同时伴有大风、冰雹。有 116 亩耕地被冲成乱石滩，4000 多亩被淤。冲毁坝阶[2] 140 道。6 月 25 日夜晚，北部山区部分地区降雨 2—3 小时，汤河口降水量 111 毫米，长哨营降水量 109 毫米，均达到大暴雨级别；七道河降水量 83 毫米，达到暴雨级别。汤河、白河水位上涨，沿河被冲毁耕地 290 亩，冲毁坝阶 528 道，淤地 814 亩。自 7 月 1 日早，全县普遍降雨；2 日晚，雨势加大，崎峰茶、八道河 4 小时降水量 150 毫米，达到大暴雨的级别；琉璃庙、黄坎、黄花城、枣树林 4 小时降水量 90—130 毫米，达到暴雨和大暴雨级别。全县河流水位普遍上涨，怀九河、怀沙河、雁栖河出现巨大洪峰，冲毁沿河耕地 3800 亩，冲毁护村坝、坝阶 4000 多道。8 月 13 日，黄坎降水量 220 毫米，达到特大暴雨级别；13—14 日，北部山区降水量 150—260 毫米，达到大暴雨和特大暴雨级别。白河出现特大洪峰，比历史罕见的 1972 年洪水还高出 1 米。汛期 6 次洪水使农田受灾面积 1081 万

---

[1] 泄洪是人为因素，发现险情，人为排险。溢洪属一种紧急险情，水满则溢。有溢洪状况就必须采取泄洪行为，其实两者是有关联的。

[2] 坝阶与谷坊相似，谷坊横卧在沟道中，高度一般为 1—3 米，最高 5 米，使沟道逐段淤平，形成可利用的坝阶地。

表 2-17　1974 年年降水量一览表（单位：毫米）

年	1 月	2 月	3 月	4 月	5 月	6 月	7 月	8 月	9 月	10 月	11 月	12 月	总降水量
1974	0.0	0.0	0.0	1.9	49.3	78.9	268.8	124.5	88.3	36.0	21.8	0.1	669.6
历年	3.0	7.4	8.6	19.4	33.1	77.8	192.5	212.3	57.0	24.0	6.6	2.6	644.2

亩，冲毁 0.68 万亩，冲毁梯田、坝阶等 6500 道，庄稼倒伏 8.9 万亩，倒塌房屋 380 间，受灾人口 7.8 万人。

　　丰台区在 1973 年 7 月夜由于暴雨而出现涝渍灾害，农田受灾 0.2 万亩，全部成灾，粮食减产 4.2 万公斤，属于一般涝渍灾害。此外，大兴、昌平、顺义也都不同级别地遭受洪涝灾[1]。

/ 十四 /
1974 年　北京水灾

　　从表 2-17 中可以发现，1974 年北京的年降水量与历年基本持平，唯一异常的是汛期中 7 月份降水量 268.8 毫米，是历年同期降水量的 1.40 倍，这是造成这年北京部分地区洪涝的主要原因。

/ 1 /　北京市水利局：《北京水旱灾害》，中国水利水电出版社，1999 年，第 61 页；
　　　怀柔区水资源局：《怀柔水旱灾害》，中国水利水电出版社，2002 年，第 95 页；
　　　延庆县水资源局：《延庆水旱灾害》，中国水利水电出版社，2002 年，第 103 页；房山水资源局：《房山水旱灾害》，中国水利水电出版社，2003 年，第 32 页；丰台水利局：《丰台水旱灾害》，中国水利水电出版社，2003 年，第 48 页；通州水资源局：《通州水旱灾害》，中国水利水电出版社，2004 年，第 43 页；北京市潮白河管理处：《潮白河水旱灾害》，中国水利水电出版社，2004 年，第 60 页；朝阳区水利局：《朝阳水旱灾害》，中国水利水电出版社，2004 年，第 25 页；北京市气象局：《北京气候资料》（一）（二）铅印本。

1974年怀柔县年降水量721.8毫米，汛期降水量652.3毫米，均超过了北京全市的平均水平。这年汛期，怀柔县出现6次较大的降雨过程。7月11—14日，连降3天大雨，北宅、八道河、崎峰茶、琉璃庙、沙峪、枣树林降水量都在150毫米左右，河水水位普遍上涨，山区冲毁耕地2000余亩、坝阶230道。7月24—25日北部山区和西部山区又连降大雨，降水量在150—200毫米之间，达到大暴雨级别。其中最为突出的是八道河降水量303毫米，沙峪降水量314毫米，尤其24日晚在2小时内竟降雨150毫米，这是很罕见的现象。我们知道，按标准12小时降水量不小于140毫米就已经属于特大暴雨级别，可以想象2小时降雨150毫米是属于什么级别。在这种大雨倾盆的情况下，加之白河、汤河、天河上游的河北丰宁、赤城降水量也很大，于是河水水位猛涨。天河又称天河立沟、天河川，是白河的较大支流。发源于河北省丰宁县杨木栅子老西营后沟，由怀柔县碾子乡四道河入怀柔境。河流全长80公里，怀柔境内60.7公里。天河在怀柔境内流经碾子、宝山寺两个乡，在宝山寺下营从左岸汇入白河。24日午夜山洪暴发，河流泛滥，数百个村庄遭灾，受灾农田1.4万亩，其中冲毁6870亩，水淹、泥淤7100亩，倒塌房屋129间。7月27日驻八道河的3名解放军某部战士为抢救被洪水冲下来的群众而光荣牺牲。

1974年7、8月间由于大雨、山洪，怀柔县受灾农田2.59万亩，成灾1.03万亩，受灾人口2.06万人，有14人死亡，倒塌房屋939间。

延庆虽然春旱，但7月22—26日连续降雨，东部山区四海降雨373.3毫米，大庄科降雨318.7毫米，造成山洪暴发，河水水位猛涨。白河堡突降暴雨1.5小时，白河洪峰流量达525m³/s。

白河堡所辖庄科、南窖、高家窖、下栅子的各沟洪水汇集一起，冲毁顺水坝。马家店处河水宽百余米，冲毁 100 多间工棚。延庆大观头（今延庆区永宁镇东北）暴雨，导致 16 个乡 7062 亩农田被冲淹，冲走、冲倒树木数万株，死亡 2 人，伤 1 人。这年水灾造成延庆县 8975 亩耕地被冲毁，倒塌房屋 79.5 间，冲走树木 7.6 万棵，粮食减产 77.8 万公斤。

北京南部郊区大兴县在 8 月 6—7 日全县普降大雨，天堂河流域日降水量达到 119.2 毫米，达到大暴雨级别，河水高出地面 1 米多，大面积耕田被淹。受灾农田 11 万亩，成灾 2.49 万亩。

北京东北部的朝阳区北部地区在 7 月 23 日和 25 日分别降雨，降水量为 115.2 毫米，造成清河、小北河南岸漫溢，受灾农田 2 万亩。

除此之外，本年北京丰台区、顺义县也遭到洪涝灾害。丰台受灾 0.58 万亩，成灾 0.28 万亩。顺义受灾 24.4 万亩，成灾 5 万亩[1]。

/1/ 北京市水利局：《北京水旱灾害》，中国水利水电出版社，1999 年，第 61 页；
    怀柔区水资源局《怀柔水旱灾害》，中国水利水电出版社，2002 年，第 95 页；
    延庆县水资源局《延庆水旱灾害》，中国水利水电出版社，2002 年，第 106 页；
    大兴区水资源局《大兴水旱灾害》，2003 年，第 51 页；北京市潮白河管理处
    《潮白河水旱灾害》，中国水利水电出版社，2004 年，第 65 页；朝阳区水利局
    《朝阳水旱灾害》，中国水利水电出版社，2004 年，第 25 页；北京市地方志编纂
    委员会《北京志·自然灾害卷·自然灾害志》，北京出版社，2012 年，第 17 页；
    北京市气象局《北京气候资料》（一）铅印本。

表 2-18　1976 年年降水量一览表（单位：毫米）

年	1 月	2 月	3 月	4 月	5 月	6 月	7 月	8 月	9 月	10 月	11 月	12 月	总降水量
1976	0.0	11.3	4.0	0.7	7.7	143.7	159.7	273.8	39.5	37.9	3.8	1.9	684.0
历年平均	3.0	7.4	8.6	19.4	33.1	77.8	192.5	212.3	57.0	24.0	6.6	2.6	644.2

/ 十五 /

1976 年　北京水灾

　　1976 年北京地区无论从全年降水量还是汛期各个月的降水量来看，都没有明显的异常情况（见表 2-18）。但是这年 7 月，北京北部山区还是由于突降暴雨而发生水患。首先，7 月 23 日 8 时北京西北部的张家口地区发生雷雨天气，然后自张家口东移到达北京密云县北部山区，使得密云北部成为强雷雨发展中心地区。与此同时，受密云水库西部山地和北部长城的影响，南来的气流顺地形抬升，密云水库东北的上甸子地区的雷雨天气进一步加强。

　　1976 年密云县年降水量 697.1 毫米，汛期降水量 611.9 毫米。降雨区域极不均匀，主要集中在密云水库北部和东北部地区。7 月 23 日 8 时 45 分出现雷雨天气，9 时强度加大。大暴雨主要发生在 10—12 时的 3 小时内，田庄水库（今密云水库东北，东邻上甸子）降水量 288 毫米，上甸子降水量 194.4 毫米。其中 11—12 时的降雨强度最大，田庄水库 1 小时降水量 150 毫米。上甸子 10 时 10 分—11 时 10 分降水量 124.7 毫米。我们知道 12 小时降水量不小于 140 毫米就已属于特大暴雨，而以上地区在 1 小时内的降水量就超过或者接近了 140 毫米，其强度可想而知。这场暴雨的同时还伴有大风、冰雹，最大瞬时风速达到30m/s，相当于11级暴风，一直到14时暴雨基本结束。

暴雨中心的密云田庄水库地区自7月23日凌晨2时30分到14时总计降雨358毫米。也就是说在接近12小时内降水量358毫米；其次为古北口，降水量289.9毫米；再其次为河北滦平县，为280毫米。雨势从西往东呈递减趋势。降雨过程中，降水量大于100毫米的区域为西起密云水库西北的冯家峪、石城一带，北至滦平城关，南部至密云高岭、曹家路，总计2180平方公里。属于密云境内的有1820平方公里。

暴雨所覆盖区域内的河水水位暴涨，出现特大洪峰。潮河下会站洪峰流量为2490m³/s，属50年一遇的级别。密云水库的入库洪峰流量也达到3650m³/s。田庄水库位于潮河上游支流白河涧上游，上甸子乡田庄村北200米处，在巨大洪峰的冲击下，来不及泄洪而被洪水漫坝溃决[1]。

这场特大暴雨引发的山洪、泥石流使得密云水库北部和东北部的半城子、冯家峪、上甸子、古北口、高岭、不老屯、东庄禾、新城子、太师屯9个乡受灾，其中北部前6个乡受灾最重。冯家峪乡东白莲峪、半城子乡西台子等地、上甸子乡大平台、古北口西沟等村遭到毁灭性的破坏。

1976年水灾中，密云县受灾农田3.42万亩，成灾2.75万亩，冲走粮食68.2万公斤。受灾人口2370人，死亡105人，冲毁房屋3574间，冲走半城子水库民工的工棚600多间以及其他机械设备。

1976年，密云西部的怀柔县年降水量787.8毫米，汛期降水

/1/ 洪世华：《"76.9"暴雨和田庄水库垮坝教训》，《北京水利》，1997年第3期。

量 684.6 毫米。6 月 22—23 日，全县普降中到大雨，118 亩农田遭灾。西沟村 16 户人家进水。6 月 29 日下午，长城以南地区普降暴雨，沙峪 5 小时内降雨 150 多毫米。我们知道，12 小时降水量 70—139.9 毫米就属于大暴雨，怀柔县这时的降雨肯定已超过了大暴雨级别。况且，沙峪 5 小时降水量竟达到 150 毫米。怀柔水库上游河段河水水位猛涨，京密引水渠大部分漫溢，6 万亩农田被淹、被淤。7 月 23 日怀柔县局部地区降雨 2 小时，造成交通中断。平原地区 15 万亩玉米倒伏，其中 2000 亩需要改种。7 月 29 日长城以南又普降暴雨，范各庄、沙峪达 150 毫米，造成范各庄、沙峪、北房、杨宋庄等地场院进水。这年，其他区县也遭到洪涝灾害。大兴受灾农田 7 万亩，成灾 4 万亩。昌平受灾农田 4 万亩[1]。

/ 十六 /
1977 年　北京水灾

从表 2-19 中看，1977 年的年降水量 779.0 毫米，是历年年降水量平均值的 1.21 倍，仅是略显多些。至于汛期具体月份的降水量只有 6、7 两个月比较突出。6 月份降水量是历年同期的 1.79 倍，7 月份降水量是历年同期的 1.39 倍，都比较异常。汛期降水量集中在 6、7 两个月。据北京市气象局记载，延庆县 1977 年 6

/1/　北京市水利局：《北京水旱灾害》，中国水利水电出版社，1999 年，第 61 页；怀柔区水资源局：《怀柔水旱灾害》，中国水利水电出版社，2002 年，第 95 页；北京市潮白河管理处：《潮白河水旱灾害》，中国水利水电出版社，2004 年，第 65 页；密云县水资源局：《密云水旱灾害》中国水利水电出版社，2003 年，第 36 页；北京市气象局：《北京气候资料》（一）铅印本。

表 2-19　1977 年年降水量一览表（单位：毫米）

年	1 月	2 月	3 月	4 月	5 月	6 月	7 月	8 月	9 月	10 月	11 月	12 月	总降水量
1977	0.5	1.8	4.6	15.1	67.7	139.1	268.3	122.4	7.3	132.5	3.4	16.3	779.0
历年平均	3.0	7.4	8.6	19.4	33.1	77.8	192.5	212.3	57.0	24.0	6.6	2.6	644.2

月份降水量 140.9 毫米，是历年同期平均值的 2.3 倍；7 月份降水量 161.5 毫米，是历年同期平均值的 1.1 倍。密云县 1977 年 6 月份降水量 131.3 毫米，是历年平均值的 1.68 倍；7 月份降水量 315.5 毫米，是历年同期平均值的 1.37 倍。怀柔县 1977 年 6 月份降水量 138.9 毫米，是历年同期平均值的 1.59 倍；7 月份降水量 234.6 毫米，是历年同期平均值的 1.05 倍。昌平县 1977 年 6 月份降水量 168.3 毫米，是历年同期平均值的 2.39 倍；7 月份降水量 317.5 毫米，是历年同期平均值的 1.74 倍。顺义 1977 年 6 月份降水量 152.6 毫米，是历年同期平均值的 2.21 倍；7 月份降水量 307.4 毫米，是历年同期平均值的 1.39 倍。平谷县 1977 年 6 月份降水量 108.3 毫米，是历年同期平均值的 1.36 倍；7 月份降水量 309.5 毫米，是历年同期平均值的 1.39 倍。

密云县 1977 年的年降水量是 841.8 毫米，其中汛期降水量是 600.6 毫米，均高过历年的平均值。7 月 29—30 日，密云石城、冯家峪、番字牌地区连降暴雨。石城两天降雨 175 毫米。番字牌 28—30 日降水量 182.1 毫米，其中 30 日仅一夜就降雨 126 毫米，达到大暴雨级别。白马关河洪水暴发，死亡 8 人，冲毁树木 3000 多棵。这年密云全县农田受灾面积 0.22 万亩，全部成灾。白马关河位于密云县北部山区。发源于密云县番字牌乡良营子村东沟，流经番字牌、冯家峪两乡，过保峪岭村入密云水库，系白河支流。全长 34.5 公里，属季节性河流，年均流量 4300 万立方米。

此外，1977 年 8 月丰台也因降雨过多而受涝灾，受灾农田 1.76 万亩，成灾 0.74 万亩，粮食减产 21 万公斤。通县受灾 7.61 万亩。大兴县受灾 12 万亩，全部成灾。房山受灾 3 万亩。顺义受灾 5 万亩，成灾 2.6 万亩。怀柔受灾 0.63 万亩，全部成灾[1]。

又据记载，北京地区 1977 年汛期降雨主要集中在 6 月 24 日—7 月 2 日和 7 月 20 日—8 月 3 日，雨区在密云西部和怀柔东部。顺义、昌平、延庆、房山、通县等地降暴雨至大暴雨。7 月 29 日，番字牌日降水量 123.4 毫米。8 月 2 日，海淀颐和东闸日降水量 139.8 毫米。山洪、泥石流并发，死亡 14 人。中茬玉米受涝 28 万亩，三茬玉米受涝 100 多万亩，小麦发芽霉烂损失近亿斤[2]。

/ 十七 /

1979 年　北京水灾

从表 2-20 中看，1979 年北京年降水量 718.4 毫米，是历年年降水量的 1.12 倍，基本持平。至于汛期中降水量仍是 6、7 月份比较突出，6 月份降水量是历年同期的 1.73 倍，7 月份降水量是

---

[1] 北京市水利局：《北京水旱灾害》，中国水利水电出版社，1999 年，第 61 页；密云县水资源局：《密云水旱灾害》，中国水利水电出版社，2003 年，第 95 页；丰台水利局：《丰台水旱灾害》，中国水利水电出版社，2003 年，第 48 页；北京市气象局：《北京气候资料》（一）（二）铅印本。

[2] 北京市地方志编纂委员会：《北京志·自然灾害卷·自然灾害志》，北京出版社，2012 年，第 95 页。

表 2-20　1979 年年降水量一览表（单位：毫米）

年	1 月	2 月	3 月	4 月	5 月	6 月	7 月	8 月	9 月	10 月	11 月	12 月	总降水量
1979	0.6	22.2	10.8	74.4	40.3	134.6	228.1	190.8	4.2	4.7	0.5	7.2	718.4
历年平均	3.0	7.4	8.6	19.4	33.1	77.8	192.5	212.3	57.0	24.0	6.6	2.6	644.2

历年同期的 1.18 倍。可以发现汛期降水量是集中在这年的 6、7 两月。据北京市气象局记载，1979 年延庆县 6 月份降水量 109.4 毫米，是历年同期降水量的 1.8 倍；密云县古北口 6 月份降水量 152.9 毫米，是历年同期降水量的 1.86 倍；怀柔县 6 月份降水量 146.9 毫米，是历年同期降水量的 1.69 倍；昌平 6 月份降水量 106.2 毫米，是历年同期降水量的 1.5 倍；顺义 6 月份降水量 130.5 毫米，是历年同期降水量的 1.9 倍；平谷县 6 月份降水量 180.5 毫米，是历年同期降水量的 2.3 倍。

1979 年 8 月 9—10 日平谷县连降大雨、暴雨，平均降水量 160 毫米。北部山区镇罗营、熊儿寨等乡降水量多达 328 毫米。全县几乎全部遭受水灾，受灾农田 5 万亩，其中水冲 1.8 万亩，积涝 3.2 万亩。

大兴县也发生了严重涝灾。一般来说大兴县的涝灾都是在连年降水较多的情况下发生的。1979 年大兴县年降水量 644 毫米，但在之前的 1977 年和 1978 年的年降水量却高达 825 毫米和 887 毫米。前两年的多雨使得土壤中水分饱和，所以即使 1979 年的年降水量与历年持平，大兴县的农田也发生了涝渍灾害。另外，大兴县数量达 30 万亩而分布又很分散的水稻田也是旱田作物发生涝灾的一个因素。1979 年大兴县东部长子营乡（今大兴区采育镇北）的李务、牛房、北辛庄等村地势低洼，在未下大雨之前就有 200 亩左右的晚玉米受稻田的影响而涝死。1979 年大兴农田遭灾 24 万亩，成灾 15.9 万亩。

北京西北部门头沟山区清水涧河旁的大台在 1979 年 8 月 10 日突降暴雨，造成山洪暴发，冲毁房屋，冲走机械。

此外，北京丰台区也因雨涝遭灾农田 0.62 亩，成灾 0.6 亩。通县农田遭灾 14 万亩，成灾 3.1 万亩。房山农田遭灾 6.68 万亩，成灾 3 万亩。顺义县农田遭灾 9.5 万亩，成灾 1.2 万亩[1]。

又据记载，7 月 17 日和 24 日北京全市大部分地区先后降暴雨至大暴雨，连续降雨约 150 毫米，人防工事漏水，房屋倒塌 240 余间，马路下沉 260 处，150 户民居进水，8 座工厂不能正常生产。17 日，房山马各庄日降水量 166.8 毫米。8 月 10—15 日，连续降雨。10 日，房山张坊日降水量 175.7 毫米。14 日，密云黄土梁日降水量 138.0 毫米。15 日，大兴半壁店日降水量 133.2 毫米，天堂河、凤河、旱河等小河漫溢、决口 43 处，受涝 38 万亩。8 月 9—16 日，平谷降水量 200 毫米，大华山达 328 毫米，全县 20 多个乡 112 个村受灾，5 万亩农田被淹。全市涝地 66 万亩，倒塌房 1.2 万间，伤亡 7 人[2]。

/1/　北京市水利局：《北京水旱灾害》，中国水利水电出版社，1999 年，第 61 页；平谷区水资源局：《平谷水旱灾害》，中国水利水电出版社，2002 年，第 26 页；大兴区水资源局：《大兴水旱灾害》，中国水利水电出版社，2003 年，第 51 页；门头沟水资源局：《门头沟水旱灾害》，中国水利水电出版社，2003 年，第 27 页；北京市气象局：《北京气候资料》（一）（二）铅印本。

/2/　北京市地方志编纂委员会：《北京志·自然灾害卷·自然灾害志》，北京出版社，2012 年，第 95 页。

/ 十八 /

1982 年 北京水灾

北京 1982 年的年降水量是 544.4 毫米，少于历年降水量平均值。但是这年主汛期到来得偏早，主要集中在 6、7 两月。6 月 15—17 日，密云、怀柔、平谷、昌平、海淀、通县降暴雨。密云石城日降水量 73.7 毫米，达到暴雨级别，造成山洪暴发，冲毁山地 1100 亩。7 月 25 日，密云、昌平、门头沟、房山一带再降暴雨。密云北庄一带山洪暴发，冲走树木 3000 多棵。

密云县 1982 年年降水量 702.6 毫米，高于本年全市降水量平均值，也高于历年的平均年降水量。这年汛期密云降水量是 615 毫米，是全年的 88%，显示出汛期的降水量非常集中。8 月 3—5 日密云大城子地区连续降雨 163.9 毫米，达到大暴雨级别。8 月 5 日凌晨，汗峪沟（干峪沟）村发生泥石流，冲毁房屋 42 间、成材树木 580 棵，死亡 13 人，重伤 9 人。泥石流奔腾而下，位于汗峪沟下游的鳖鱼沟村也遭到严重灾害，损失大小树木 4000 多棵。这场泥石流仅经历了 3—5 分钟，两村农民经营多年开垦出的沟底坝阶地 110 亩全部毁于一旦。泥石流中冲下的巨石块体积达 2.46 立方米。村中直径 60 厘米的大磨盘被冲出 2 里以外[1]。

怀柔县 1982 年年降水量 664 毫米，汛期降水量 587.2 毫米，占全年降水量的 88%。7 月 31 日，黑坨山附近从凌晨到傍晚降水量超过 100 毫米，达到暴雨级别。怀柔县境内的白河、琉璃河、

/1/　洪惜英、王洽堂等：《北京市密云县汗峪沟泥石流》，《北京林学院学报》1983年第 4 期。

怀沙河、怀九河等水位猛涨，漫溢过堤，两岸沿河大量村庄遭受水灾。碾子乡地区被冲毁耕地 500 亩，冲淤 300 亩，菜树店被冲走 1 人。宝山寺地区的白河水面原来只有 20 米左右，这时突涨到 100 米以上。从西帽山到转年村，沿河 700 亩农田被淤，300 亩被冲毁。崎峰茶地区 550 亩农田被冲淤，372 道坝阶被冲毁，2.3 万亩树木被冲走。

1982 年潮白河流域内的怀柔、密云两县，在水灾、泥石流中共有 1.84 万亩农田受灾，成灾 0.71 万亩，受灾人口 1.88 万人，死亡 26 人，倒塌房屋 46 间，损失粮食 0.8 万公斤。

1982 年延庆的年降水量 549.2 毫米，汛期降水量 502.3 毫米，占全年降水量的 91.5%，其汛期降水量更是非常集中。本年 7 月 30—31 日延庆县大部分地区降大到暴雨，局部地区降特大暴雨。沈家营、井庄、二道河、香营、旧县、白河堡、永宁等地区 2 日降水量在 150—189 毫米之间。特别是旧县 1 小时降水量 50.9 毫米，香营 1 小时降水量 49 毫米，都属于特大暴雨。暴雨和特大暴雨造成山洪灾害，水冲沙压地 3156 亩，涝渍地 14516 亩，倒塌房屋 1591 间，冲毁坝阶 2700 米。除此之外，许多小水电站的引水渠、拦河坝、水闸也都被冲毁，公路路基塌方。延庆小川地区冲走树木 7 万余棵。全县减产粮食总计 145.9 万公斤。

房山县 1982 年 7 月底 8 月初暴雨，造成拒马河、大石河（琉璃河）山洪暴发，山区的十渡、六渡等地区的河滩地冲毁 1100 亩，房屋 18 间。史家营、长操地区 1.4 吨原煤被冲走，15 人死于洪水。

此外，平谷县由于洪涝灾害也有 0.5 万亩农田受灾，且全部成灾[1]。

又据记载，1982年6月15—17日，密云、怀柔、平谷、昌平、海淀、通县降暴雨。密云石城日降水量73.7毫米，造成山洪暴发，冲毁山地1100亩。7月25日，密云、昌平、门头沟、房山一带降暴雨。密云北庄一带山洪暴发，冲走树木3000多棵。30—31日，房山、门头沟、海淀、昌平、怀柔、延庆降暴雨至大暴雨，房山十渡日降水量182.2毫米，导致山洪暴发，4人死亡，2人受伤，2人失踪。延庆30小时降水量190毫米，冲毁农田2636亩，倒塌房屋266间，冲走、冲毁树木9.6万余棵。8月4日，密云、怀柔、昌平、房山等县降暴雨至大暴雨。密云大城子乡日降水量大于300毫米，山洪暴发引发泥石流，冲毁农田110亩、树木4580棵，死亡13人，重伤8人[2]。

/ 十九 /

1985 年　北京水灾

1985年北京年降水量721毫米。1980年以后北京地区的年降水量比以前明显减少，历年平均降水量从644.2毫米减少到

---

[1]　北京市水利局：《北京水旱灾害》，中国水利水电出版社，1999年，第61页；密云县水资源局：《密云水旱灾害》，中国水利水电出版社，2003年，第42页；怀柔区水资源局：《怀柔水旱灾害》，中国水利水电出版社，2002年，第39页；北京市潮白河管理处：《潮白河水旱灾害》，中国水利水电出版社，2004年，第77页；延庆县水资源局：《延庆水旱灾害》，中国水利水电出版社，2002年，第105页；房山区水资源局：《房山水旱灾害》，中国水利水电出版社，2003年，第33页；平谷区水资源局：《平谷水旱灾害》，中国水利水电出版社，2002年，第26页。

[2]　北京市地方志编纂委员会：《北京志·自然灾害卷·自然灾害志》，北京出版社，2012年，第95页。

574.13 毫米。因此，1985 年的年降水量是历年平均降水量的 1.23 倍。这在 20 世纪 80 年代和 90 年代是比较高的降水水平。

昌平县东部山区的下庄地区在 7 月 28—29 日 12 小时内降水量 200.8 毫米，百合村降水量 153.7 毫米，均达到特大暴雨级别。其中，最强雨势集中在 28 日 19 时 40 分—29 日凌晨 2 时 30 分，历时近 7 个小时，降水量 186.4 毫米，雨量集中在上庄、下庄、百合、木厂等村庄。由于降雨来势猛，强度大，而且这些地区都是比邻怀柔的山区，因此造成山洪暴发，下庄北至木厂公路毁坏严重。羊石片水库被淤平近半，约 6 万立方米。庆湖塘坝被淤平。冲毁农田坝阶 2585 条，冲淤刚长出的青苗 848 亩，冲倒树木近 2 万棵。

怀柔县 1985 年年降水量 853 毫米，高过全市年降水量的平均值；汛期降水量 737 毫米，占本县全年降水量的 86%。北部山区的碾子乡在 6 月 22 日 17 时至 18 时许突降暴雨，降水量达 50.3 毫米，达到特大暴雨级别。碾子村洞沟内降水量 140 毫米，造成巨大山洪暴发，两块重达 2 吨左右的巨石被冲出 300 多米，冲毁耕地 100 余亩、树木 8000 多棵（果树 2000 余棵，材树 6000 余棵）。不过因这次暴雨历时只有 1 个多小时，所以尚没有造成更大范围的损失。

密云县 1985 年年降水量 758.6 毫米，略高过全市降水量的平均值；汛期降水量 650.3 毫米，占本县全年降水量的 86%。8 月 24—25 日 20 时，全县普降大到暴雨，平均降水量 147.7 毫米，达到大暴雨级别。各河水位猛涨，洪水横流，冲毁鱼池 154 亩，冲毁梯田坝阶 1480 道。0.6 万亩农田被淹，粮食减产 77 万公斤。密云水库北部山区不老屯、高岭和水库南部山区的穆家峪等地区都遭受了水灾。穆家峪东南的沙厂水库位于北京密云县红门川河下游沙厂村东，水库入水口位于北山下新村。由于山洪暴发，红门川河水位暴涨，水库为了避免垮坝，只好泄洪，冲毁下游河岸顺水坝2020米，然而水库北干渠250米仍被冲毁，周围400亩农田进水。密云水库北部的半城子水库干渠多处塌方。北京城市南部平原地区1985年7月2日大雨，通惠河水位上涨，使得本来是城市排水渠的通惠河水出现倒灌现象，以致城市东部大望路立交桥、东便门立交桥等处积水2米左右，交通中断[1]。

又据记载，1985年5月24日，平谷、延庆降暴雨。延庆花盆乡冲毁土地800亩，冲毁山区公路7000多米，填平饮水井8眼，损失化肥10多吨，冲走幼树1000余棵。7月2日，全市大部分地区降暴雨至大暴雨。右安门日降水量109.3毫米。房山城关镇3名学生被洪水淹死，冲走原煤1300吨，受灾农田5万亩。7月28日，昌平、怀柔、密云降暴雨至大暴雨。昌平下庄日降水量200.8毫米，引起山体滑坡，毁公路11.6公里，冲走果树2628棵。8月5日，平谷、密云、顺义、通县降暴雨至大暴雨。平谷县将军关日降水量128.9毫米，山洪暴发造成京承铁路118公里处塌方堵塞，停运4小时，农田受灾1.8万亩，倒塌房屋1100间。8月20日，怀柔、房山、石景山、海淀、城区降暴雨至大暴雨。颐和园日降水量113.6毫米，西城区6处人防工事坍塌。海淀区30户人家被水包围[2]。

/1/ 北京市水利局：《北京水旱灾害》，中国水利水电出版社，1999年，第59页；密云县水资源局：《密云水旱灾害》，中国水利水电出版社，2003年，第96页；怀柔区水资源局：《怀柔水旱灾害》，中国水利水电出版社，2002年，第39页；北京市潮白河管理处：《潮白河水旱灾害》，中国水利水电出版社，2004年，第67页。
/2/ 北京市地方志编纂委员会：《北京志·自然灾害卷·自然灾害志》，北京出版社，2012年，第96页。

/ 二十 /

1986 年　北京水灾

1986 年北京年降水量 665.3 毫米，与历年平均年降水量相比，虽仅是略显丰沛，但是由于汛期中间局部地区降水集中，强度过大，所以仍然出现水患。

延庆县 1986 年年降水量 509.9 毫米，这在延庆县也是属于水分略显丰沛的年份，但汛期降水量接近于全年降水量的 90%，过于集中的降雨，造成汛期出现了洪涝灾害。这年延庆县本来是严重春旱，但进入汛期以后，6、7 两月降水量分别是 123.6 毫米和 180.0 毫米，所以造成了水患。

6 月 20 日延庆县境东北的黑河上游突降暴雨。黑河发源于河北，从河北沽源县东卯乡四道甸村南出境，入北京市延庆县，南流与白河汇合，东经密云县注入密云水库。暴雨使得黑河水位暴涨，冲毁延庆县沙梁子村水电站的拦河坝及自流渠，并冲毁稻田 223 亩、玉米 28 亩。沙梁子村西北的花盆乡地区也暴发山洪，农田被水冲沙压 343 亩，冲走树木 287 棵。6 月 26 日晚，延庆东南位于黄花城西沟畔的大庄科乡降水量 85.8 毫米。黄花城西沟是怀九河的上源之一。西沟山洪暴发，农田被水冲沙压 338 亩。此外，延庆县东关积水 0.5 米以上，倒塌大棚 3.6 亩，淹没菜地 61.7 亩。

7 月 17 日，延庆县城东北位于西龙湾河畔的旧县乡降特大暴雨，并伴有大风、冰雹，1 小时降水量达到罕见的 82.5 毫米，山洪横流，农田 2.76 万亩受灾，部分农民家里进水，有的地方积水 1 米多深。这次水灾还使旧县南同样位于西龙湾河畔沈家营乡的农田 5320 亩受灾，减产 63 万公斤，造成巨大经济损失。延庆县 6 月和 7 月的这两次大水，共减产粮食 527.3 万公斤、蔬菜 18.5 万公斤。

1986 年潮白河流域的怀柔县也发生了水灾。这年怀柔县年降水量 729.5 毫米，其中汛期降水量 662.9 毫米，占全年降水量的 93%。正是过于集中的汛期降雨才造成了怀柔县的水灾。1986 年 6 月 27 日 17 时 30 分，怀柔县山区长哨营乡部分地区降水量 100 毫米以上，雨中夹带冰雹，达到大暴雨级别。其中，杨树湾、北干沟、古洞沟等 11 村的农田成灾 7040 亩。7 月 4 日上午和傍晚，长哨营乡七道梁村罕见地两次在 1 小时内降水量达到 200 毫米，超过特大暴雨级别，冲毁农田 300 亩，公路多处断绝。以上山区两地暴雨造成 1 人死亡。怀柔县平原地区 7 个村镇在 8 月 30 日 20 时 30 分—21 时遭到暴雨袭击，30 分钟降水量 54 毫米，也达到特大暴雨级别。这场暴雨使得 3.12 万亩粮田、菜地受灾[1]。

又据记载，1986 年 6 月 26 日，北京全市普降暴雨，城区日降水量 152 毫米，通县台湖地区日降水量 185 毫米。全市漏房 1.1 万间，东四北大街一户房倒压死 2 人。市内 8 条公交线路受阻，69 条长途汽车线路停运。京通铁路线山体滑坡，冲毁机车 2 台，冲毁路基 5 公里，中断行车 60 多小时。7 月 3 日，全市大部分地区降暴雨至大暴雨，密云山区番字牌乡日降水量 101.5 毫米。全市漏房 8989 间，个别路段因塌方中断交通 10 小时。7 月 17—

<hr>

[1] 怀柔区水资源局：《怀柔水旱灾害》，中国水利水电出版社，2002 年，第 39 页；延庆县水资源局：《延庆水旱灾害》，中国水利水电出版社，2002 年，第 110 页；北京市潮白河管理处：《潮白河水旱灾害》，中国水利水电出版社，2004 年，第 77 页。

18 日，平谷、密云、怀柔、顺义、延庆、大兴等县，先后降暴雨至大暴雨。平谷北部山区镇罗营日降水量 129.7 毫米，引发山洪，冲走果树 3450 棵，毁田 600 亩[1]。

/ 二十一 /
1988 年、1989 年　北京水灾

北京 1988 年的年降水量 673.3 毫米，在 1988 年至 2009 年之 22 年中是少有的年降水量超过 600 毫米的 6 年之一。其与历年平均年降水量相比，也是略显丰沛。北京地区自 1985 年至 1988 年连续 4 年的年降水量都在 600 毫米以上，从而造成土壤含水量比较高，这也是造成 1988 年出现涝灾的一个因素。

1988 年汛期，房山县西南部拒马河流域由于降雨过多，河水水位猛涨，洪水暴发，全县倒塌房屋 163 间，冲倒果树 2323 棵、成材树木 6302 棵。十渡、六渡两乡有 4 处小水电站被冲毁。

1988 年昌平县全年降水量 617.0 毫米，略低于全市的平均水平，但是汛期降水量 561.8 毫米，占昌平当地全年降水量的 91%，显然降水量过于集中。汛期中降水量最多的有北部山区的黑山寨 784.6 毫米，泰陵村 795.5 毫米，德胜口 735.2 毫米，都远远超过了全县的汛期平均降水量，这些地区因此成为重点灾区。

1988 年昌平县汛期降雨有 3 个暴雨过程，即 7 月 15 日、8 月 2 日、8 月 6 日。其中，以 8 月 2 日暴雨为最大。8 月 1—2 日，昌

/ 1 /　北京市地方志编纂委员会：《北京志·自然灾害卷·自然灾害志》，北京出版社，2012 年，第 96 页。

平全县普降暴雨，主要降雨区在昌平西北山前半山区南口镇、西南的亭子庄和阳坊一带。暴雨中心在亭子庄乡，曾出现日降水量204毫米的纪录，达到特大暴雨级别。

三次大暴雨的倾泻，造成各主要沟壑、河道出现洪水，温榆河、蔺沟河、沙河、北沙河、秦屯河、虎峪沟、黑山寨沟都出现了巨大洪峰，达到20年一遇，甚至50年一遇的级别。蔺沟河位于昌平县东南部，由牤牛河、白浪河、钻子岭沟、八家沟于大东流乡小东流村附近汇合而成，在前、后蔺沟村附近入温榆河。小东流村以下蔺沟河长4公里。1970年和1972年经过两次整治，蔺沟河口以上防洪标准按50年一遇设计，洪峰流量400m³/s；蔺沟河口以下按20年一遇设计，洪峰流量1562m³/s。如上所述，1988年温榆河洪峰流量达到446m³/s，蔺沟河洪峰流量达到246m³/s，都是达到或超过了20年一遇和50年一遇的级别。

1988年昌平全县农田受灾4.83万亩，粮食减产557.57万公斤，房屋倒塌898间，冲毁坝阶4400米。

1988年8月2日，北京西北部山区门头沟区普降大到暴雨，妙峰山、军庄、龙泉3个乡镇降大暴雨，其中妙峰山乡最大降水量是173毫米。永定河出山口的三家店拦河坝多次提闸放水，以减轻上游山区洪水的压力。

门头沟区这年的暴雨，造成农田受灾8800亩，菜田受灾2500亩，倒塌房屋45间，近3000户人家房屋进水，冲走原煤、石灰等24.8万吨，坍塌公路4.5公里。

1988年8月1—2日，海淀区普降大到暴雨，城区西北部的浅山区北安河1小时降水量105毫米，其东南的温泉地区30分钟降水量62毫米，都属于特大暴雨级别。境内河水水位猛涨，洪水淹没北安河以南的周家巷河公路桥，桥面水深0.3—0.4米。

南沙河上的上庄水库 8 月 2 日早晨提闸放水，但南沙河以南的辛庄毛衣厂、西马坊桥还是被淹。这次暴雨造成海淀区北安河、苏加坨、海淀、东升、四季青、玉渊潭等 6 个乡受灾，农田受灾面积 8498 亩。

1988 年 8 月 2 日早晨，北京西北山区延庆县连日普降大到暴雨，大庄科乡东三岔村出现山体滑坡，下滑的土方有 150 立方米，一家农户的房屋被砸毁，人受轻伤。

1988 年北京城区东北朝阳区的年降水量是 568.2 毫米，汛期降水量是 541.9 毫米，占全年降水量的 95%，这显示朝阳区本年的降水量十分集中，说明汛期发生了暴雨。这年 8 月 6 日，全区发生大暴雨，10 小时降水量为 110—150 毫米。我们知道 12 小时降水量 70—139.9 毫米，就属于大暴雨；12 小时降水量不小于 140 毫米，就属于特大暴雨。所以朝阳区 6 日的大暴雨应该是属于大暴雨和特大暴雨级别。但是由于水利设施充分发挥了作用，所以境内河道都没有发生漫溢。

1988 年北京水灾主要发生在汛期的 8 月初，地域主要在北京西部、西北部和西南部。在昌平、门头沟、延庆、房山县的山区和海淀西北的浅山区，造成山洪、泥石流，使得人民生命财产遭到巨大损失；在东北部平原的朝阳区则出现河水涨溢险情。

1989 年密云县番字牌、冯家峪等燕山迎风面地区，受东南、西南暖湿气流影响，造成局部大暴雨，7 月 21—22 日，短时间的降雨引起潮白河流域密云县北部山区发生洪水灾害。

7 月 21 日暴雨中心在番字牌乡一带，最强 1 小时降水量 58.7 毫米，日降水量 362.1 毫米，大于百年一遇的日降水量 332 毫米水平。与此同时，距番字牌 16 公里的下游冯家峪地区降水量也达到 1 小时 50.6 毫米，接近百年一遇的水平。特别是小西天沟日降水量 580 毫米，都达到罕见的特大暴雨级别。特大暴雨和山洪为泥石流提供了强大的水源动力。1989 年 6 月 4 日下午，仅 40 分钟的时间，门头沟区沿河城乡降水量 47.6 毫米，刘家峪村降水量约 100 毫米，都够得上大暴雨级别。时间短而强度大的降雨，在山区势必会造成山洪和泥石流的危险。大西沟发生山洪，冲毁滩地 400 亩。

1989 年北京水灾主要发生在北京的密云、门头沟地区。主要原因还是在于罕见的强暴雨造成的山洪和泥石流[1]。

又据记载，1988 年 8 月 1—2 日，全市先后降暴雨至大暴雨。昌平阳坊日降水量 184.5 毫米，8 个区县 94 个乡受灾农田 39 万亩，倒塌房屋 182 间，冲毁道路 54.3 公里，桥涵 7 处，重要水利设施 5 处，冲走原煤 3.3 万吨，房山受灾较重。8 月 8 日，全市大部分地区降暴雨至大暴雨。顺义最大日降水量 230 毫米。全市 26 个乡镇受洪涝灾害，受灾 12.7 万亩，倒塌民房 937 间，冲走果树 180 棵、杨树 200 棵。

1989 年 7 月 21—22 日，全市大部分地区降暴雨至大暴雨，平谷西水峪水库日降水量 198.5 毫米。由于山洪暴发，密云番字牌等地发生泥石流，死亡 18 人，重伤 8 人，轻伤 432 人，冲毁房屋 7502 间、农田 8300 亩、林木 161.4 万株。冲毁鱼池 42 亩、公路 125 公里、高低压线路 57 公里、通信线路 61 公里、广播线

/1/　延庆县水资源局：《延庆水旱灾害》，中国水利水电出版社，2002 年，第 110 页；密云县水资源局：《密云水旱灾害》，中国水利水电出版社，2003 年，第 42 页；门头沟水资源局：《门头沟水旱灾害》，中国水利水电出版社，2003 年，第 27 页；北京市潮白河管理处：《潮白河水旱灾害》，中国水利水电出版社，2004 年，第 67 页；房山区水资源局：《房山水旱灾害》，中国水利水电出版社，2003 年，第 41 页；海淀区水利局：《海淀水旱灾害》，中国水利水电出版社，2002 年，第 40 页；昌平区水资源局：《昌平水旱灾害》，中国水利水电出版社，2004 年，第 31 页。

路 19.1 公里和扬水站 54 处，冲毁淤平大口井 85 眼，580 人因房屋彻底摧毁而无家可归，5722 人的房屋被严重损坏成为危房而有家不能归[1]。

/二十二/
1991 年　北京水灾

1991 年北京地区年降水量 747.9 毫米，是历年平均降水量 574.13 毫米的 1.28 倍，是一个典型的丰水年。

北京地区汛期一般是在 6、7、8、9 月份，可是 1991 年的汛期来得较早，由于 6 月 6—11 日北方冷空气和来自海洋的暖湿气流在密云、怀柔的燕山迎风面相汇，形成了一场持续四五天的飓风、冰雹和大暴雨过程。

6 月 10 日潮白河流域的怀柔、密云北部山区暴发罕见的特大暴雨。6 月 6—8 日冰雹、大风从河北宣化、张家口一带向东南移动到北京昌平、海淀、门头沟一带。从 6 月 10 日开始，降雨强度加大，暴雨从西南向东北，以每小时 70—80 公里的速度斜贯北京地区。暴雨中心位于怀柔和密云交界的四合堂、张家坟、枣树林、冯家峪、石城地区，110 平方公里的地域在 5 天内降雨 400 毫米以上。北部山区普降 100 毫米以上的雨量。密云县番字牌和怀柔县八道河、崎峰茶等 380 平方公里的地域，降水量都超过了 300 毫米。降水量最大的密云县四合堂地区，5 天降水量达

/1/　北京市地方志编纂委员会：《北京志·自然灾害卷·自然灾害志》，北京出版社，2012 年，第 97 页。

543 毫米，其中 6 月 10 日的日降水量竟达 373 毫米，是特大暴雨级别。这样的降雨强度也是近百年来最高的级别。

北京地区汛期降雨的规律是 7 月下旬、8 月上旬雨量最为集中，即所谓的"七下八上"。但是 1991 年汛期却在 6 月份就出现了强大的势头。这种情况只有 1954 年出现过一次。除了降雨强度大，降雨范围广是这场暴雨的另一个特点。与 1976 年降水量 200 毫米以上的范围是 323 平方公里相比，1991 年降雨标准相同的地域却多达 2300 平方公里；1976 年降水量 300 毫米以上的范围是 40 平方公里，而 1991 年降雨标准相同的地域仅潮白河流域就有 380 平方公里。6 月 10 日，在这样强势暴雨的倾泻下，密云水库上游各河水位暴涨，奔腾汹涌，密云水库出现 $3610\mathrm{m}^3/\mathrm{s}$ 的巨大洪峰流量，这是潮白河自 1918 年以来在 6 月份出现的最大洪峰流量。与此同时，怀柔水库也出现了巨大洪峰。虽然两大水库为了减轻下游的洪水压力停止放水，但由于京密引水渠沿途的山间沟壑的洪水涌入渠内，使得京密引水渠内水位暴涨，为了保证安全，京密引水渠安和闸只好被迫泄水。

由于暴雨、洪水、泥石流的袭击，北京山区各区县都出现了灾情，全市受灾人口 10 余万人，以暴雨中心所在的潮白河流域最重。密云县密云水库以北的白马关河沿线的冯家峪、番字牌，白河沿线的四合堂、石城，以及怀柔县怀柔水库以北深山区的汤河沿线的长哨营、汤河口，崎峰茶沟沿线的崎峰茶是重灾区。

密云县 6 月 10—11 日，暴雨中心地区的降水量都在 130 毫米以上，其中番字牌日降水量最大达 186 毫米，四合堂日降水量最大达 372.8 毫米。汹涌的山洪和泥石流造成人民生命财产的巨大损失。洪水冲毁房屋 3358 间，农田受灾 9.5 万亩，其中成灾 1.78 万亩，冲走粮食 23.7 万公斤，冲毁树木 150 万棵（其中果树 20.8 万棵），大量的各种工业设施和通信线路、公路也遭到破坏。密云县有 211 人房屋全部被摧毁，无家可归；3031 人因房屋受到严重破坏成为危房，有家不能归。

怀柔县全年降水量 876.4 毫米，比全市平均年降水量多出100 多毫米；汛期降水量 748.8 毫米，占全年降水量的 85%。怀柔县在 6 月 9 日以前降水量已达 200 毫米以上，紧接着的 6 月10—11 日长哨营、汤河口、崎峰茶等 7 个乡镇降水量普遍达到300 毫米以上，汤河口最大降水量达到 400 毫米，导致深山区遭到罕见的泥石流袭击。6 月 10 日，长哨营降水量 147 毫米，全乡 50% 以上村庄进水，8 个村庄被洪水包围，多处交通要道和桥梁被洪水冲断。在这次暴雨中，怀柔县发生泥石流 937 处，死亡16 人；受灾农田 3.79 万亩，其中冲毁粮田 2.25 万亩，淹没 9778亩，受灾菜田 5617 亩；冲毁房屋 385 间，造成危房 689 间；冲毁果树 42.9 万棵，减产粮食 1710 万公斤。汤河口被毁坏农田占全部的 55%，长哨营被毁坏农田占全部的 81%，崎峰茶被毁坏农田占全部的 56%，琉璃庙被毁坏农田占全部的 73%。怀柔中心社（在汤河口东南）、西石门、孙湖沟、大北沟门等 14 个村的农田被冲毁 90%。

总结：潮白河流域地区本年暴雨引发的泥石流 133 处，死亡28 人，其中怀柔 16 人、密云 12 人，倒塌房屋 1886 间，冲毁耕地 13.36 万亩。

1991 年 6 月份的暴雨虽然是以怀柔、密云为中心，但也波及延庆和昌平。1991 年 6 月 10 日，昌平县普降大到暴雨。从 8时到 22 时，自昌平西部浅山区的响潭、桃洼、流村向东到山前及平原地区的桃峪口、小汤山、百善、沙河闸以北，降水量均超过 100 毫米，达到大暴雨级别。全县平均降水量 170 毫米，降水量最大的百合村达 208 毫米，达到特大暴雨级别。下庄、十三陵降水量都达到或超过 190 毫米，接近特大暴雨级别。平原地区的亭子庄、南邵、马池口、阳坊降水量也都超过 160 毫米，各水库的进库洪水量也都达到很高的水平，温榆河马坊桥被迫开闸泄洪。

延庆县东部与怀柔县西部相邻，1991 年 6 月 10 日延庆全县普降大到暴雨，最大日降水量 170.7 毫米，达到大暴雨级别。接近怀柔县的东部山区，多处公路塌方、冲断，冲倒树木 3.67 万棵。珍珠泉乡北口子村发生泥石流。全县被水冲、沙压耕地 8133 亩，其中失收 5000 亩，粮食减产 300 万公斤，倒塌房屋 154 间，冲毁坝阶 1135 道。

这年昌平全县 7.5 万亩小麦被淹，倒伏严重；2000 多亩玉米基本无收；571 亩菜田遭到涝灾。冲毁坝阶 2745 道。减产粮食 500 万公斤，果品损失 221.5 万公斤。

海淀区西北部山区与昌平区接近的聂各庄龙泉寺沟由于当地在 6 月 10 日突降暴雨，降水量达 149 毫米，因而出现泥石流。泥石流沿龙泉寺沟流动 600 米，洪水中漂流物以漂石、砾石、泥沙为主。漂石直径 30—50 厘米，最大直径达 1 米左右，可见泥石流的下冲力很大。

总之，1991 年北京地区洪水以 6 月 10 日暴雨中心的潮白河流域的密云、怀柔为重灾区，同时暴雨也波及北京西北部的昌平、海淀局部山区[1]。

又据记载，1991 年 6 月 10 日，全市大部分地区降暴雨至特

/1/ 延庆县水资源局：《延庆水旱灾害》，中国水利水电出版社，2002 年，第 106 页；密云县水资源局：《密云水旱灾害》，中国水利水电出版社，2003 年，第 41 页；北京市潮白河管理处：《潮白河水旱灾害》，中国水利水电出版社，2004 年，第 68 页；海淀区水利局：《海淀水旱灾害》，中国水利水电出版社，2002 年，第 43 页；昌平区水资源局：《昌平水旱灾害》，中国水利水电出版社，2004 年，第 31 页。

大暴雨。怀柔沙峪日降水量236.5毫米。暴雨中心在密云、怀柔交界的山区，导致泥石流暴发，死亡28人，重伤8人，冲毁房屋5886间、农田8万余亩、林木150万株、堤坝2000多道、牲畜4400头，直接经济损失2.65亿元。交通、电力、通信全部中断。全市受灾农田38万余亩，成灾12.7万亩，倒塌房屋7399间，损坏4000间，冲毁、冲淤土地8万多亩，冲毁果树34.8万棵、其他树木150多万棵，冲毁乡村公路517公里、供电线路100公里，冲毁大口井88眼、机井281眼、扬水站12处。8月8—10日，平谷等6区县降暴雨。8月10日最大降水量140.0毫米，有10多个村镇1.8万余亩农田受灾。平谷山区发生山洪，2人被冲走。9月4日怀柔、朝阳、延庆降大暴雨，怀柔水库日降水量149.5毫米，怀柔、朝阳成灾秋粮8500亩，其中绝收4300亩；蔬菜成灾2700亩，冲毁果树610亩，倒伏1.2万余亩[1]。

/二十三/

1994 年 北京水灾

1994年北京年降水量813.2毫米，是历年平均年降水量的1.4倍，是自1970—2009年中年降水量最多的一年。这年由于台风的影响，来到华北地区的含有大量水汽的空气团在北京地区与北方南下的冷空气汇合以后，在北京地区自7月11—13日出现大范围的暴雨，全市日平均降水量140毫米。

/1/ 北京市地方志编纂委员会：《北京志·自然灾害卷·自然灾害志》，北京出版社，2012年，第97页。

特别是北京东部地区更是出现大暴雨和特大暴雨，暴雨中心在顺义县大孙各庄，日降水量391毫米；平谷县马昌营一带，日降水量372.8毫米。另外，日降水量超过300毫米的还有平谷县刘店、北杨桥、大华山、乐政务等地。暴雨历时30个小时，最大降水量是顺义县杨镇413毫米、大孙各庄405毫米。大孙各庄和马昌营的日降水量都远超过了全市的日平均降水量，也都是各自所在县有记录以来最大的一次。从雨势的分布来看，平原地区大于山区，东部地区大于西部地区，覆盖北京城区和顺义、平谷、怀柔、密云、通州、昌平、门头沟等区县。暴雨中心顺义县大孙各庄7月12日16时—13日6时的暴雨强度最大，14个小时的降水量竟占24小时降水量的75%。

　　8月12日，上述地区再次出现特大暴雨，这次暴雨中心北移到密云水库以上地区，除潮白河流域外，怀柔、平谷地区降水量也都超过了100毫米。7月、8月的两次暴雨使得密云水库的入库水量、蓄水量都超过了历史最高值。7月13日密云水库洪峰流量3670m³/s，超过了1991年6月10日的3610m³/s，为建库以来最高值。

　　这次暴雨的范围几乎覆盖全市，其中降水量超过100毫米的为1003平方公里，占全市总面积的61%；降水量超过200毫米的为3703平方公里，占全市总面积的22%；降水量在100毫米以下，超过50毫米的为10317平方公里；降水量超过300毫米的为1109平方公里；降水量超过350毫米的为200平方公里。暴雨中心的顺义、平谷两县的平均日降水量或略低于50年一遇，或接近于50年一遇的级别，都是1949年以来最大的暴雨。其平均面降水量和降雨范围都超过了北京发生大水灾的1956年8月暴雨和1963年8月暴雨。但是，1994年北京地区上半年曾发生百年以来罕见的大旱，土壤吸收水分的能力加大，加之水库拦蓄等原因，所以永定河、潮白河、北运河洪水的洪峰流量都略低于50年一遇的级别，也就是说低于河道的行洪能力，所以没有出现险情。

但是，东部暴雨中心地区，特别是平谷县的平原地区，由于河道排水不及，出现多处漫溢。错河在周村附近洪峰流量达720m³/s（相当于10年一遇级别），金鸡河在李家洼附近洪峰流量达380m³/s，泃河河道曲折、河床浅窄，在英城桥下洪峰流量达1410m³/s（相当于20年一遇级别）。以上地方的洪峰流量都超过了这些河道的排水能力，以至于洪水漫溢。泃河流域被淹面积37.5平方公里，金鸡河、错河与泃河汇合处，洪水连成一片。此外，顺义境内的小中河、蔡家河、箭杆河也因排水不畅，多处发生漫溢。小中河位于顺义县城西，纵贯县境南北，发源于怀柔县的孙家史山和顺义县的李家史山交界地区，流经顺义县9个乡，至小葛渠村南入通县境内，汇入温榆河。蔡家河发源于顺义前王各庄，向南经杨镇在牌楼村附近汇入箭杆河。

在1994年暴雨中，由于降雨强度大、历时长、降雨集中、范围广等特点，顺义、平谷、通县、密云等县损失巨大。

顺义县受灾乡镇25个，受灾人口3.89万，倒塌房屋3.43万间，农田受灾31.06万亩，其中粮田受灾26万亩，成灾15.3万亩，绝收4.75万亩，多处水利设施、公路、供电和通信线路遭到破坏。

平谷县死亡5人，倒塌房屋1981间，淹没粮田8万亩，玉米减产3200万公斤。冲毁粮田2万亩，绝收1000万公斤。蔬菜严重受灾7321亩。

密云县自7月12日凌晨—13日上午普降大到暴雨，降水量一般都在 100 毫米以上，强降雨范围之广是历史少有的。在 30 个小时的降雨过程中，日降水量超过 200 毫米大到特大暴雨级别的有东邵渠、大城子、巨各庄。其中，东邵渠降水量最大，达到日降水量 331 毫米。由于强降雨历时长、范围广、强度大，密云县境内尤以山区为主，造成山洪暴发，清水河、安达木河、红门川河水位猛涨，过洪量超过 1958 年的洪峰流量。

这年密云县有 7 个乡镇受灾，倒塌房屋 2000 间。受灾农田 10.7 万亩，其中冲毁 1 万亩，淤积淹泡 2.4 万亩。农作物倒伏 7.1 万亩，减产粮食 470 万公斤。冲毁果树 484 万棵、材树 22 万棵。多处水利设施、公路、供电通信线路被破坏，损失粮食 4664 万公斤。

怀柔县汛期降水量占全年降水量的 92%，汛期降水量相当集中。7 月 12 日，平原地区杨宋庄、庙城、桥梓三镇降水量 200 毫米，2 万亩粮田被淹。庙城有 4000 亩玉米绝收，2000 亩减产，损失粮食 150 万公斤。8 月 13 日怀柔县山区喇叭沟门又降暴雨，洪水冲毁农田 545 亩，淹没农田 1100 亩。

北运河水系地区在这场暴雨中，平均降水量是 161 毫米。48 小时降水量，通州榆树庄 310 毫米、永乐店 296 毫米，高碑店 232 毫米。从全市范围来看，城近郊区的降水量偏小，通州、顺义、平谷降水量偏大。例如城中心区并包括天安门称六区（原西城、东城、宣武、崇文、朝阳、海淀）降水量都在 150 毫米上下，但通州各地降水量却都在 250 毫米左右。北运河北关闸等各闸水位也都在 10 年一遇的级别。通州平均降水量 294.6 毫米，超过 1962 年 7 月 25 日 220.6 毫米的历史最高纪录。除榆树庄以外，徐辛庄、漷县、甘棠、郎府、西集、张家湾、觅子店、柴厂屯、宋庄、胡各庄等 10 多个乡镇降水量也超过了 300 毫米，暴雨造成通州境内大小河流水位暴涨。通州 75.9 万亩农田积水，倒塌房屋 5741 间，倒塌蔬菜大棚 10372 亩，倒树 8852 棵。

自 7 月 11—13 日昌平县东部和东北部普降大到暴雨，京张公路以东（昌平史各庄、巩华镇、马池口、昌平一线以东）降水量都大于 150 毫米。其中，靠东部的北七家、东小口、桃峪水库、大东流一带降水量在 200 毫米以上。受暴雨影响，昌平县山区 18 条主要山沟都暴发了山洪。全县坝阶被冲毁 532 处，受灾农田 6.5 万亩，粮食减产 522 万公斤；其中严重受灾 5.6 万亩，粮食减产 441 万公斤；2.13 万亩基本颗粒无收。粮食损失 1278 万公斤。全县粮食损失 2241 万公斤。菜田受灾 5100 亩，182 个温室倒塌。

门头沟山区这年 7 月 7—8 日，全县平均日降水量 183 毫米，6 个乡镇降水量超过 100 毫米。降雨中心在潭柘寺，连续降雨 315 毫米，全县山洪冲毁农田 1000 亩。

全市受灾乡镇 84 个，受灾人口 23 万，房屋倒塌 11437 间，死亡 8 人。农田受灾面积 68.6 万亩，成灾 34.5 万亩，粮食减产 1.06 亿公斤。工矿企业停产、半停产 621 家，大量公路塌方、冲断，供电、通信线路被破坏，不少水利设施遭到损失。

在这次暴雨洪水中，水利设施发挥了充分作用，山区水库起到拦洪蓄水作用，减轻了下游河道的压力。另外，早在 1991 年 10 月 27 日中共北京市委、市政府召开今冬明春水利建设动员大会。会议提出在全市掀起"一河带十河"（以凉水河为主，带凤港减河、新凤河、龙河、沙河、牛河、温榆河、南旱河、南沙河、刺猬河、妫水河）的水利建设热潮。时任国务院副总理田纪云指出，要从治国安邦的战略高度认识水利建设的重要性，水利不仅是农业的命脉，也是城市的命脉，必须重视城市水利建设，希望北京的水利建设为全国带个好头。11月13日，党和国家领导人到凉水河工地劳动并发表讲话。30日，凉水河整治工程竣工，共完成土方量1300万立方米，河道全长54公里。平原地区凉水河、莲花河等河道经过整治，扩大了排洪能力，在这年暴雨洪水中使得沿线的企业和农田免受灾害。但平原地区也有一些河道未经整治或者虽经过整治但标准太低，不能抵御暴雨洪水的巨大冲击，如平谷县泃河，顺义县小中河、箭杆河多处漫溢，造成损失[1]。

/二十四/

1996 年　北京水灾

1996 年北京的年降水量是 700.9 毫米，比历年多出二成以上。受暖湿气流北上和蒙古冷空气南下的影响，北京上空形成暴雨天气。降雨的重点地区在北京西北的怀柔县地区。

怀柔县在 1996 年全年降水量是 948.3 毫米，是北京历年平均年降水量 574.13 毫米的 1.65 倍。汛期降雨共计 55 天，降水量十分集中。7月份，北房镇降水量 484 毫米，北台上水库、八道

/1/ 北京市水利局：《北京水旱灾害》，中国水利水电出版社，1999年，第74页；怀柔区水资源局：《怀柔水旱灾害》，中国水利水电出版社，2002年，第40页；密云县水资源局：《密云水旱灾害》，中国水利水电出版社，2003年，第97页；北京市北运河管理处、北京市城市河湖管理处：《北运河水旱灾害》，中国水利水电出版社，2003年，第107页；顺义区水资源局：《顺义水旱灾害》，中国水利水电出版社，2003年，第50页；平谷区水资源局：《平谷水旱灾害》，中国水利水电出版社，2002年，第29页；通州水资源局：《通州水旱灾害》，中国水利水电出版社，2004年，第27页；门头沟水资源局：《门头沟水旱灾害》，中国水利水电出版社，2003年，第27页；北京市潮白河管理处：《潮白河水旱灾害》，中国水利水电出版社，2004年，第69页；昌平区水资源局：《昌平水旱灾害》，中国水利水电出版社，2004年，第32页。

河、北宅降水量都在 400 毫米以上。怀柔、北房、杨宋、庙城四镇农田被淹面积 1 万亩，县城内宿舍楼和民房进水，深达 0.5 米。8 月 19 日再降暴雨，黄坎 8 小时降水量 200.1 毫米，沙峪 189.7 毫米，八道河 137.8 毫米，北宅乡峪沟村降水量约超过 200 毫米，都达到大暴雨或特大暴雨级别。暴雨灾害在平原地区造成积涝，在山区造成山洪和泥石流。在 8 月份的暴雨中，陈家峪村西北的 5 条大沟都发生了泥石流，冲毁坝阶 150 道、粮田 100 亩，菜田 10 亩。冲走板栗树 1 万多棵，材树 5000 多棵。冲走粮食 1125 公斤。此外，桥梁、涵洞、护村坝、公路也多处遭到破坏。怀柔县全县粮食减产 150 万公斤。

8 月 4—5 日北京市普降大到暴雨，全市平均降水量达 77 毫米。全市 16 座大中型水库已经有 10 座超过汛期水位。平谷县海子水库、西峪水库，怀柔县大水峪、北台上等 6 座水库开始泄洪。

北京西南的房山县自 8 月 4 日夜—8 月 5 日普降暴雨，全县平均降水量 101.7 毫米。其中，山区平均降水量 105.1 毫米，有 13 个乡镇降水量超过 110 毫米。房山西北山区南窖乡降水量最大，为 143.3 毫米。

大范围的普降暴雨，造成山区山洪、泥石流暴发，河水水位陡涨。8 月 5 日中午，房山西南的拒马河流域的张坊最大洪峰流量 $1720 m^3/s$，成为 1963 年以来最大的一次洪水。大石河、漫水河、周口店河、挟括河、丁家洼河等河道都发生了较大的洪水。粮田过水面积 5.8 万亩，成灾面积 3.4 万亩，冲毁果园 1975 亩，冲毁林木 10995 棵，冲走原煤 2.32 万吨、石灰 2000 吨，毁坏房屋 618 间。此外，多处公路被毁坏，200 多处水利工程也被破坏。

受同一气候环境影响，昌平县地区自 7 月 25 日连降暴雨。7

月 30 日，昌平县降大到暴雨，降雨主要集中在东部和南部的平原地区，北七家、大东流、南邵、沙河镇、沙河闸、北郊农场、东小口、百善等地区降水量都超过 100 毫米，其中北七家、大东流两地降雨最甚，分别达到 161.7 毫米和 152.9 毫米。8 月 2 日，再降暴雨，高崖口日降水量 169.3 毫米，达到大暴雨级别。8 月 3 日，桃峪口水库入库洪水流量达 36.9m³/s。8 月 12 日，响潭水库水位达到 156.2 米，超过警戒水位 0.2 米。8 月 19 日，下庄又降暴雨，降水量达到 102.4 毫米，木厂降水量达到 196.54 毫米，都属于大暴雨级别。桃峪口水库水位由 67.17 米涨至 68.74 米，超出警戒水位 1.04 米。

这年昌平县不但降雨强度大、降雨集中，而且降雨时间长。在 72 天中，前后发生 5 次暴雨过程。受灾地区主要集中在山区、半山区的 9 个乡。全县粮田受灾 1.071 万亩，果树受灾 4.64 万棵，损失林木 0.117 万棵，造成粮食减产 544.8 万公斤，果品减产 137.5 万公斤。

1996 年北京西北山区的延庆县在另一个天气系统的支配下也遭到暴雨袭击。5 月 26 日 4—6 时，延庆县地区以县城为中心出现了暴雨、冰雹，中心区域的延庆县城在 2 小时内降雨 117 毫米，这已经远远超过特大暴雨级别，县城内一片汪洋，路面积水 40 厘米，妫水街东关积水深至 1 米。这次局部灾害的特点是以县城为中心，在向四周扩散的过程中强度递减为 100 毫米、80 毫米、60 毫米、40 毫米、20 毫米。县城内的商店、工厂、学校、居民住户人家大都出现进水和漏水的现象。延庆镇、沈家营、大榆树、下屯等乡镇粮田受灾 7.5 万亩，其中严重过水 3.5 万亩，需毁种面积 3200 亩；菜田过水面积 5800 亩，需毁种面积 3000 亩。

全县减产粮食 1164 万公斤 [1]。

/ 二十五 /
1998 年　北京水灾

1998 年北京年降水量 731.7 毫米，比历年平均年降水量多出近三成。这年汛期早到，6 月 30 日，全市普降暴雨，大兴、通县、朝阳、丰台等区县降特大暴雨。

昌平县全年降雨 793.3 毫米，略高于全市的平均降水量。全县汛期降雨 65 天，平均日降水量 677.2 毫米。在 7 月 5 日下午 1 时 6 日晨 6 时，全县普降暴雨。雨区主要集中在德胜口、锥石口、长陵、黑山寨、流村、高口、马池口、昌平县城、亭子庄，其中长陵、锥臼峪（锥石口沟）雨势最大。雨区面积占全县的 95%，降水量大于 100 毫米 1288 平方公里，降水量大于 200 毫米 1250 平方公里，降水量大于 250 毫米 115.6 平方公里，降水量大于 300 毫米 20.3 平方公里。主要受灾地区是长陵镇、兴寿、流村等 3 个镇、34 个村，其中以长陵镇锥石臼峪、麻峪房子村、大岭沟、上下口村受灾最为严重。全县农田受灾 5.21 万亩，其中粮田受灾 3.52 万亩，毁坏农田 760 亩，绝收 300 亩，减产粮食 1245 吨。果树受灾 39.82 万棵，倒塌房屋 189 间。另外，不少水利设施、

/1/　怀柔区水资源局：《怀柔水旱灾害》，中国水利水电出版社，2002 年，第 40 页；房山区水资源局：《房山水旱灾害》，中国水利水电出版社，2003 年，第 37 页；昌平区水资源局：《昌平水旱灾害》，中国水利水电出版社，2004 年，第 32 页；延庆县水资源局：《延庆水旱灾害》，中国水利水电出版社，2002 年，第 107 页；《当年中国的北京》编辑部：《当代北京人事记》，当代中国出版社，2003 年，586 页。

桥梁、公路、通信设施也都遭到破坏。

7月23日凌晨长陵镇再次突降暴雨。这两场暴雨的特点是强度大、历时短、范围广，由此引发山洪。十三陵水库自7月23日—8月8日开始泄洪。

昌平县这年共有4次较大的降雨过程，10次冰雹，2次暴风。全县粮田受灾16.095万亩，果苗受灾8.66万亩，倒塌房屋265间。

海淀区在1998年7月5日14时—6日晨5时连降暴雨，16个小时降水量267.8毫米，达到特大暴雨级别。海淀山区聂各庄下寺、龙泉寺山洪沟、果树五分厂、车耳营大黑山、凤凰岭等地发生泥石流。下寺地方山体滑坡335米，宽27—85米不等，坠落石土将15000平方米所经之处的植被尽数冲毁，冲倒房屋3间。龙泉寺山洪沟冲毁植被6000平方米。果树五分厂土坡下滑200米，泥石流淤积于果园，果树被毁。车耳营大黑山的山体滑坡70米，冲毁铸铁供水管线。凤凰岭后沟山体滑坡400米。总计冲毁果树1.5万棵，毁坏公路500米，淤积的山石36000立方米。

门头沟区在与昌平县、门头沟相同的天气系统支配下，1998年7月5—6日全区普降大到暴雨，历时18小时。全区平均降水量156.2毫米，降雨中心是妙峰山乡，降水量298.9毫米，达特大暴雨级别。多处公路塌方、冲毁，供电线路断绝，水利设施被毁。冲走煤炭4.15万吨，雁翅镇、门城镇、三家店、侯庄子等地有300户居民家中进水。粮田成灾6810亩（其中玉米5460亩），粮食减产111.3万公斤。果园受灾4900亩，果品减产150万公斤。菜田受灾1140亩。妙峰山乡苇甸村因房屋倒塌死亡1人。

密云县7月份降雨比较集中，7月5—6日全县平均日降水量93毫米，达到暴雨级别。四合堂、番字牌、冯家峪、石城等山区大于100毫米，达到大暴雨或特大暴雨级别。特别是四合堂降水量 206.3 毫米，相当于 20 年一遇级别。7 月 6 日，境内各河出现巨大洪水。

全县粮田受灾面积 3.22 万亩，其中菜田 0.064 万亩，冲毁果树 36.61 万棵、材树 0.234 万棵，倒塌房屋 105 间，减产粮食 645 万公斤、果品 187.1 万公斤。

怀柔县全年降水量 850.1 毫米，比历年平均年降水量多出 27.8%。汛期降水量也比往年增多。7 月 5—6 日全县普降大到暴雨，平均降水量 164.8 毫米，特别是三渡河、沙峪、黄坎、枣树林、八道河、宝山寺、西水峪等山区，日降水量均在 200 毫米以上，达到特大暴雨级别。暴雨洪水造成怀柔县 11 个乡镇受灾，冲毁农田 1.46 万亩，农作物倒伏 2.63 万亩。冲倒、冲毁树木 21.83 万棵，倒塌房屋 234 间。多处公路、水利设施被冲毁，县城内楼房进水，有的地方水深 1 米。7 月 23 日，怀柔县平原地区与南北两沟再次普降暴雨和特大暴雨，同时伴有大风，冰雹，在 11 个小时内平均降水量 144.1 毫米，三渡河降水量 254 毫米，分别达到大暴雨和特大暴雨级别。这场暴雨中，全县过水粮田 1.90 万亩，其中倒伏 3000 亩，绝收 2000 亩；冲毁菜田 800 亩，受淹菜田 3050 亩。冲毁果园 150 亩，损失果树 500 棵。此外，多处公路、桥梁和水利设施被破坏。两场暴雨给怀柔县社会经济造成巨大损失[1]。

这年汛期的水灾基本上都是在同一个天气系统支配下发生的，大部分地区只是发生在 7 月 5—6 日，只有昌平和怀柔县在 7 月 23 日再降暴雨。

[1] 昌平区水资源局:《昌平水旱灾害》,中国水利水电出版社,2004 年,第 35 页;门头沟水资源局:《门头沟水旱灾害》,中国水利水电出版社,2003 年,第 27 页;海淀区水利局:《海淀水旱灾害》,中国水利水电出版社,2002 年,第 43 页;怀柔区水资源局:《怀柔水旱灾害》,中国水利水电出版社,2002 年,第 40 页;密云县水资源局:《密云水旱灾害》,中国水利水电出版社,2003 年,第 39 页。

三 北京暴雨和泥石流灾害

/ 一 /

北京历史上的泥石流灾害

北京地区三面环山，山地面积占全市总面积的 60% 以上，加之本地区又是华北暴雨区之一，在山麓的迎风面夏季常会发生暴雨，由此引发的山洪和泥石流是北京暴雨山洪灾害中比较引人注意的灾害现象。

明宣德九年（1434 年）北京大水和宣德三年（1428 年）相似，只不过是潮白河在这一年还算安稳，没有泛滥。然而这年的汛期，潮白河虽然没有泛滥，但是密云、怀柔两县山区的山洪和泥石流却为害不浅。据密云中卫、后卫奏报，他们分管的密云、怀柔县城以北的长城城垣有 120 余丈被山洪冲毁。笔者在 20 世纪 60 年代曾考察过怀柔县莲花池村的明长城。莲花池村在一小山坳中的西北山坡上，明长城就在村对面的南山坡上，城墙也不像八达岭长城那样宽，不超过 3 米。但是该城墙和八达岭长城一样是用砖敷壁、铺道，非常坚固。由此笔者想到，如果这样的城垣也被山洪冲毁，那么应该是发生特大山洪或泥石流才有可能。虽然北京地区清代才有关于泥石流的明确记载，但山区泥石流的发生肯定不会仅仅始于清代，甚至也不会仅仅限于明清。所以，我们有必要根据灾害发生时的现象作出判断。明世宗嘉靖三十三年（1554 年），北京又遭到百年一遇的大水灾。明隆庆州（今北京延庆）地处山区，在这一年中也由于降雨过于集中而引发山洪，以致妫水河泛滥，"坏屋伤稼，杀人畜甚多"。居庸关虽然离妫水河较远，不受河水泛滥的影响，但是在居庸关外有很多山径，明朝政府为了防御蒙古各部的侵扰又把关外的树木砍伐、焚烧殆尽，所以该地区降雨过多就会引起大大小小的山洪沿山径倾泻而下。关沟又自居庸关外西北发源，穿居庸关而下，在昌平平地汇流成河。在这次大水中，居庸关地区的山洪和泥石流尤为凶猛，"崩石塞关门"，无法通行。乾隆《延庆县志》记载：明神宗"万历三十五年（1607 年）秋，大雨，濮山崩"。"万历四十六年（1618 年）秋雨，获收，濮山崩"。濮山在延庆县城北 15 里，又称冠帽山，以其"状如幞头，故名"。从中国史书记载灾异的惯例来看，如果记载中没有涉及其他，只是单纯说"山崩"，这应该是属于地震灾害。但是在以上有关延庆县濮山崩的记述中都提到当时正值秋，雨滂沱时节，因此这时的山崩应该和山区暴雨形成的山洪共同作用，形成为一场严重的泥石流。

清代北京地区泥石流的记载始于清末德宗光绪三年（1877年），发生地点是在平谷县东的山区。光绪十四年（1888年）的大水灾中，当年暴雨中心之一的今门头沟区清水涧流域曾发生过严重泥石流，千军台、白道子、东王平等 39 村惨遭其害，死伤无数。房山大石河流域也发生了泥石流，河北村居民死伤，不计其数。不过，如果我们再向前追溯的话，可以发现早在明代今北京延庆地区就已有发生巨大泥石流的记载。乾隆《延庆县志》中还记载，清圣祖康熙五十四年（1715 年），延庆县"大水冲塞岔道城西门及关沟道路"。岔道城即今延庆县岔道村，在八达岭西 3 里左右；关沟今名依旧，其上游经岔道城南侧。康熙五十四年（1715 年）延庆县的这场大水灾居然可以"冲塞"岔道城西门和关沟道路，可见不单纯是山洪经过，因为洪水过后，夹杂的大量岩石碎块填塞了城门和道路，这也应是一次泥石流暴发。

光绪十四年（1888 年）宛平西北山区永定河上游支流清水河流域的千军台（今门头沟千军台）、白道子（今门头沟白道子村）、东王平（今门头沟王平村）等 39 村和房山县大石河上游河北村（今房山河北镇）等 49 村发生特大泥石流。"该二县山中猝然发蛟，水势异常涌猛，倒屋伤人"，"淹毙人口甚众，所有山中运煤道路及桥梁均被冲断"。永定河流域千军台等村庄被泥石流淹毙的村民和大石河流域河北村等村被泥石流淹毙的村民，其"浮尸有顺流而下至涿州、良乡地界"。清人震钧在《天咫偶闻》中记述房山泥石流情景："戊子（光绪十四年，公元 1888 年）七月（公历 8 月 8 日—9 月 5 日），房山县发蛟，没四十九村。发以夜，适河北村有村民盥手于河，见水逆流上山，大呼水至。时雨势如注；村民已睡，多以梦中惊起，上山避水，水亦随人而上，至山半骤下，村舍如洗。又过前山，亦如之……有数村只有树在，庐舍荡为平地，石子埋至尺余，伤人不可以数计……北方从未闻发蛟之说，有之自此年始。"河北村在房山西北山区大石河北岸，依震钧据传闻所述，当时应当是在河北村以东的大石河下游，由于附近泥石流发生堵塞河道，以至于河水倒漾，逆流上山，及至蓄高的水势将下游泥石流带入河道的巨石冲开，得以下泄时，河北村倒漾的河水自然会"骤然而下"。从洪水所经之处"石子埋至尺余"一语分析，肯定是发生了泥石流无疑。至于宛平县西北山区即今北京门头沟区在本年发生泥石流的千军台、东王平、白道子等村则是历年泥石流多发区，直至民国时期，这些地区在汛期仍经常发生泥石流地质危害，至今也是应高度注意的地区。不过，震钧说北京地区泥石流的记载始于光绪十四年（1888 年）则不太确切。事实上，早在光绪三年（1877 年）平谷县就发生过泥石流。平谷县北部山区属燕山山脉，沟谷纵横，雨季容易形成山洪，加之地质构造复杂，山地上层地层多为石英砂岩，客观上有发生泥石流或山体滑坡的条件。据方志记载："光绪三年（1877年）五月十六日，平谷县大雨如注，山中蛟水涨发，县东村庄漂没人口数十，房屋冲毁。雨后远眺，凡山腰出蛟处，皆灰白不生草木。""蛟"是古代人们对突发山洪和泥石流的俗称。从灾情发生在半山腰且山洪过后地表层遭到严重破坏、山体岩石裸露的描述中可知，平谷县这场灾害应该是泥石流或部分山体发生滑坡。

其实，北京地区泥石流发生也绝不会仅仅局限于明、清，只不过由于山区人烟稀少，除非是居民点和驻防军营遭到破坏，一般偏远山区发生的泥石流无人记载而已。

兹将明、清、民国时期北京地区发生泥石流的地区表列如下（见表3-1）。

通过以上列述的地点，我们大致可以归纳出北京地区泥石流的多发地区，即：房山区拒马河流域的千河口周和马鞍沟一带，大石河流域的霞云岭以东山涧和中窑沟、白石口沟一带；门头沟区永定河流域清水涧沿线和自太子墓至下苇甸沿主流南北的山间低谷；昌平关沟居庸关和德胜口沟一带；怀柔的怀九河、怀沙河流域的深山低谷和白河流域北侧的天河沿线、汤河沿线，南侧的琉璃河沿线崎峰茶沟、黄泉峪沟等地，沙河上游大水峪水库之北的枣树林（今怀北庄）暴雨中心带；密云县的清水河流域和北部白马关河的深山低谷；平谷县北部的西峪沟、黄松峪沟和熊儿寨地区的山谷低地。其中尤以房山拒马河和大石河上游山区、门头沟清水涧沿线、怀柔汤河沿线、密云清水河沿线及平谷北部山区最为突出。若以密度而论，房山、门头沟两地发生泥石流的频率

表 3-1　明、清、民国时期北京地区发生泥石流的地区表

县称	发生泥石流地点
房山	中关水村、北窑村（2 次）、陈家台村（2 次）、大安山（4 次）、张坊东关、下石堡（2 次）、庄户台村、大地港村、中窑（2 次）、南窑、三合村、北安村、石板房（2 次）、贾峪口、西安村、杏儿村、东班各庄、南车营、口儿村、北车营、蒲洼村（2 次）、芦子水村（2 次）、富合村、东太平村、西洛坨、田马沟、黄山店、史家营、南窑（3 次）、北直河村、十渡、周口店、石板台、霞云岭（2 次）
门头沟	下苇甸、安家庄、千军台、白道子、东王平、赵家台、杜家庄、雁翅、杨家庄、清水涧、王平村、东桃园、韭园、樱桃沟、清水河流域（3 次）、太子墓、沿河口
昌平	德胜口沟（2 次）、锥石口沟、碓臼峪沟、下庄、上庄、长峪城
延庆	冠帽山（2 次）、五里坡村、楼梁村、石窑
怀柔	沙河峪道河村（2 次）、枣树林（今怀北庄）、黍子峪沟、黄泉峪沟、西沟门（2 次）、北甸子（2 次）、五道梁西沟、四道梁、得田沟、汤河口干沟门（今庄户沟门）
密云	清水河旱沟峪
平谷	东寺峪、西寺峪、黄土梁、白云寺、魏家湾、南岔、核桃洼

最高。如果按发生泥石流的时间顺序分析，则前期泥石流灾害以门头沟区清水涧地区为主，后期以密云清水河地区为主，反映了泥石流多发区地理位置上的变化。

泥石流的发生和两个因素有关：一个是地理环境，山区中坡度在 10—30 度的山坡，山坡上堆积较多的山石碎屑和石块。一个是气候条件，有强降雨和暴雨山洪发生。准确地说，泥石流应该属于暴雨山洪在山区引发的地质灾害。北京的山区多有沟壑，如果这两个条件都出现在沟壑地区，那么出现泥石流的危险就更大。我们看到，北京山区地质构造复杂，有很多地层断裂带，岩

石裸露，很容易被风化，所以在植被不好的山区有很多花岗岩、页岩、砂岩等岩石碎屑。另外，北京的山区正处于南面暖湿气流的迎风面，所以汛期多强暴雨。这些都是造成北京山区容易发生泥石流的条件。

据北京大学、中国科学院地理所、北京水利研究院、北京水利局等单位研究人员统计，自1867—1949年的83年中，北京地区共发生14次大规模的泥石流灾害（见表3-2），平均每六年发生一次。其中最严重的一次是清朝光绪十四年（1888年）的暴雨洪水和泥石流灾害，因山洪泥石流共死亡1.8万人，49个村庄受灾。据《清代海河滦河洪涝档案史料》记载：光绪十四年（1888年）十月十四日李鸿章奏："本年顺、直地方……秋初阴雨连绵，山水暴发，间有发蛟处所……旋据通州……宛平、良乡、房山……等三十八州县……核明具说前来……1888年7月16日宛平县……禀称，本月初五日夜，山水陡发，以致千军台（今北京门头沟区）等二十四村被灾轻重不等。"十月十四日（壬辰日），李鸿章奏："本年顺、直地方，入夏颇形亢燥……秋初阴雨连绵，山水暴发，间有发蛟处所……旋据通州……宛平、良乡、房山……等三十八州县……核明具说前来……计宛平县千军台（今门头沟区）等十二村成灾九分，东王平（今门头沟区）等十四村成灾八分，白道子（今门头沟区）等十三村成灾七分……（宛平、房山）二县山中猝然发蛟，水势异常汹涌，倒屋伤人，灾状在六分以上者情形甚重……良乡县琉璃河等八村成灾六分，平各庄等三村成灾五分，祖村等三村歉收四分，庄头等二村歉收三分……[1]"

/1/　中国水利水电科学研究院：《清代海河滦河洪涝档案史料》，中华书局1981年版，第528—530页。

兹将有关记载表列如下：

表 3-2 1867—1949 年北京泥石流统计表 [1]

年份	内容
1867	怀柔县沙河峪道河村、枣树林西沟、黍子峪沟，房山县琉璃河黄泉峪沟
1888	门头沟区永定河流域下苇甸、安家庄、千军台、白道子、东王平、赵家台，房山县大石河流域河北村。死亡 18000 人，倒毁房屋 49 村
1892	门头沟区清水河西沟杜家庄
1900	怀柔县沙河流域峪道河村，门头沟区永定河流域雁翅
1909	怀柔县琉璃河西沟门
1912	密云县清水河流域旱沟峪
1917	门头沟区永定河流域湫水河杨家庄
1924	房山县大石河流域下河村、下石堡村、贾峪口村，拒马河流域南泉河侧石门村
1929	怀柔县汤河北侧甸子南沟。房山县大石河流域李各庄、漫水河、垒土台；门头沟区清水涧流域东桃园，清水河流域王平村、韭菜沟、樱桃沟、担礼；昌平县东沙河流域德胜口沟
1931	怀柔县汤河北侧甸子南沟
1934	门头沟区清水河流域
1935	门头沟区清水河流域
1939	怀柔县琉璃河西沟门、琉璃庙、怀九河流域黑山寨沟北庄、喇叭沟门、长哨营、碾子、宝山寺、崎峰茶；房山县拒马河流域千河口；门头沟区永定河流域太子墓；昌平县东沙河流域德胜口沟、锥石口沟、碓臼峪沟
1946	门头沟区永定河流域沿河口、清水河流域

/1/ 崔之久、谢义予等：《关于北京山区泥石流暴发周期的初步探讨》，载北京技术协会《首都圈自然灾害与减灾对策》，气象出版社，1992 年。

综上所述，1867—1949 年北京地区发生泥石流的地区主要是，门头沟区官厅山峡区间永定河段及其支流清水涧、清水河、湫水河沿河村庄；怀柔县白河支流汤河、怀九河、琉璃河、崎峰茶沟沿河村庄；房山拒马河、大石河流域村庄；密云县清水河流域村庄；昌平县东沙河流域各沟。

/ 二 /

1949 年以后　北京泥石流灾害

1949 年以后北京发生泥石流灾害的情况，我们在前面叙述北京地区暴雨洪涝灾害的时候已经有所涉及。众所周知，泥石流灾害和强暴雨灾害在地域和时间上有着同一性。在山区地理条件具备的条件下，每遇强暴雨就会出现泥石流灾害。泥石流灾害的程度往往和强暴雨的级别一致，即强暴雨级别愈高，山洪获得的源流动力愈大，夹带的石块也就愈巨大，发生的泥石流的破坏力也就愈大。泥石流具有突然性以及流速快、流量大、物质容量大和破坏力强的特点。所以，泥石流常常会将处于河谷附近的公路、民房、农田冲毁，造成巨大损失。据统计，北京 1950—1991 年间共有 550 多人死于泥石流灾害。据调查，全市存在发生地面沉降、泥石流、地面塌陷、滑坡等各类地质灾害的隐患地区超过 500 处，主要分布在延庆、昌平、怀柔、密云、平谷、门头沟、房山等 7 个山区县，少数在海淀、石景山半山区。其中会受到地质灾害威胁的村落达 200 多个，而泥石流更是北京地区最多的突发性地质灾害。例如：1962 年 7 月 8 日房山史家营日降水量 235.3 毫米，昌平老峪沟日降水量 300 毫米，降雨时间短、强度大，造成山洪暴发，沿途庄稼、树木被冲毁，泥石流过后地面积石达 1 米多厚，死亡 3 人。1954 年 8 月 24 日怀柔北部山区连降大雨 5 小时，北部山区的柏查子、崎峰茶（海拔 600—700 米）两个乡出现 195 处大小泥石流。1956 年 6 月 19 日大雨，怀柔境内各河普遍上涨洪水并导致沙峪、马家坟等山区泥石流发生。1959 年 7 月 19 日密云张家坟、冯家峪、西白莲峪等地发生 5 处泥石流。1969 年 8 月 10—11 日的特大暴雨造成北部山区的通信线路全部中断，公路桥梁被冲断。八道河、崎峰茶、琉璃庙、西庄等乡镇水灾、泥石流最为严重。1972 年 7 月 28 日早晨，延庆四海地区有 4 处发生了泥石流，冲压耕地 250 余亩。有一块长 7 米、宽 4 米、厚 2.5 米的巨石被洪水冲出 1000 米远，一棵直径 80 厘米的大柳树被山洪连根拔起，冲出 300 余米。1976 年北京特大暴雨引发的山洪、泥石流使得密云水库北部和东北部的半城子、冯家峪、上甸子、古北口、高岭、不老屯、东庄禾、新城子、太师屯 9 个乡受灾，其中北部前 6 个乡受灾最重。冯家峪乡东白莲峪、半城子乡西台子等地、上甸子乡大平台、古北口西沟等村遭到毁灭性破坏。北京地区 1977 年汛期降雨主要集中在 6 月 24 日—7 月 2 日和 7 月 20 日—8 月 3 日，雨区在密云西部和怀柔东部。顺义、昌平、延庆、房山、通县等地降暴雨至大暴雨。7 月 29 日，番字牌日降水量 123.4 毫米。8 月 2 日，海淀颐和东闸日降水量 139.8 毫米。山洪、泥石流并发，死亡 14 人。1982 年 8 月 5 日凌晨，汗峪沟村发生泥石流，冲毁房屋 42 间，冲毁材树 580 棵，死亡 13 人，重伤 9 人。泥石流奔腾而下，位于汗峪沟下游的鳖鱼沟村也遭到严重灾害，损失大小树木 4000 多棵。1985 年 6 月 22 日，怀柔县碾子村洞沟内降水量达 140 毫米，造成巨大山洪暴发，两块重达 2 吨左右的巨石被冲出 300 多米，冲毁耕地

100 余亩，树木 8000 多棵。1988 年 7 月 21 日 15 时，番字牌乡小西天沟、人峪沟等发生泥石流。22 日凌晨 1 时，冯家峪乡杏树沟、朱家峪等沟也发生泥石流。特大暴雨在以上 4 条沟壑中共造成 824 处山体滑坡、9 处泥石流。受灾最重的是小西天沟，总共长 4 公里的沟壑，山洪、泥石流过后，所有树木、房屋、农田被横扫一空。小西天沟内只剩下从上游冲下来的石块，上游石块直径 1—3 米，中游石块直径 0.8—1 米，下游石块直径 0.4—0.8 米，显示泥石流发生时冲力递减。1989 年 7 月 21—22 日，全市大部分地区降暴雨至大暴雨。由于山洪暴发，密云番字牌等地发生泥石流，死亡 18 人，重伤 8 人，轻伤 432 人，冲毁房屋 7502 间、农田 8300 亩、林木 161.4 万株。1991 年 6 月，怀柔县发生泥石流 937 处，死亡 16 人；受灾农田 3.79 万亩。1998 年 7 月 5 日，海淀山区聂各庄下寺、龙泉寺山洪沟、果树五分厂、车耳营、凤凰岭后沟等地发生泥石流。下寺地方山体滑坡 335 米，宽 27—85 米不等，坠落石土将 15000 平方米所经之处的植被尽数冲毁。

据有关专家统计，1949 年以后北京地区发生的有代表性的泥石流灾害如表 3–3[1] 所示。

/1/ 崔之久、谢又予等：《关于北京山区泥石流暴发周期的初步探讨》，载北京技术协会《首都圈自然灾害与减灾对策》，气象出版社，1992 年。

表 3-3 1949 年以后北京地区发生的有代表性的泥石流灾害

时间	地点	死亡（人）	毁坏房屋（间）
1950 年	门头沟区清水河北沟梁家庄上清水、高铺、东斋堂、东胡林、小北沟双石头、马兰沟、田寺、达摩庄、黄岭西、灵岳寺、大张家峪沟，共 124 处	95	1200
1954 年	房山县大石河 195 处，怀柔县崎峰茶乡、柏查子乡	—	—
1956 年	房山县大石河，门头沟区清水河，怀柔县，总计 179 处	—	—
1957 年	密云县朱家湾乡和尚峪豹子涧	1	3
1958 年	平谷县镇罗营乡，密云县墙子路乡六道河南沟	12	62
1959 年	密云县石城乡张家坟，冯家峪乡西口处，西白莲峪	9	84
1963 年		—	—
1969 年	怀柔县琉璃河孙湖沟、琉璃庙、柏查子、沙河段树岭、峪道河、大水峪、东刺峪、八亩地东沟、枣树林西沟、黍子峪沟、河防口沟。八道河乡	88（又记，两县总计 159）	169（又记，两县总计 646）
1969 年	密云县白河南对营沟，秋子峪、柳峪、南北石城、水堡子	59	150
1972 年	怀柔县八道河乡，琉璃庙乡，崎峰茶乡	39	944
1973 年	延庆县四海乡	13	27
1976 年	密云县古北口、冯家峪等 6 乡（又云，密云县北部 9 个乡）	105	2200
1977 年	密云县番字牌乡黄梁根，房山县 房山县霞云岭光荣村	8 2	32 3
1982 年	密云县清水河汗峪沟大梯子峪	13	42
1985 年	门头沟区	—	—
1988 年	怀柔	—	—
1989 年	密云县番字牌乡，冯家峪乡杏树沟	18	7502
1991 年	密云县石城乡张家坟乡、冯家峪乡、四合堂乡、石城、番字牌，怀柔县长哨营西门沟、古洞沟、中心社、汤河口乡、八道河乡、崎峰茶乡、西庄乡、枣树林、琉璃庙	28（其中 6 人失踪）	1886（危房 4000 间）

/ 三 /

1949 年以后 北京郊区各县泥石流灾害详述

1. 怀柔县泥石流灾害

怀柔县泥石流易发生区域很广，据 1994 年调查，怀柔县山区共有 391 条荒溪，其中强泥石流荒溪 2 条，在黄花城；泥石流荒溪 23 条，在宝山寺、碾子村、琉璃庙、长哨营、汤河口、沙峪、喇叭沟门、崎峰茶、八道河。这 25 条荒溪遍布怀柔县山区，除七道河以外，其余各乡都有泥石流易发区。2013 年公布的资料，确定怀柔县存在泥石流地质灾害的地点有 23 处，大致分布在北部山区和平原交会地段的怀北镇、四面环山的渤海镇、县最北端山区的喇叭沟门、县南部山前冲积扇地区的雁栖镇、县西南部与渤海镇相邻的九渡河镇、红螺寺、云蒙山、雁栖地区的神堂峪、慕田峪长城西的响水湖地区。从地理面貌上分析，这些泥石流易发区主要是云蒙山（怀柔东北的怀柔县与密云县交界处，海拔 1414 米）、黑坨山（怀柔西北的怀柔县与密云县交界处，海拔 1534 米）迎风面的"漏斗""箕状"等山区地域，例如琉璃庙、崎峰茶、八道河、怀北庄、沙峪都是位于这个地区。不过，当夏季降水路径从西北往东南时，在背风坡也容易形成暴雨区，从而出现泥石流，例如在云蒙山、黑坨山以北的长哨营乡、汤河口镇就属于这样的地区。泥石流的发生具有群型征。1969 年怀柔县出现的巨大泥石流灾害中，8 月 10 日在云蒙山迎风坡及其以南的沙河水系形成 19 处泥石流。同年 8 月 20 日在云蒙山以北背风坡的汤河口形成 26 处泥石流。云蒙山发生大型泥石流，共死亡 159

人（包括密云、怀柔两县）。1972 年 7 月怀柔县发生的巨大泥石流灾害中，云蒙山以北背风坡的琉璃河上游上桃树底下、下桃树底下、双文铺、二台子、石湖等地发生 37 处泥石流。另外，怀柔县泥石流的发生在时空上和暴雨中心有着一致性。例如 1969 年怀柔县发生泥石流的地区最大降水量达到罕见的每小时 140 毫米。1972 年怀柔县发生泥石流地区 8 小时降水量 329 毫米，暴雨中心枣树林 8 小时降水量更达 492.3 毫米，属于特大暴雨级别。这年 7 月的大暴雨造成北京北部山区东起怀柔县崎峰茶乡孙湖沟，西到延庆县黑汉岭乡，南起怀柔县八道河乡西栅子村，北到怀柔县崎峰茶乡石湖村。总计发生 41 处泥石流灾害（其中，怀柔县 37 处，延庆县 4 处），怀柔县崎峰茶乡、八道河乡受灾最重。八道河乡碾盘沟泥石流暴发时，把直径大于 8 米的巨石挟裹在山洪中，冲出山沟，不到 1 个小时就把沟口的两排房屋和屋里居民全部淹没，并推到沟口 100 米远的山坡下。1991 年怀柔县发生泥石流的地区在 6 月 9 日以前，降水量已达 200 毫米以上，接着 6 月 10—11 日降水量又达 350 毫米，最大降雨强度每小时 71.3 毫米。6 月 10 日下午，怀柔区发生了巨大泥石流，这是近 20 年来北京地区所发生的泥石流灾害最严重的一次。由于经历了几天的暴雨，雨水冲刷山沟，夹杂着山上的石块和泥土呼啸而下，将依山而建的长哨营乡原西石门村、东石门村的三队自然村、汤河口镇中心社、大北沟门等村庄的住房及耕地冲毁，28 人在这次灾难中丧生。

2. 密云县泥石流灾害

密云县属燕山山地与华北平原交界地，东、北、西三面群山环绕、峰峦起伏，中部是密云水库，西南是洪水冲积平原。总地形为三面环山、中部低缓、西南开口的地形。山区面积占总面积的 4/5，总体来看境内的断裂构造十分发育且规模巨大、波及范围广，均以破碎带、挤压片理带和动力变质带等形式出现，不仅控制了区内地层分布和岩浆活动，而且造成了岩石的极度破碎，为泥石流的形成和发育提供了丰富的物质。崩塌和滑坡主要发生在溪翁庄—怀柔柏查子公路石城至四合堂段。密云县主要地质灾害种类是泥石流，泥石流面积占全县总面积的 27.9%[1]。据近年调查统计，密云县境内共有泥石流灾害隐患 227 处，大致分布在密云县北部、东北部和东部山区的冯家峪镇、石城镇、不老屯镇、高岭镇、新城子镇、太师屯镇、古北口镇、北庄镇、大城子镇、巨各庄镇、东邵渠镇。密云水库流域内降水量的年内变化显著，汛期（6—9 月）降水量是非汛期（10 月—次年 5 月）降水量的 4 倍多，而且多以大雨或暴雨的形式出现[2]，因此密云县的泥石流灾害都出现在汛期。

1949 年至 2001 年密云县大约发生过 11 次泥石流灾害，其中尤以 1976 年和 1991 年的两次泥石流灾害最为严重[3]。1957 年密云县北部山区北庄乡连降 2 小时暴雨造成朱家湾和尚峪村的豹子涧村发生泥石流，毁坏房屋 3 间，死亡 1 人，重伤 4 人，冲毁耕地 1000 亩。1959 年 7 月 19 日张家坟的黑山根村、冯家峪的西口外、西白莲峪等地发生 5 处泥石流，冲光土地 2500 亩，冲走房屋 84 间，倒塌房屋 1320 间，死亡 9 人，伤 27 人。全县受灾农田 7.76 万亩，减产粮食 550 万公斤。这是 1949 年以后密云县遭受的比较严重的泥石流灾害之一。1969 年汛期中的 7、8 月降水

/ 1 /　李正国、吴建生等：《密云县地质灾害危险性评价》，《水土保持研究》2015 年 8 月。

/ 2 /　段新光等：《密云水库流域降水量与径流量特征分析》，《北京水务》2013 年第 1 期。

/ 3 /　耿智慧：《密云县泥石流灾害及其防治措施》，《北京水利》2001 年第 6 期。

量占全部汛期降水量的 79.3%，8 月 10 日 21—24 时，在短短的 3 个小时内密云山区的石城（今密云水库西岸）、冯家峪（今密云水库西北）降水量罕见地达到了 264.9 毫米，使得该地区遭遇百年不遇的泥石流袭击，农田受灾面积 1.15 万亩，全部成灾，冲毁 0.35 万亩，倒塌房屋 265 间，死亡人数高达 71 人，伤 22 人。石城乡莲花瓣生产大队包括 24 个自然村，分布在 11 条山沟，计 114 户，610 人，395 亩耕地，这次泥石流竟冲毁房屋 144 间，耕地 350 亩，死亡 42 人，伤 9 人。这个生产大队耕地损失数量竟达到全部可耕地面积的 89%。1976 年 7 月 23 日密云县北部和东北部山区突降特大暴雨，密云水库西部和西北部山区多处发生泥石流，5 个自然村遭到毁灭性袭击。冯家峪镇东白莲峪 11 户 57 人，死亡 31 人，土地全部被冲毁，有的全家被冲走。半城子乡西台子村 8 户，死亡 13 人，房屋土地全被冲毁。上甸子乡大平台村 18 户房屋全被冲毁。古北口镇西沟村 72 户，房屋大部分被冲毁。全县因泥石流死亡 105 人，冲毁土地 2.75 万亩，冲毁房屋 3574 间。北京市水利局原局长段天顺先生在《潮白河流域洪情见闻录》中写道：潮白河上游的怀柔、密云山区是流域内的暴雨多发区，极易发生山洪泥石流灾害。1976 年 7 月 23 日密云北部山区发生的暴雨和泥石流是造成灾害最严重的一次。暴雨区域包括密云水库以北的 9 个乡镇，西起冯家峪、石城，北至河北滦平，南到高岭、曹家路一带，暴雨面积 40 平方公里，20 多条山沟发生泥石流，造成 105 人死亡，3574 间房屋被毁，3 万多亩农田被冲毁，水利设施损失严重。过牤牛河的时候，虽然洪水已过，但仍然水深过膝，水势湍急，在河滩上不断发现被冲毁的房屋桁檩和死猪、死羊，河边的乱石间还发现 2 具尸体，情景惨不忍睹。正在施工的半城子水库有十几位民工不幸被洪水卷走。1976 年密云县的山洪泥石流中，共有 6 个乡受灾严重，其中半城子乡西台子村 8 户人家死亡 13 人，土地全部被冲光；古北口乡西沟村 72 户人家，房屋土地全部被冲光。冯家峪乡东白莲峪村有半个村子被泥石流吞没，11 户人家 59 口人，死亡 31 口，占全村 50% 以上。1977 年 7 月 29—30 日，密云县石城、冯家峪、番字牌地区连降暴雨，在土壤中水分已经饱和的情况下，31 日凌晨 2 小时石城乡黄梁根地区又降大雨 53 毫米，从而造成泥石流发生，冲毁房屋 37 间、土地 100 亩，死亡 8 人，伤 7 人（1982 年密云县泥石流情况见第二章洪涝灾害部分）。1989 年 7 月 21 日 15 时，暴雨中心在番字牌乡一带，最强 1 小时降水量 58.7 毫米，日降水量 362.1 毫米，大于百年一遇的降水量 332 毫米水平。与此同时，距番字牌 16 公里的下游冯家峪地区降水量也达到 1 小时 50.6 毫米，接近百年一遇的级别。特别是小西天沟日降水量 580 毫米，达到罕见的特大暴雨级别。暴雨造成巨大山洪、泥石流。番字牌乡小西天沟、人峪沟等发生泥石流。相隔 9 小时后于 22 日凌晨 1 时，冯家峪乡杏树沟、朱家峪等也发生泥石流。特大暴雨在以上 4 条沟壑中共造成 824 处山体滑坡、9 处泥石流。受灾最重的是小西天沟，总共长 4 公里的沟壑，山洪、泥石流过后，所有树木、房屋、农田被横扫一空。小西天沟内只剩下从上游冲下来的石块，上游石块直径 1—3 米，中游石块直径 0.8—1 米，下游石块直径 0.4—0.8 米，显示泥石流发生时冲力递减。这次灾害冲毁农田 0.3789 万亩，冲淤农田 0.45 万亩，冲毁房屋 7502 间，冲走粮食 1.4 万公斤，减产粮食 149.4 公斤，冲走树木 161.4 万棵，冲毁公路 170.8 公里，死亡 18 人，3 人重伤，432 人轻伤。整个番字牌乡的 9 个村几乎村村受灾。1991 年 6 月 10 日上午—11 日凌晨，密云县普降暴雨，暴雨中心地区的北部山区的番字牌、四合堂、冯家峪、石城四乡，降水量都在 130 毫米以上，其中番字牌乡最大日降水量达 186 毫米，四合堂乡达 372.8 毫米。暴雨形成的汹涌山洪和泥石流造成人民生命财产的巨大损失，10 人死亡，211 人无家可归，3031 人有家不能归。

3. 平谷县泥石流灾害

平谷县位于北京东部的北京、天津、河北三省市交界之处，东、南、北三面环山，境内山区、浅山区、平原地貌各占 1/3。境内主要河流是泃河和洳河，镇罗营石河是洳河的主要支流，黄松峪石河及将军关石河是泃河的主要分支。这三条石河的源头是泥石流的多发区。今年调查统计，平谷县泥石流灾害隐患共有 83 处，大致分布在大华山镇、黄松峪乡、金海湖地区、刘家店乡、南独乐河镇、山东庄镇、夏各庄镇、熊儿寨乡、镇罗营镇。

1949 年以前，历史记载的平谷县发生的泥石流共有 6 处，伤亡 5 人，分布在北部和东北部山区的镇罗营镇、黄松峪乡、熊儿寨乡。

1949 年以后，平谷县共发生泥石流 25 处，伤亡 23 人。值得注意的是，其中 19 处泥石流都是发生在强降雨集中的 1958 年汛期的 6、7 月份。兹以 1958 年 7 月平谷县镇罗营乡玻璃台村栅子沟发生的泥石流为例。玻璃台村位于平谷县镇罗营的深山区，群山环抱，山势陡峭，山谷间只有一个出口具备泥石流发生的地理条件。1958 年 7 月连续几天淫雨，使得土壤中水分接近饱和。7 月 14 日夜，大雨倾盆，在强降雨的作用下，次日凌晨栅子沟山顶上的巨石、块石、卵石和泥沙被山洪裹挟着顺着谷底一泻而下，瞬间山下谷底的 30 间房屋、8 口人、12 亩耕地，以及牲畜、家禽都被泥石流吞没，酿成平谷县有记载以来最惨重的泥石流灾害。

4. 门头沟区泥石流灾害

门头沟区位于北京西南，处在永定河中段，即永定河官厅山峡和出山口地段。北京西山的主体在门头沟境内。境内总面积的98.5%为山地，平原面积仅占1.5%。西部山地是北京西山的核心部分，山体高大，层峦叠嶂，海拔1500米左右的山峰160余座。区内3条主要岭脊均呈东北向平行排列，由于山地切割严重，各岭脊之间形成大小沟谷300余条。平缓的山地与陡峭的山坡交替出现，地形呈锯齿状、阶段性上升。整个官厅山峡区都位于门头沟区境内。门头沟地形特点可以概括为"四三一"，即四列山，夹着三条川（沟），一条永定河贯穿全境。

这样的地貌极易发生泥石流。门头沟区现有可以导致泥石流发生的山沟总计90条，占全区总面积的48.4%，其中易发泥石流灾害的山沟有25条，占全区面积的27%，主要分布在清水河流域的清水镇和斋堂镇一带。据历史记载，1949年以前门头沟地区发生过9次较大的泥石流，其中尤以1888年（光绪十四年）最为严重。1888年7月16日宛平县（今门头沟，当时属宛平）……禀称，本月初五日夜，山水陡发，以致千军台（今北京门头沟千军台）等二十四村被灾轻重不等。十月十四日（按，壬辰日），李鸿章奏："本年顺、直地方，入夏颇形亢燥……秋初阴雨连绵，山水暴发，间有发蛟处所……旋据通州……宛平、良乡、房山……等三十八州县……核明具说前来……计宛平县千军台（今门头沟区千军台）等十二村成灾九分，东王平（今门头沟区王平）等十四村成灾八分，白道子（今门头沟区白道子）等十三村成灾七分……"以上千军台、东王平、白道子等地都位于永定河流域清水涧沿线的各沟谷附近。这年门头沟区发生泥石流的地区总计有下苇甸、安家庄、千军台、白道子、东王平、赵家台。除此之外，1892年，门头沟区清水河西沟杜家庄。1900年，门头沟区永定河流域雁翅。1917年，门头沟区永定河流域杨家庄。1929年，门头沟区清水涧、王平村、东桃园、韭园、樱桃沟。1934年和1935年，门头沟区清水河流域。1939年，门头沟区永定河流域太子墓。1946年，门头沟区永定河流域沿河口、清水河流域。以上地区都发生过泥石流灾害。

门头沟处于山区，层峦叠嶂，多山谷沟壑，土壤瘠薄，汛期内很容易使土壤中的水分达到饱和，一遇强降雨便会在沟壑地区形成泥石流。近年调查统计，门头沟区境内泥石流灾害隐患地点34处，大致分布在龙泉镇、潭柘寺地区、永定镇、军庄镇、雁翅镇、王平镇、斋堂镇、清水镇。其中清水镇、雁翅镇、斋堂镇比较突出。1949年以后门头沟地区发生2次较大的泥石流，分别在1950年8月和1985年8月，发生的地点一在永定河支流清水河流域，一在其东北的永定河流域岩沟和刘家峪沟交汇的沿河城。

1949年以后，门头沟区发生的泥石流灾害总计3次，其中以1950年的情况最为严重。1950年全市降雨始于8月1日，降雨中心在门头沟区斋堂、清水镇上清水村。清水河在8月1—3日连续降雨3天，总降水量达275毫米，致使土壤水分达到超量饱和，由于岩基渗水性差，多余的水分在岩基与土壤层之间形成润滑作用。8月4日早晨又降雨47毫米，这已经是大雨或接近暴雨级别，还伴有泥石流发生时的隆隆巨响，以致西起田寺、东至火村沟的清水河各沟中发生泥石流124处，波及107村，其中达摩、田寺、东北山、西北山、黄岭西村等受灾最重。据当地老人说，待雨稍停，发现枣树村的13亩良田变成乱石堆。这年

泥石流灾害毁地 1.95 万亩，冲毁树木 8.8 万棵，冲毁房屋 1200
间，死亡 95 人，重伤 24 人。大片梯田被冲毁成乱石荒沟，一块
直径 1.5 米的巨石被从西北山裏挟到距村 2.5 公里以外的斋堂村
口。黄岭西街泥石流过后淤沙高达 3 米。东北山村冲毁房屋 100
间，死亡 23 人。西北山村冲毁房屋 30 间，死亡 14 人。门头沟
区 1949 年以后发生的其他 2 次泥石流灾害，一是 1956 年清水河
流域，一是 1998 年门头沟区妙峰山乡下苇店村，死亡 1 人，冲
毁房屋 4 间及部分耕地和树木。

北京地区自 20 世纪 70 年代以后年平均降水量是逐年减少的，
由 600 多毫米下降到 500 多毫米。有统计，自 1956—2000 年北
京平均年降水量是 585.8 毫米。门头沟地区降雨较多的是东南西
山迎风面，深山区年降水量则少至 400 毫米左右，所以 1949 年
以后泥石流发生的次数比以前减少，干旱灾害增多。

5. 房山县泥石流灾害

房山县位于北京西南地区，西部和北部是山地、丘陵，东部
和南部为沃野平原。西部和北部的山地、丘陵，约占全区总面
积的 2/3，花岗岩和石灰岩比较丰富，其中花岗岩容易风化成碎
屑和页岩等，成为泥石流中的灾害因素。房山县年平均降水量
582.8 毫米，历史最大年降水量 1322 毫米（1954 年），最小年降
水量 277 毫米（1975 年）。

房山县泥石流易发区为 1198.3 平方公里，占总面积的
59.4%，其中危险地区为 920 平方公里，主要是在十渡、蒲洼、
霞云岭、佛子庄、大安山、南窖、史家营、河北镇等地，主要分
布在北部和西部山区；次级危险地区为 278.3 平方公里，主要分
布在南部和东部浅山区十渡、张坊镇、岳各庄、南尚乐、周口店、

城关、坨里等地。据近年调查统计，房山县境内泥石流灾害隐患23处，大致分布在河北镇三十亩地村和南车营村、佛子庄乡贾峪口村、霞云岭乡庄户台村和堂山村、大安山乡赵亩地村和大安山、史家营乡大村涧村和鸳鸯水村、迎风街道迎风峪村、周口店地区拴马桩村、孤山寨景区、乐佛山景区、上方山。

据有关部门统计，历史上自1882—1948年的67年中，房山共计发生了16次较大的泥石流灾害。1888年（光绪十四年）房山县也和门头沟区一样发生最大的一次泥石流，死亡100多人。房山县境内，中英村、北窖村、大安山（3次）、陈家台（2次）、张坊、霞云岭、庄户台（2次）、大地港、中窖（2次）、南窖、三合村、北安村、佛子庄、贾峪口、西安村、杏地村、东半各庄、河北镇（2次）、坨里、蒲洼（2次）、芦子水、富合村、十渡、平峪村、四马沟、黄山店在历史上都发生过泥石流，有的地方还不止发生一次。死亡400余人。

至于1949年以后，1949—1999年的51年间，房山县共发生较大的泥石流灾害9次。房山县境内，史家营（2次）、南窖乡（4次）、佛子庄、霞云岭（5次）、张坊、周口店、大安山、蒲洼都发生过泥石流。我们通过比较可以发现，这些地区中除史家营、周口店以外，其他地区都是过去经常发生泥石流灾害的老地区。截至1999年，房山县由于泥石流灾害死亡人口21人。当然，我们都还记得2012年的特大暴雨中，房山局部地区降水量达到数百年一遇的严重程度，作为重点灾区的房山县当时初步统计境内死亡38人，其中房山县本地有14人死于洪水和泥石流，可以发现这比1949年以后51年中死亡人口的总数还多。

1949年以后，房山县泥石流灾害以1995年7月29日蒲洼乡芦子路村出现的暴雨引发的山洪泥石流灾害最为严重。这天该地仅半小时降水量就达 90 毫米。由于当地有着大量风化的岩石，在地表只覆盖着 20—40 毫米的土层，而且山高坡陡，山脊到沟口高度差达 500—600 米，沟谷狭窄，前期降雨已经使土壤中的水分饱和，因而这天短时间的强降雨很快使得山洪暴发并形成泥石流。这场山洪泥石流冲毁良田 984 亩，冲毁果树 1100 棵，冲毁谷坊 36 道，倒塌房屋 9 间，10 户人家进水。

6. 昌平县泥石流灾害

昌平县位于北京西北，县境内地势由西北向东南逐渐形成一个缓坡倾斜地带。西部、北部为山区、半山区，以南口及居庸关为界，西部山区统称西山，属太行山山脉；北部山区称军都山，属燕山山脉。山区平均海拔 400—800 米，最高峰（高楼峰）海拔 1439.3 米。最著名的山脉有天寿山、银山、叠翠山、驻跸山、虎峪山等，层叠交错，有高山、峡谷、悬崖、陡壁等丰富的地貌。全县地处温榆河冲积平原和燕山、太行山支脉的结合地带，地势西北高、东南低，北倚燕山西段军都山支脉，南俯北京小平原，山区、半山区占全县总面积的 2/3。北部山区岩性主要是花岗岩、白云质灰岩和片麻岩。土质为岩石风化形成的薄层褐土，适于发展林果业。南部平原适宜种植各种农作物。昌平县山区泥石流易发区占山区面积的 5%。据北京昌平县地质灾害联合调查组的调查，昌平县泥石流易发区在昌平北部山区兴寿镇下庄，长陵镇的锥石口、碓臼峪、上下口，南口镇的关沟、响潭沟，流村镇的高崖口、老峪沟等地区。这些山区的共同特点是坡陡、沟深，海拔在 500—1000 米，土质以砾土、碎石、黏土为主。如前所述，这样的地区占昌平县整个山区的 2/3。近年调查统计，昌平泥石流灾害隐患 9 处，主要在流村镇地区。截至 2015 年 4 月 22 日，北京市国土资源局昌平分局发现突发性地质灾害隐患点共计 405 处，其中，崩塌 235 处、不稳定斜坡 128 处、泥石流 42 处，主要分布于崔村、流村、南口、十三陵、延寿等 5 个镇的 49 个村，以及 9 个旅游景区。其中涉及险村险户的突发性地质灾害隐患点 188 处，旅游景区 21 处[1]。

1949 年以前，昌平县泥石流的记载较少，例如，1929 年 8 月昌平县德胜口沟曾发生过泥石流。不过最为严重的还是 1939 年北京大暴雨引发的大洪水中昌平县山区发生的泥石流。这年，昌平长陵乡德胜口沟、锥石口沟的碓臼峪沟、下庄乡小瓦山、上庄村老坟、老峪沟乡长峪城等多个地点都发生了泥石流。

1949 年以后，昌平县发生过 2 次较大的泥石流灾害，分别在 1972 年和 1998 年。1972 年自 7 月 26—28 日昌平县局部地区连续降雨，昌平东北山区的下庄降水量 322.5 毫米。在这样的情形下，7 月 27 日下庄日降水量又达到 278.2 毫米，已是特大暴雨级别。于是桃峪口水库上游的木厂、连石山发生严重泥石流和山体滑坡，近万棵树木被冲入桃峪口水库，所幸没有造成人员伤亡。1998 年 7 月 5 日，昌平县普降大暴雨，北部山区的长陵乡锥石口碓臼峪村降水量达 334 毫米，已是特大暴雨级别，洪峰流量达到罕见的 204m³/s，于是锥石口沟发生泥石流，碓臼峪、麻房子损失严重，倒塌房屋 147 间，冲走树木 8000 余棵，冲走养鱼池的鱼 2.25 万公斤。二道城、碓臼峪的塘坝被淤平。

/1/ 《昌平区排查突发性地质灾害隐患》，载《昌平电子报》2015 年 5 月 11 日。

7. 海淀区泥石流灾害

海淀区在北京城区和近郊区的西部和西北部。西部为海拔100米以上的山地，占总面积的15%左右；东部和南部为海拔50米左右的平原，占总面积的85%左右。西部山区统称西山，属太行山余脉，有大小山峰60余座；整个山势呈南北走向，只有香山北面的打鹰洼主峰山峦向东延伸，至望儿山止，呈东西走向，把海淀区分为两部分，习惯上以此山为界，山之南称为山前，山之北称为山后。年平均降水量628.9毫米，集中于夏季的6—8月，平均降水量为465.1毫米，占全年降水的70%。海淀区泥石流及地面塌陷、崩塌灾害主要分布于西北部的苏家坨镇、温泉镇和四季青镇。

1949年以前的海淀区有关泥石流灾害的记载不详。1949年以后，发生的泥石流灾害主要是在西山的龙泉寺、车耳营、大工村，以及碧云寺塔后的山坡地区。近年又再次确定19处地质灾害隐患点，有居民存在的主要包括苏家坨镇所辖车耳营村、大工村、大觉寺、凤凰岭风景区、阳台山风景区、寨口村和四季青镇所辖香山普安店村、塔后身村。

1949年以后海淀区发生有记载的泥石流灾害就是1991年6月和1998年7月的2次。1991年6月10日海淀区西北地区降暴雨，日降水量达149毫米，最西北的龙泉寺沟发生泥石流，自上而下流动600米，泥石流横宽断面15平方米，漂石直径30—50厘米。所幸没有太大的人员伤亡和财产损失。1998年7月5—6日海淀区西北地区连降暴雨，降水量267.8毫米，已是特大暴雨级别。海淀区聂各庄乡（今为聂各庄村，原所属各村今属苏家坨镇）下寺、龙泉寺山洪沟发生泥石流，果树五分厂、车耳营、凤凰岭后沟发生山体滑坡。详细情况如下：下寺山体滑坡335米，滑坡土石和山洪混在一起形成泥石流，冲刷面积15000平方米，所经之处植被都被毁坏。有30间房屋被泥沙淤积厚度70厘米左右。龙泉寺山洪沟，泥石流冲毁植被6000平方米。果树五分厂，土坡下滑200米，淤积果园，果树被毁。车耳营大黑山的山体滑坡70米，冲毁直径15厘米的供水铸铁管线50米。凤凰岭后沟的山体滑坡400米。这次泥石流和山体滑坡共冲毁果树15000棵，泥石流造成的土石堆积物36000立方米。

8. 延庆县泥石流灾害

延庆县位于北京西北山区，平均海拔500米以上。山区面积占全县总面积的72.8%，平原面积占全县总面积的26.2%，水域面积占1%。延庆县北、东、南三面环山，西临延庆小盆地，即延怀盆地，延庆位于盆地东部。近年调查统计，延庆县泥石流灾害隐患5处，主要在张山营镇地区。

历史上延庆地区发生的泥石流灾害是在"万历三十五年秋，大雨，濮山（今冠帽山）崩"。万历四十六年"秋雨，获收，濮山崩"[1]。1939年北京大水灾过程中，延庆地区从7月初降雨，持续49天，延庆县城西北的靳家堡五里坡和东北的四海镇的楼梁村因山体滑坡而被摧毁。另外，延庆县城东北部四海镇的楼梁村因山体滑坡而毁，石窖村发生泥石流，有一片3000平方米的山坡下滑，压毁耕地100余亩。

1949年以后，自1949—1999年的51年中，延庆县境内共发生5次较大的泥石流灾害。严重泥石流灾害易发地区是自怀柔崎

---

[1] 乾隆《延庆县志》卷一《星野·附灾祥》。

峰茶西南至延庆四海镇、大庄科乡一线；次一级泥石流灾害易发区就是延庆西北张山营镇西大庄科村东北至靳家堡五里坡村一线。1952年7月23日延庆县东北部的四海镇小川村由于暴雨而发生泥石流，倒塌房屋8间，冲压耕地182.5亩。1972年7月28日，延庆东北的四海镇石窖村、珍珠泉乡两地发生泥石流灾害，死亡13人，伤3人，倒塌房屋422间，冲毁农田5200亩。这年是华北的大旱之年，但7月26—28日延庆县东部与怀柔县比邻的深山区四海（今延庆区四海镇）、珍珠泉（今延庆珍珠乡）、黑汉岭（在珍珠泉西）地区98平方公里范围内也发生特大暴雨，降水量达455.8毫米。其中27日20—21时，1小时降水量即达175毫米，是1939年特大水灾发生以来最大的1小时降水量。特大暴雨在山坡很快形成径流，直泻而下，沿途吸纳更多的雨水，到山下时就形成巨大的山洪，有的地方山洪裹挟山石形成破坏力更大的泥石流。28日早晨，延庆县四海地区有4处发生了泥石流，冲压耕地250余亩。有一块长7米、宽4米、厚2.5米的巨石被洪水冲出1000米，一棵直径80厘米的大柳树被山洪连根拔起，冲出300余米。由于山洪和泥石流自上而下来势凶猛，人们来不及躲避。村民徐启富的住房被泥石流冲毁，一家8口都死于灾难。首都钢铁公司找矿的2人也被泥石流砸死并冲走。四海镇、珍珠泉乡地区在这次山洪、泥石流灾害中共死亡13人，伤3人，冲毁耕地5178亩，沙压耕地1378亩，冲毁房屋190.5间，倒塌房屋232间，冲毁林果树25万棵，粮食减产88.2万公斤。1972年延庆县除了东部的四海、珍珠泉地区发生山洪和泥石流以外，西北部千家店镇水头村也发生了山洪泥石流。水头村夹在南北两面的山谷中，由于北面山坡经常有大石头滚下，所以村民都住在南面山谷的山坡下。1972年的大暴雨导致的山洪和泥石流把水头村山坡上的田地和村里的房屋再一次捣为平地。住在半沟村的张大妈还记得，那场大雨把山坡上的泥土泡松，泥沙裹挟着石头和大树滚下来堵住了屋门，整间房屋差点被冲塌，最后只好从窗户跳出。经过多次的泥石流灾害，水头村现在房屋大多已经无人居住，房顶垮塌，院墙破败。1988 年 8 月，延庆县由于前几日连降大到暴雨，8 月 2 日延庆县东南部的大庄科乡东三岔村出现山体滑坡，农民傅景路家房屋被砸毁。1991 年 6 月北京暴发以怀柔和密云为中心的特大暴雨，这场暴雨也影响到延庆地区。1991 年 6 月 10 日延庆全县也普降大到暴雨，最大日降水量 170.7 毫米，达到大暴雨的级别。接近怀柔县的东部山区，多处公路塌方、冲断，冲倒树木 3.67 万棵。东部的珍珠泉乡北口子村发生泥石流。1998 年 7 月 5 日延庆东部的大庄科乡松树峪由于暴雨也发生了泥石流灾害，山体滑坡 9 处，冲走树木 6500 棵，果品减产 1.04 万公斤，粮食减产 60 万公斤，绝收 200 亩[1]。

/1/ 北京市水利局：《北京水旱灾害》，中国水利水电出版社，1999 年，第 86 页；北京市潮白河管理处：《潮白河水旱灾害》，中国水利水电出版社，2004 年，第 78 页；北京市永定河管理处：《永定河水旱灾害》，中国水利水电出版社，2002 年，第 84 页；昌平区水资源局：《昌平水旱灾害》，中国水利水电出版社，2004 年，第 30 页；门头沟水资源局：《门头沟水旱灾害》，中国水利水电出版社，2003 年，第 35 页；海淀区水利局：《海淀水旱灾害》，中国水利水电出版社，2002 年，第 43 页；怀柔区水资源局：《怀柔水旱灾害》，中国水利水电出版社，2002 年，第 48 页；密云县水资源局：《密云水旱灾害》，中国水利水电出版社，2003 年，第 40 页；房山区水资源局：《房山水旱灾害》，中国水利水电出版社，2003 年，第 37 页；延庆县水资源局：《延庆水旱灾害》，中国水利水电出版社，2002 年，第 110 页。

四 北京干旱灾害

/ 一 /

北京历史旱灾

北京作为中国首都具有无可替代的地位。伴随着经济的发展，由于干旱所造成的人民生命财产损失不断增长与水资源匮乏已经成为妨碍北京城市发展的瓶颈，分析表明，降水是北京地区干旱最为核心的局地控制因子。北京地区自 20 世纪 70 年代以后年平均降水量是逐步减少的，由 600 多毫米下降到 500 多毫米。有统计自 1956—2000 年北京平均年降水量是 585.8 毫米。山前一带为多雨区，年降水量为 650—700 毫米；山后和平原南部地区为少雨区，年降水量为 400—500 毫米；深山区降水量则少至 400 毫米左右[1]。一般年降水量在 400 毫米以下是枯水年的标志，将会出现干旱。

北京地理位置属于暖温带大陆性半干旱、半湿润季风气候，夏季炎热多雨，冬季严寒干燥，四季分明。自古以来，北京地区春季多旱，夏、秋季多雨。对于中国大部分地区来说，旱灾是最为严重的自然灾害。历史上除罕见的瘟疫以外，大旱灾中死亡人数最多。如光绪三年（1877 年）北方大旱，死亡 1300 万人；1929 年大旱，仅陕西、甘肃二省就死亡 480 万人。即使是对于现代社会而言，旱灾仍是最为严重的自然灾害，即使死亡人数不

---

[1] 另有统计，1956—1984 年的历年平均年降水量是 606.5 毫米。

会像历史上那样骇人听闻，但旱灾带来的大面积农田干旱、农作物严重减产、生产生活用水严重匮乏，同样会给现代社会造成严峻困难。在近代中国历史上，1899—1900年、1928—1929年、1941—1943年均出现过严重干旱期和极旱年。据笔者统计，自西汉成帝鸿嘉四年（前17年）到清末宣统三年（1911年）的近2000年间，北京地区共有464个干旱或偏旱年份，平均算起来，大致每隔4年左右即有一次干旱或偏旱的现象。这虽然比全国每2年一次旱灾的频率为少，但并不能说明北京地区的旱情轻于其他地区。因为北京地区春旱、夏秋涝的气候特点，所以很多年份是一年之中兼有旱涝，并非单纯洪涝灾害。

北京地区的干旱灾害同全国大部分地区一样，主要是和受季风影响的气候干旱、少雨周期有关。每当夏季季风弱时，海洋暖湿气流北上强度不大，全国大部分地区就会干旱，华北及北京地区更是大旱；当夏季季风偏弱时，全国大部分地区就会偏旱，华北及北京地区则较其他地区尤为干旱；当北京地区在夏季完全或主要受北方大陆气流控制的情况下，北京地区就会发生严重连年大旱。不过，这种情况毕竟比较罕见。更多的情况是春季因暖湿气流姗姗来迟而造成的春旱或夏旱。以清代为例，北京地区往往到农历四月中旬以后降雨，大约是芒种前后，所以对于夏收作物的成熟和收割影响较大。但是一般四月中旬以后就开始连降大雨，以致引发洪涝灾害。也有少数时间，降雨期迟误到农历五月，造成夏旱，这时的情况就比较严重，往往夏收严重受损，麦茬作物难以播种，田野荒芜，人无粒食，农村出现严重饥馑，城市谷价高昂。康熙五十六年（1717年），康熙皇帝对皇子及臣下说："京师初夏（农历四月）每少雨泽，朕临御五十七年，约有五十年祈雨。/1/"乾隆之世也是如此，乾隆十年（1745年）乾隆皇帝无奈地说："朕以德凉，十年九忧旱。/2/""十年九忧旱"至今仍是北京乃至华北地区的农业气候特点。

自明英宗正统六年（1441年）到明世宗嘉靖八年（1529年）的89年间。这一阶段共有73个干旱或偏旱年份。其中旱涝兼作只有24个年份，单纯干旱却达到49个年份。尤其是明武宗正德二年（1507年）到明世宗嘉靖八年（1529年）的连续20余年的旱灾为害最甚。自明世宗嘉靖四十年（1561年）到明毅宗崇祯十七年（1644年）的84年间，共有70个干旱或偏旱年份。其中旱涝兼作只有15个年份，单纯干旱却达到55个年份。需要指出的是，自明神宗万历四十四年（1616年）到明毅宗崇祯十七年（1644年）的29年中，北京地区只有1年是旱涝兼作，其余28年都是连年大旱，尤为引人注目。

清代，顺治十七年（1660年）到康熙三年（1664年）的5年中，有4年是旱灾年，1年是洪涝年；康熙九年（1670年）到雍正十一年（1733年）的64年中，除10年是旱涝兼作外，其余54年中有30年是单纯旱灾年，有24年是单纯洪涝年，即旱灾与洪涝灾交叉发生。自雍正十二年（1734年）以后，则基本上是同一年的旱涝兼作，很少见单纯的旱灾年或洪涝年。

民国时期的37年中，北京地区共有7个发生严重旱灾的年份，其中1939年为典型的春夏旱、秋涝灾害。当年春季的大旱为百年不遇，禾苗枯槁，田野荒芜，潮白河断流，密云、房山、丰台等地尤为亢旱。但是当年夏季公历7月以后连降大雨，又酿

/1/《清圣祖实录》卷二百七十五。康熙五十六年十一月癸酉。
/2/《清高宗实录》卷二百四十三。乾隆十年五月戊午。

成北京地区罕见的大水灾。1939 年以外的 6 个年份则为单纯旱灾。这一时期北京地区旱灾的特点是灾害发生区域广泛。北京地区的旱灾往往是全国性大旱灾或华北地区大旱灾的一部分。

/ 二 /

1949 年以后　北京旱灾

北京地区旱灾的记载最早见于东汉末年。在北京历史上，夏、秋大旱当属百年一遇的旱灾。虽然自 1953 年和 1960 年官厅水库、密云水库相继建成，不但在汛期蓄水防止洪灾，而且在降水量过少的年份也可以放水减轻旱情，但北京地区发生旱灾的原因主要在于某些年份降水量过少。有研究表明，北京地区 20 世纪 50 年代降水较丰，但从 90 年代以来却呈明显下降趋势。这种局面经过 1999—2007 年连续 9 年的干旱以后，有可能从 2008 年进入一个雨水较丰的时期，下一次旱灾将指向 2028—2029 年[1]。1949 年以后，五六十年代由于年降水量较多，所以发生洪涝的年份较多，发生旱灾的年份较少；但自七八十年代以后，由于年降水量减少，所以发生旱灾的年份较多，发生洪涝的年份则较少。北京地区 1949—1969 年的 21 年间年降水量在 600 毫米以上的年份共有 11 年，年降水量在 400 毫米以下的年份共有 9 年；1970—1990 年的 21 年间年降水量在 600 毫米以上的年份共有 10 年，年降水量在 400 毫米以下的年份共有 4 年；1991—2011 年

/ 1 /　孙振华、冯绍元等：《1950—2005 年北京市降水特征初步分析》，载于《灌溉排水学报》2007 年第 2 期。

的 21 年间年降水量在 600 毫米以上的年份共有 7 年，年降水量在 400 毫米以下的年份共有 5 年，这样的趋势显示北京气候逐渐趋于干旱。特别是从 1999—2007 年持续 9 年的干旱，是造成这种局面的主要原因。虽然 2008 年的降水量已是近 10 年来最多的一年，但是降雨分布是城区多于郊区、南部多于北部。而北京的水库区都在北部，所以降雨对于改变北京水资源供给紧张的局面效果甚微。这种城市降雨偏多于郊区的现象由于城市的热岛效应而愈加明显。北京地区历来降雨分布是东南高、西北低，平原地区降水量大于山区。但是北京近年来的城市化进程已对北京地区降水的分布造成一定的影响，特别是对东南部地区的影响更加明显，2002 年与 1977 年相比东南部地区年降水量比城区和西部减少 18% 左右。北京地区近年降水量呈减少趋势，其中城市上游（海淀区、石景山区）、中游（丰台区、朝阳区）减少程度相对于下游（大兴县、通县）东南部地区减少趋势最甚[1]。北京已成为世界上缺水最严重的大城市之一。自产水资源量仅 37 亿立方米，水资源的年人均占有量不足 300 立方米，是中国人均的 1/8，世界人均的 1/30。水资源短缺已成为影响和制约首都经济和社会发展的主要因素。2007 年，密云水库上游首次出现汛期断流现象，汛期基本断流达 21 天。北京水资源主要来自降雨和境内河流上游来水。2007 年累计降水量为 465 毫米，比历年同期平均年降水量 559 毫米减少 16.8%，而且降雨主要集中在城区。由于潮白河、永定河上游降水量减少，所以密云水库、官厅水库来水量逐渐减少。2005 年至 2010 年密云水库来水量从 4.71 亿立方米减少

/ 1 /　工喜全、工自发：《城市化进程对北京降雨的初步分析》，《中国气象学会年会》2005 年。

到 2.94 亿立方米；官厅水库来水量从 1.29 亿立方米减少到 1.13 亿立方米。2007 年，密云、官厅两座水库可利用来水量 1.61 亿立方米，比 2006 年同期可利用来水量 3.49 亿立方米减少 1.88 亿立方米；两座水库的蓄水量为 10.77 亿立方米，比 2006 年同期蓄水量 11.91 亿立方米减少 1.14 亿立方米。

据统计，1949—2000 年，北京地区偏旱的年份有 14 年，干旱的年份有 4 年，特大干旱的年份有 1 年，总计 19 年。不过，如果把凡是影响到农业生产的轻重不等的干旱灾害都包括在内的话，自 1949—2000 年之间北京地区总计发生过 29 次旱象和旱灾。

春旱指的是 3—5 月降水量稀少，给冬小麦返春、拔节、灌浆以及春播作物的播种和幼苗生长造成危害。北京市出现春旱的概率为 90% 左右，俗称"十年九春旱"。一般山区、丘陵、冈地旱情比平原严重，在春旱年中旱和重旱的年份占 90% 以上，出现概率 80%。北京春旱频发，若无灌溉，冬小麦产量锐减，春播作物也难以播种。

初夏旱是指 5 月下旬至 6 月上旬少雨，这是继春旱之后又一常见旱灾，其出现概率为 50%—70%，平原地区略低一些，约 2 年一遇。山区、半山区和丘陵地带初夏旱的概率较高，约为 70%，初夏旱是春玉米孕穗阶段的主要旱灾。

夏旱是指雨季推迟或者 7—8 月降水量稀少。北京市雨季平均开始于 7 月上旬，在正历年份，雨季的到来对夏播和春播作物生长较为有利，北京市雨季始日的年际变化大，最早 6 月 1 日，最晚 8 月 15 日，早晚相差一个半月。夏旱出现的概率是山区大，平原小，西北部山区 2 年一遇，其他地区 3—4 年一遇。

第一次水危机发生于 1960 年、1965 年。1960 年年降水量 527.1 毫米。1965 年年降水量只有 261.8 毫米。

第二次水危机是 1970—1972 年。连续 3 年。1970 年年降水量 597.0 毫米。1971 年年降水量 511.2 毫米。1972 年年降水量 374.2 毫米。

第三次是 1980—1986 年。连续 7 年。1980 年年降水量 380.7 毫米。1981 年年降水量 393.2 毫米。1982 年年降水量 544.4 毫米。1983 年年降水量 489.9 毫米。1984 年年降水量 488.8 毫米。1985 年年降水量 721.0 毫米。1986 年年降水量 665.3 毫米。

第四次是 1999—2007 年。连续 9 年。2000 年年降水量 371.1 毫米。2001 年年降水量 338.9 毫米。2002 年年降水量 370.4 毫米。2003 年年降水量 444.5 毫米。2004 年年降水量 483.5 毫米。2005 年年降水量 410.7 毫米。2006 年年降水量 318.0 毫米。2007 年年降水量 483.9 毫米。所有年份的年降水量都低于 1956—2000 年北京平均年降水量 585.8 毫米。

北京大部分地区是春旱易发区，有些还是春旱、秋旱易发区。西北部山区的门头沟区官厅山峡和延庆县妫水河大部分地区容易发生春、夏连旱或春、夏、秋连旱。总的来看，北京发生旱灾地区的轻重次序是从西北部山区到北部山区，然后是东北部山区和西南部山区，再然后是山区、半山区占全县总面积 2/3 的昌平以及顺义、大兴、通县等平原区县。近郊区则是朝阳、丰台、海淀、石景山。

举例来说：

1951 年年降水量 400 毫米，汛期降水量仅 265 毫米，不及历年的一半，其中 7 月份降水量只有 49 毫米，不足历年同期 1/4，造成掐脖儿旱。

1952 年年降水量 542 毫米，其中汛期降水量 478 毫米，1—6 月降水量反为 81 毫米，只有历年的一半，夏粮受旱严重，大秋作物播种困难。

1957年年降水量516.2毫米，汛期降水量442毫米，1—5月份降水量57.4毫米。其中夏粮生长的关键时刻和大秋作物播种季节的5月份，降水量3.9毫米，旱情严重，夏粮大幅度减产，比上年减产4成。

1960年年降水量508.3毫米，低于历年年平均降水量2成。1—6月中旬，降水量仅61毫米，只有历年同期平均降水量的一半，夏粮遭严重干旱，秋粮播种也极困难。官厅水库最低水位比死水位尚低2米，蓄水量仅2.64亿立方米。7—10月下旬，由于城市及工业用水以及农田抗旱急需，官厅水库在死水位以下运行供水达3个月之久，危及第一热电厂供水。由于水源匮乏，地下水开采又少，全市粮田成灾达81万亩。

1962年年降水量463.4毫米，其中汛期降水量395.7毫米。7月25日以后，降水量偏小（8月份降水量仅为28毫米），郊区300万亩农作物受旱，其中120万亩麦茬作物、花生、晚谷受旱严重。麦茬玉米和晚谷赶上掐脖儿旱，春播作物壮粒不足，花生叶子泛白，坐不住伏果，麦茬薯伸不出蔓，坐薯困难。豆类落叶落花，秋粮产量锐减，秋菜、冬小麦播种也受影响。1962年10月16日中共北京市委、市政府发出《关于今冬明春郊区水利工作的指示》，指出：以抗旱为中心开展群众性兴修水利运动，是今冬明春郊区农村的一项重要任务。

1963年担负城市及工业用水的官厅水库，4—6月供水3.29亿立方米，汛期水位已经低于死水位近1米。7月份平均入库流量仅13.1m³/s，致供水紧张。为保证市区工业和农业抗旱需要，继续放水47m³/s（工业21m³/s，农业26m³/s）。至8月6日，库水位低于死水位3.05米，连续运行长达4个月。全市受灾100

万亩。直到 8 月 8—9 日北京连降特大暴雨旱情才得以缓解。

1968 年年降水量 471.6 毫米，比历年平均值少 3 成。1—6 月上旬降水量仅 31.7 毫米，不足历年平均值的 1/3，致使夏粮干旱严重，大秋作物播种受到影响，造成夏粮大幅度减产。

1971 年年降水量 492.4 毫米，其中汛期降水量 434.4 毫米。1—5 月降水量仅 46 毫米，夏粮生长受到影响，大秋作物播种困难。

1975 年年降水量 385.5 毫米，汛期降水量 346.0 毫米。1—5 月降水量仅 28.4 毫米，夏粮受旱严重，秋粮播种困难。入伏后，不仅雨水稀少，而且气温高，风力大，土壤失墒严重。地下水位普遍下降，机井出水量日益减少，不少河道干涸。大石河等中小河道提前断流，中小水库干涸亮底，山区人畜饮水困难的村庄日益增多。城市工业用水和生活用水紧张。全市受灾 206 万亩，其中，减产 3 成以上和基本无收的有 106 万亩。

自 1975 年 8 月下旬至 1976 年 5 月底连续干旱少雨，降水量仅 74 毫米，比历年同期少 1/3。加之官厅水库、密云水库上年蓄水量少，1976 年农业供水由上年的 9.1 亿立方米减少到 5 亿立方米，致使夏粮严重干旱，大秋作物播种困难。全市受旱 160 万亩，其中成灾 40 万亩，粮食大幅度减产。官厅水库对农业停供，对工业维持最低量（$18m^3/s$），低于死水位运行长达 3 个月之久，仅剩 0.66 亿立方米的泥沙水可用，水源危机十分严重。1978 年年降水量 664.8 毫米，春播期雨水偏少，郊区 80 万亩粮田受旱，其中成灾 20 万亩。1979 年（年降水量 718.4 毫米）9—12 月降水量仅 29.2 毫米，只有历年的 1/3，致使小麦播种困难，晚秋作物受旱。全市受旱粮田 50 万亩，产量大幅度下降。1983 年年降水量 487 毫米，其中汛期降水量 358.5 毫米。由于 6 月下旬—7 月底的 40 天中，全市平均降水量仅 6.7 毫米，其中 7 月降水量仅 63.6 毫米，为历年的 30.8%，而房山南部的紫草坞、南台、交道一带和大兴南部垡上、十里铺、榆垡等地区这期间降水量仅 10 毫米，加之 7、8 月连续高温天气，致使全市粮棉油菜林和牧草普遍受旱。大秋作物受旱 258.7 万亩，其中减产 3 成的达 120 万亩，减产达 5 成以上或基本绝收的 60 万亩。水稻受旱 16 万亩，减产 3 成的 8 万亩。油料作物 27 万亩，受旱达 1/3。9、10 月份降水量比历年明显偏少，冬小麦播种困难。

1986 年年降水量 665.3 毫米，春季山区雨量明显较少，延庆、密云、房山春旱较重。全市受旱 113 万亩，其中成灾 52 万亩，约减产 0.9 亿斤。

1992 年年降水量 541.5 毫米，春季雨量明显偏少，山区干旱严重。受旱 80 万亩，其中成灾 25 万亩。

1993 年年降水量 419.9 毫米，1—3 月，本市郊区平均降水量仅有 2.4 毫米。山区 30 万亩旱地无法出苗，123 处地方的 2.72 万人和 4400 头大牲畜出现饮水困难，30 个地方的 7000 人需要到村外拉水吃。4 月，本市 6 级以上大风日达 15 天，其中 7 级以上大风日 4 天，月降水量为 6.2—17 毫米。5 月，北京郊区旱情严重，市政府发出紧急通知，要求全力以赴抗旱保苗，确保粮食生产不受或少受损失。本年汛期降水量 364.5 毫米，其中 1—5 月降水量仅 29.2 毫米。去年秋旱以来，本年接着春旱、夏旱和伏旱。地下水位比去年同期下降 1.72 米，山区人畜饮水困难。全市受旱 110 万亩，其中成灾 45 万亩。1993 年 10 月 8 日《北京日报》报道，北京市遇到本世纪第四次大旱。密云、官厅水库蓄水量比去年同期减少 11%，12 座中型水库半数低于或接近死水位，地下水位大幅下降。

1994年年降水量813.2毫米，应该属于丰水年。但是自1993年12月1日至1994年3月9日全市平均降水量仅2毫米，1—4月降水量仅5.6毫米，为历年平均同期降水量的14.6%，形成严重春旱，土地失墒严重，尤其是山区百万亩农田不能适时播种，部分山区群众饮水困难。北京市严重干旱，1994年5月31日《北京日报》报道：本市地下水位继续下降，比上年同期又降0.45米，为历史最低水位。其中，石景山区下降最多，为2.68米。这年旱情到本年7月中旬降下了1940年以来最大暴雨以后才得缓解，但又造成顺义、平谷、通县和密云地区洪涝灾害。

1995年年降水量572.5毫米，自去年9月1日至本年4月底，全市平均降水量仅34毫米，致使山区40万亩农田难以播种，绝收15万亩，5万多人有不同程度的饮水困难。

1996年年降水量700.9毫米，1—5月份降水量仅31.3毫米，致使山区60万亩农田难以播种，2万人不同程度饮水困难。

1997年年降水量403.6毫米，其中汛期降水量287.8毫米。8月份降水量仅33毫米，加之持续高温，致使山区严重干旱，而且春、夏、秋连旱。受旱41万亩，其中9万亩粮田绝收，2.7万人和3万头大牲畜饮水困难。7月份林、果树就开始枯黄、落叶，果实干瘪，幼苗旱死。

1998年8月份降水量仅62.4毫米，郊区农田遭到伏旱，受旱217.66万亩，其中成灾75.26万亩。

1999年北京地区遭受百年不遇的严重旱灾，气候的突出特点为冬暖、少雨雪；夏季异常高温、降水奇少。全年降水量平均值仅266.9毫米，比历年少363.1毫米，比1998年减少464.8毫米。年平均气温为13.1℃，比历年高1.1℃；年极端最高气温41.9℃，比1998年高4.7℃，为近57年来最高。1999年降水量奇少，密云水库入库水量比1998年减少8.76亿立方米，是历年来入库水量最少的一年。由于全市平均降水量远低于历年平均降水量，造成地下水补给量减少及地下水开采量增加。北京东部、东北部地下水位降幅达2—3米，西部、南部及中心大部分地区降幅1—2米，北部地区降幅0—1米。全市受旱198万亩，其中成灾80万亩，绝收22万亩。

2000年年降水量仅435.2毫米，其中汛期319.6毫米，而且持续高温35℃近一个月。地下水位下降，18万人、2.2万头大牲畜饮水困难，严重影响农作物生长。全市受旱248万亩，其中成灾80万亩，绝收22万亩。约减产粮食1.8亿公斤。

其实，从1998年9月开始一直到2000年9月华北一直处于严重干旱、少雨的时段。从1999年1月开始华北地区土壤已达到严重干旱的程度，7月份，华北地区都处于严重干旱之中。继1999年大旱之后，2000年全国大部分地区仍然处于干旱之中[1]。

兹详述主要旱灾如下。

1. 北京1965年旱灾

1949年以后北京最大的旱灾发生在1965年。这年整个华北地区发生大旱，北京地区的旱灾是其中的一部分。1965年北京地区全年降水量是罕见的261.8毫米，是历年平均年降水量的41%，属于特旱，是1941年（年降水量354.6毫米）以来最干旱的年份。

从表4-1中可以发现，6月份降水量是历年平均降水量的31%，7月份降水量是历年的20%，8月份降水量是历年平均降水量的58%。在汛期的6—8月，全市平均降水量184.6毫米，是

/1/　卫捷、张庆云、陶诗言：《1999及2000年夏季华北严重干旱的物理成因分析》，载于《大气科学》第28卷第1期2004年1月。

表 4-1　1965 年北京年降水量一览表（单位：毫米）

年	1 月	2 月	3 月	4 月	5 月	6 月	7 月	8 月	9 月	10 月	11 月	12 月	总降水量
1965	0.0	4.6	0.3	26.2	5.5	24.5	37.8	122.3	29.5	3.5	7.6	0.0	261.8
历年平均	3.0	7.4	8.6	19.4	33.1	77.8	192.5	212.3	57.0	24.0	6.6	2.6	644.2

历年平均降水量的 38%，而且北运河、潮白河流域、永定河流域、大清河流域降水量仅 180—330 毫米，从而造成全市普遍干旱。特别是 3 月份降水量仅 0.3 毫米，5 月份降水量仅 5.5 毫米，分别是历年的 3.5% 和 16.6%，呈现出严重干旱，对农作物的出苗和幼苗的发育、成长十分不利。北京地区在 5—6 月中旬的 40 余天中仅降几次微雨，对缓和旱情几乎没有作用，小麦和玉米的灌浆、出苗、孕穗都深受影响，农作物受灾 110 万亩。

2. 北京 1972 年旱灾

1972 年全国性干旱少雨，重旱区为京、津、晋、冀、陕北、辽西、鲁西北。这是黄河、海河流域 1950 年以来大范围严重干旱。河北省无雨持续天数一般超过 50 天，太行山前区达到 80—90 天；山西春、夏、秋连旱，两省旱情延续至 1973 年 5 月。这场大旱是从 1971 年延续而来，这年 9 月 10 日，北京地区降水量比往年偏少，官厅水库仅蓄水 3.1 亿立方米（包括死库容 2 亿立方米），去年同期是 4 亿立方米。密云水库仅蓄水 8.8 亿立方米（包括死库容 4.5 亿立方米），去年同期是 15 亿多立方米。

从表 4–2 可以发现，1972 年的年降水量是历年的 58%，是典型的大旱年。这年的北京从 3 月份降水量为 0，就已经显示出旱象。4、5、6 月直至 7 月初连续少雨，虽然 7 月中旬怀柔、密云、

表 4-2　1972 年北京年降水量一览表（单位：毫米）

年	1 月	2 月	3 月	4 月	5 月	6 月	7 月	8 月	9 月	10 月	11 月	12 月	总降水量
1972	14.3	8.7	0.0	4.7	6.6	19.5	166.7	41.0	78.5	25.7	8.5	0.0	374.2
历年平均	3.0	7.4	8.6	19.4	33.1	77.8	192.5	212.3	57.0	24.0	6.6	2.6	644.2

平谷、延庆突降大雨造成洪涝灾害，但 8 月份仍然降雨稀少，这几个月的降水量分别仅是历年的 24.2%、19.9%、25.1%、86.6%、19.3%，其中除了 7 月份是略有减少外，其他几个月份都是极度少雨，由此造成这年的旱灾。特别是自 1971 年至 1972 年 5 月，北京北部和西北部的密云水库、官厅水库本年来水量比历年平均值减少近 50%，7 月 18 日两大水库的蓄水量都已经减少到历史最低值。5 月 27 日北京市政府做出《关于密云、官厅两水库用水的安排》。为了确保天津工业和城市用水，北京市潮白河沿岸密云、怀柔、顺义、通县的农业用水，从 28 日 0 时起一律停止放水；农村坚决压缩水稻种植面积，改种旱田作物；工业和城市采取计划用水、节约用水。

由于北京境内中小河流断流，各个小水库也都已经无水可供。我们前面已经说过，北京的水资源基本是依靠降雨和水库蓄水，所以当这两个主要来源都几乎断绝的时候，其对于北京工农业生产和居民生活的影响可想而知。北京市政府为了缓解旱情，还准备采取人工降雨等措施。

1972 年北京市从年初至 7 月 8 日连续 140 天无雨，为 50 年来所罕见，全市受旱面积约 200 万亩[1]。

/1/ 《当年中国的北京》编辑部编：《当代北京大事记》，当代中国出版社，2003 年，第 267 页。

表 4-3　1980 年北京年降水量一览表（单位：毫米）

年	1月	2月	3月	4月	5月	6月	7月	8月	9月	10月	11月	12月	总降水量
1980	0.6	8.9	14.6	23.8	26.6	113.5	30.6	98.2	26.5	34.0.	0.0	3.4	380.7
历年平均	3.0	7.4	8.6	19.4	33.1	77.8	192.5	212.3	57.0	24.0	6.6	2.6	644.2

3. 北京 1980—1984 年连续干旱

从表 4-3 可以发现，1980 年北京的年降水量仅是历年平均值的 59.1%，也就是 2/3 稍弱。而又据记载，1981 年北京的年降水量是 393.2 毫米，1982 年北京的年降水量是 544.4 毫米。1980—1982 年三年的平均降水量是 440.1 毫米，仅是历年平均值的 68.3%，也就是 2/3 稍强。1983 年北京的年降水量是 489.9 毫米，1984 年北京的年降水量是 488.8 毫米，虽然比前几年有所增加，但比起历年平均值来，还是明显减少。由于降水量极度减少，所以这期间北京境内河流的流量也减少了 43%，官厅、密云水库的来水量仅是历年平均值的 39%。直到 1985 年北京的年降水量达到 721 毫米，是明显的丰水年，这才结束了北京地区这一轮的旱象。年际持续干旱是北京地区旱灾的特点。历史上，特别是明朝和清朝都多次出现这种情况。例如，元成宗大德九年至十年旱灾，明英宗天顺元年至三年大旱，宪宗成化三年至六年春旱，明宪宗成化十五年至二十三年大旱，明武宗正德六年至九年大旱，明世宗嘉靖元年至三年旱灾，明神宗万历二十七年至二十九年大旱，明神宗万历四十三年至四十八年大旱，明毅宗崇祯十年至十四年大旱，清德宗光绪元年至四年大旱，民国二十九年至三十三年的大饥荒等等，不胜枚举。

根据对 1980—1984 年逐月降水量的分析,1980 年主要是 7、8 月份严重缺雨,属于夏旱型;1981 年属于各季偏旱型;1982 年属于秋、冬干旱型;1983 年属于夏、秋旱型;1984 年属于夏旱型。

1980 年年降水量 380.7 毫米,其中汛期降水量 242.3 毫米。自上年 9 月至本年 6 月底,10 个月连续干旱,墒情恶化,大秋作物播种困难。山区、丘陵地区播种几次才勉强出苗。7 月份降水量仅 30.6 毫米,8、9 月份降水量仅 124.7 毫米,春夏持续干旱,河道干涸,人畜饮水困难,受灾人口 7 万。全市粮田受旱 380 万亩,其中成灾 146 万亩。山区人畜饮水困难。

1981 年年降水量 393.2 毫米,仅为历年平均值的 61%。继 1979 年 8 月下旬以来已经连续干旱第 3 个年头。本年 1—5 月降水量仅 46.9 毫米,严重影响到冬小麦返青和春小麦播种、出苗,以及小麦的分蘖。7 月中旬—8 月底降水量仅 187 毫米,为同期历年平均值的一半左右,也是 1949 年以来同期最少的一年,影响到秋收作物的吐穗、长粒。当时中小河道断流,地下水位持续下降。长期干旱对农业生产和城乡居民用水造成很大影响,受灾人口 12 万。全市受灾粮田 294 万亩,其中减产 3 成以上的达 102.5 万亩,减产粮食 1.5 亿斤。

1982 年年降水量 544.4 毫米,其中 1—5 月降水量仅 39 毫米,冬小麦返青受到影响,春玉米的播种出苗,以及其他夏粮作物的生长和大秋作物播种困难。尤其 5 月份是春玉米的分蘖期和冬小麦的灌浆期,这时遭旱肯定直接减少夏粮作物的产量。这年全市粮田受旱 193.5 万亩,其中成灾 33.6 万亩,减产 1 亿公斤,受灾人口 22.7 万。

1983 年年降水量 489.9 毫米,其中汛期降水量仅 358.5 毫米。由于 6 月下旬—7 月底的 40 天中,全市平均降水量仅 6.7 毫米,其中 7 月仅为 63.6 毫米，为历年的 30.8%。这段时间正是农作物拔节、孕穗、抽穗、开花的关键时期，严重旱情使得农作物无法正常生长。而房山县南部的紫草坞、南台、交道一带和大兴县南部堡上、十里铺、榆垡等地区这期间降水量仅 10 毫米，加之 7、8 两个月连续高温天气，致使全市粮棉油菜林和牧草普遍受旱。全市小麦、玉米等作物受旱 258.7 万亩，其中减产三成的达 120 万亩，减产达 5 成以上或基本绝收的 60 万亩。水稻受旱 16 万亩，其中减产三成的 8 万亩。油料作物受旱 27 万亩。9、10 月份降水量比历年明显偏少，导致冬小麦播种困难。

1984 年年降水量 437.7 毫米，其中汛期降水量 373 毫米。7 月份降水量仅 77.2 毫米，为历年的 38%。门头沟军响地区年降水量只有 102 毫米。水库来水量减少，汛期官厅水库来水量仅 0.71 亿立方米，为历年平均来水量的 12.6%，密云水库来水量仅 1.34 亿立方米，为历年平均来水量的 14.3%。地下水位自 1980 年以来累计下降 4.75 米。到 7 月底，全市近 4 万机井中有 1/3 不能正常出水。人畜饮水困难。8 月 18 日中共北京市委、市政府在送中共中央、国务院的《关于北京市旱情严重，实行限量供水和加速开发水源的紧急报告》中说，北京是缺水区，水资源总量平水年为 47 亿立方米，枯水年仅 33 亿立方米。今年是本市第六个干旱年，旱情时间之长，旱情之严重，是历史上少见的。1—7 月份降水量仅 190 毫米，是新中国成立以来同期降水量最少的一年。众所周知，1—7 月是农作物生长的重要时间段。1—4 月冬小麦返青，春玉米播种、出苗；5 月春玉米分蘖，冬小麦灌浆；6—7 月上旬农作物拔节、孕穗、抽穗、开花，冬小麦收割期；7 月下旬—8 月上旬，大秋作物吐穗、长粒。在这一系列的农作物生长期间，天气持续干旱就意味着农作物将严重减产。

潮白河流域的怀柔、密云、顺义、通县地区在 1980—1982 年连续 3 年发生大旱。1999—2003 年又连续 5 年发生大旱，年降水量均低于 500 毫米。密云水库以下潮白河自 1999 年以后断流。

4. 北京 1993 年旱灾

1993 年北京年降水量 506.7 毫米。5 月 16 日《北京日报》报道，本市郊区旱情严重，市政府发出紧急通知，要求全力以赴抗旱保苗，确保粮食生产不受或少受损失。1—3 月，本市郊区平均降水量仅有 2.4 毫米。山区 30 万亩旱地无法出苗，123 处地方的 2.72 万人和 4400 头大牲畜出现饮水困难，30 个地方的 7000 人需要到村外拉水吃。4 月，本市 6 级以上大风日达 15 天，其中 7 级以上大风日 4 天，月降水量为 6.2—17 毫米。由于降水量稀少，再加上遇到近 60 年来罕见的高温天气和连续大风，地表水分蒸发加剧，到 10 月北京旱情已属本世纪第四次大旱。密云、官厅水库蓄水量比去年同期减少 11%，12 座中型水库半数低于或接近死水位，地下水位大幅下降。这年旱灾的特点是继去年秋旱以来，本年接着春旱、夏旱和伏旱，造成冬小麦返青稀缺，春播困难，农作物生长的各个阶段都由于严重缺水而受到影响，造成粮食的严重减产。这年全市受旱 110 万亩，其中成灾 45 万亩[1]。

5. 1999—2000 年北京旱灾

从 1998 年 9 月开始一直到 2000 年 9 月华北一直处于严重干旱、少雨的时段。1999 年 7 月干旱指数分布显示极端干旱地区已

/ 1 / 北京市地方志编纂委员会：《北京志·自然灾害卷·自然灾害志》北京出版社 2012 年，第 162 页；《当年中国的北京》编辑部编：《当代北京大事记》，当代中国出版社，2003 年，第 387 页。

表 4-4　1999—2010 年北京年降水量一览表（单位：毫米）

年份	1999	2000	2001	2002	2003	2004	2005	2006	2007	2008	2009	2010
年降水量	266.9	371.1	338.9	370.4	444.5	483.5	410.7	318.0	483.9	576.9	480.6	533.8

笼罩整个华北。10 月，极端干旱地区扩张到东北地区。继 1999 年大旱之后，2000 年全国大部分地区降水继续偏少，1999—2010 年北京地区的旱灾就是在这样的背景下发生的[1]。

从表 4-4 中可以发现，1999—2010 年北京地区遭受罕见的连续 11 年旱灾。这 11 年之中，北京地区的年降水量绝大多数是在 400 毫米左右，只有 2008 年和 2010 年的年降水量是 576.9 毫米和 533.8 毫米，那也远远少于历年平均年降水量。1999—2007 年，北京连续 9 年干旱，9 年平均年降水量仅 428 毫米，到 2003 年 11 月底，蓄水 2.1 亿立方米，比 1999 年初分别减少了 20.8 亿立方米和 3.2 亿立方米。在这样的背景下，北京地区干旱少水也就不足为怪了。

由于本书讨论北京地区灾害的范围是 1949—2000 年，所以对于这场连年大旱也只限于讨论 1999—2000 年的灾情。

从表 4-5 中可以发现，1999—2000 年北京地区年降水量分别是常年的 49% 和 64%。其中，特别是 6、7、8 三个月少雨特别突出，1999 年汛期三个月降水量是历年的 35%，2000 年汛期三个月降水量是历年的 53.8%。

[1]　卫捷、张庆云、陶诗言：《1999 及 2000 年夏季华北严重干旱的物理成因分析》，载于《大气科学》第 28 卷第 1 期 2004 年 1 月。

表 4-5　1999—2000 年北京地区年降水量一览表（单位：毫米）

年	1月	2月	3月	4月	5月	6月	7月	8月	9月	10月	11月	12月	总降水量
1999	0	0	5.2	33.6	32.4	23.8	62.7	63.5	44.5	3.9	9.5.	0.7	279.8
2000	11.9	0	8.8	18.3	37.7	19.0	61.5	150.5	18.4	35.2	9.7	0.1	371.1
历年平均	2.6	5.9	9.0	26.4	28.7	70.7	175.6	182.2	48.7	18.8	6.0	2.3	576.9

1999 年遭遇百年不遇的严重旱灾，全年降水量仅 266.9 毫米，比历年平均年降水量减少 363 毫米，比 1998 年减少 464.8 毫米。由于降水奇少，过度采用地下水，所以密云水库入库水量比 1998 年减少 8.76 亿立方米。北京地下水位全面剧减，北京东部、东北部地下水位降幅 2—3 米，西部、南部地下水位降幅 1—2 米，北部地下水位降幅 0—1 米。这年不但降水奇少，而且气温攀高不下，冬暖少雪，夏季异常高温，1999 年 7 月 24 日北京市气象台报告，本日气温为 42.4 度，创百年气温纪录的同期高温新纪录，年平均气温比历年高 1.1 度，是近 57 年来气温最高年。8 月 20 日《北京日报》报道，今年北京市遇到了百年罕见的大旱，除局部地区外，全市还没下过一场透雨。从 1 月 1 日—8 月 19 日，全市平均降水量 263 毫米，比去年同期降水量 582 毫米偏少 54.8%，比历年平均同期降水量 498.7 毫米偏少 47%，是 1949 年以来雨量最少的一年。全市农作物受灾 675 万亩，成灾 201 万亩，绝收 40.95 万亩。怀柔县 1999 年旱灾与全市一样属于春旱、夏大旱，全县受旱农田面积 23.1 万亩，成灾 11.8 万亩，绝收 1.3 万亩，粮食减产 3070 万公斤。

2000 年 4 月 6 日，入春以来的第 6 次沙尘暴侵袭北京城，漫天黄沙，天空灰黄一片。据市气象台报告，这是 10 年来北京强度最大的沙尘暴。在这样干旱的背景下，2000 年 4 月 14 日《北京日报》报道，密云水库的来水量和蓄水量急剧下降，截至本月 10 日，蓄水量为 19.6 亿立方米，比去年同期减少 7.7 亿立方米；水位为 144.6 米，比水库限制水位 154 米降低 9.54 米，是1991 年以来的最低值。所幸 2000 年 7 月 3—4 日北京市普降中到大雨，局部地区降了特大暴雨，门头沟区雁翅降水量 307 毫米，青白口降水量 300 毫米，属特大暴雨，由此增加了永定河水的流量。永定河三家店拦河闸提开 8 孔闸门泄水，最大泄量 320m³/s，是 1958 年以来的最大泄量。然而，这样短时间的局部降雨并不能缓解北京全境的旱情。年降水量仅 371.1 毫米，其中汛期 6、7、8 三个月降水量仅 231 毫米。天气持续高温 35℃近一个月，地下水位下降，18 万人、2.2 万头大牲畜饮水困难，严重影响农作物生长。全市受旱 248 万亩，其中成灾 80 万亩，绝收 22 万亩。约减产粮食 1.8 亿公斤。[1]

/ 三 /

1949 年以后　北京郊区各县旱灾详述

1. 大兴县旱灾

北京南部的大兴县是平原地区，农业主要依靠境内的河流和降雨。兹据记载，将 1949 年以后（1949—1999 年）大兴县发生

/ 1 /　北京市地方志编纂委员会：《北京志·自然灾害卷·自然灾害志》，北京出版社 2012 年，第 151 页；《当年中国的北京》编辑部编：《当代北京大事记》，当代中国出版社，2003 年，第 636 页。

的旱灾情况表列如下[1]。

表 4-6 1949 年以后（1949—1999 年）大兴县旱灾情况

年份	灾情
1949	春旱，春播受到影响。当时依靠挖井抗旱
1951	重旱。夏粮、秋粮均减产。蝗虫发生。1949—1951 年的年均降水量是 419.5 毫米
1952	重旱。1—6 月不雨，2.7 万亩粮田靠挑水点播。夏粮减产
1957	春重旱，夏粮减产
1958	春重旱，部分农作物缺水枯萎
1961	春夏少雨，小麦亩产平均只有 43 公斤，比历年减少 15 公斤。1961 年为干旱年，其与 1962 年的年均降水量是 425.5 毫米
1962	重旱
1963	入春持续干旱，45 万亩农田无法播种，同时影响禾苗的正常成长
1965	大兴县全年降水量只有 261.8 毫米，干旱严重。春秋为重旱等级，夏季为干旱等级，全年有 8 个月是重旱
1966	旱情自 1965 年持续发展到 1966 年 5 月，成为连季旱。春季作物无法播种，已经出苗的庄稼部分由于缺水而枯死
1968	春季缺雨重旱，春播受到影响，冬小麦不能正常返青成长。采育、长子营、青云店、大辛庄、庞各庄等乡受灾农田 20 万亩
1971	干旱，其与 1972 年的年均降水量 436 毫米
1972	重旱。去秋少雨，冬季少雪，本年春夏继续少雨干旱，至 7 月中旬才有雨，但降水量也少于历年平均值。5 月中旬，全县 41 万亩春播作物有 18 万亩需要移苗补栽。春季套种的玉米 7.8 万亩因干旱而不能播种，夏粮减产 20%
1975	重旱。年降水量 310.9 毫米，夏季降水量占全年的 98%，春、秋、冬大旱。自去年 10 月至本年 7 月 28 日，无雨雪，受旱农田 37.4 万亩。全县 23.1 万亩农田秋粮减产，其中 6.1 万亩绝收
1976	春旱。自去年秋季、冬季以来，本年春季仍是重旱。1 月份无雪，3—5 月降水量仅是历年的 3.6%—53%
1980—1985	连续 6 年旱灾，其中重旱有 46 个月，占 63.8%。1980 年重旱，地下水位下降近 1 米，冬小麦有死苗。1983 年春夏无雨，春播作物无法下种，夏季作物孕穗、灌浆也受到严重影响。全县 5 万亩农田绝收，其余作物减产 50% 左右 其中，1981 年和 1982 年都是重旱年，年平均降水量是 351.5 毫米。1981 年大兴县 27 万亩水稻田，有 19.5 万亩因旱灾而减产

[1] 大兴区水资源局 :《大兴水旱灾害》，中国水利水电出版社，2003 年，第 66 页。

从表 4-6 中，可以发现，大兴县 1949 年以后发生的 21 次干旱灾害中，1965 年、1968 年、1972 年、1975 年、1976 年、1980—1985 年 10 次旱灾是全市普遍大旱的一部分。尤其 1972 年大兴旱灾，也是华北大旱灾的一部分。

2. 通县旱灾

北京东部的通县也是平原地区，而且是北京东南地势最低的地区，海拔最高点 27.6 米，最低点仅 8.2 米。属大陆性季风气候区，春季干旱多风、夏季炎热多雨、秋季天高气爽、冬季寒冷干燥。通县的自然灾害主要是涝渍灾害，不过随着季节的变化，在春、秋时节也会由于缺少降雨而发生旱情。通县重旱一般会发生在 3、4、5 月份和 9、10、11 月份，而且在 5 月份几乎十有八九要发生重旱灾害。近些年来，由于加强了农田水利建设，春季干旱得以缓解，但 9、10 月份发生干旱还是在所难免。

通县年平均降水量 620 毫米左右。1949 年以后（1949—1999 年），通县由于缺少降雨而直接引起的干旱有 23 年，即 1951 年、1952 年、1953 年、1957 年、1960 年、1963 年、1965 年、1968 年、1971 年、1972 年、1974 年、1975 年、1977 年、1980 年、1981 年、1982 年、1983 年、1989 年、1991 年、1992 年、1993 年、1997 年、1999 年，年降水量一般都低于 400 毫米。其中，重旱年有 4 年，即 1965 年、1968 年、1981 年、1999 年，年降水量都低于 300 毫米。通过比较，我们可以发现，通县的 4 个重旱年是全市普遍大旱的一部分而且前 3 个重旱年和比邻的大兴县相同。

1949 年以后（1949—1999 年）通县发生旱灾有 9 年，1951 年旱，春季严重干旱，全年降水量仅 499.5 毫米，汛期降水量 331.2 毫米，少于农作物正常生长的需要，因干旱受灾 20.8 万亩；1960 年旱灾属于严重春旱和夏季的掐脖儿旱，粮食减产 1233.9 万公斤；1962 年通县全年降水量 599.3 毫米，但 3—5 月份农作物生长关键时期降水量仅 47.7 毫米，特别是 3 月份只 0.7 毫米，4 月份只 16.8 毫米，这正是冬小麦返青和春玉米播种的时节，由此造成严重春旱，受灾农田 15 万亩，粮食减产 5205.6 万公斤。1972 年受灾 30 万亩，秋粮减产 724.7 万公斤；1975 年旱，包括春旱、掐脖儿旱、秋旱，受灾 14.21 万亩，粮食减产 1089.8 万公斤；1980 年受灾 22.52 万亩，夏粮减产 3037.8 万公斤；1981 年受灾 24.3 万亩，减产 1671.2 万公斤；1982 年受灾 7.8 万亩，夏粮减产 261.8 万公斤；1983 年受灾 16.05 万亩，秋粮减产 635 万公斤，全县总计减产 3386.7 万公斤；1999 年由于旱灾，粮食减产 8971.3 万公斤。如前所言，通县地势低洼，灾害以涝渍为主，所以 20 世纪 70 年代以前的 1949—1979 年的 31 年中由于旱灾引起的灾害较少，只有 4 年。20 世纪 70 年代以后，一方面是水利建设加强，涝渍灾害减少；另一方面也是气候发生变化，年降水量减少，所以旱情逐渐加重。1980—1990 年的 11 年中因遭受旱灾而减产就有 4 年，而且由于只注意了春季灌溉，而忽视了农作物孕穗、灌浆阶段的灌溉，因而造成夏、秋干旱，秋粮减产。众所周知，秋粮是农业生产中的主要收成。夏旱是在正值农作物的生长、收获期发生的旱灾，所以会造成农作物的歉收。另外，这一时期气温较高，土壤中水分蒸发量大而需降雨补充，所以这时的干旱对农作物的产量影响最大，农谚中有"春争日，夏争时"和"春旱不算旱，夏旱丢一半"之说。1991—1999 年的 9 年中，偏旱的年份有 5 年，只有 1999 年的华北大旱才对通县农业生产造成损失，出现了大面积农田的粮食减产。

通县在 1972 年和 1999 年发生严重旱灾，这两次重旱灾都是华北，乃至全国旱灾的一部分。

1972 年通县年降水量 441.8 毫米，汛期降水量 378 毫米，虽然从降水量上看还不属于重旱年，但是由于其发生在华北大旱的背景下，而且干旱都是出现在农作物生长的重要时期即所谓"掐脖儿旱"，所以还是对农业生产造成了严重损失，成为通县地区自 1949 年以来最严重的春夏旱灾。通县从前一年即 1971 年的10 月以后就凸现降雨偏少，延至 1972 年春季（3—5 月）降水量仅 14.3 毫米，是历年同期平均降水量的 23.5%，旱情严重，春播困难，冬小麦和早春作物受到严重影响。从 1971 年 10 月到1972 年 6 月底的 273 天中降水量仅 61.9 毫米。全县 13 条重要河道全部干涸。最严重的是进入夏季以后旱情没有缓解，使得小麦没有得到充分的灌浆，影响到小麦产量。6 月份降水量只有 12.6毫米，6 月 19 日—7 月 18 日连续 30 天基本没有 6 毫米以上的降雨，河水断流，地下水位大幅度下降。6 月持续干旱，而这又正是农作物成熟的关键时期，即芒种（6 月 5 日）和夏至（6 月 21日）。农民习惯上把这个时期的干旱叫作"掐脖儿旱"，可见其严重性。夏季降水量 305.4 毫米，是历年同期平均降水量的 66.8%。6 月以后，16 万亩玉米旱情严重，5 万亩叶子枯黄。中茬玉米[1] 14万亩未出全苗，3.5 万亩需要改种。8 万亩稻田在水稻分蘖、拔节生长期间无水可补，严重影响到秋粮产量。1.1 万亩晚稻秧苗旱死，1.7 万亩秧苗旱死一半以上。水稻改种面积 13 万亩。全年粮食减产 4382.2 万公斤。全县粮食作物播种面积 107.2 万亩，受灾30 万亩，粮食作物普遍减产。通县除马驹桥、梨园、次渠、台

---

[1] 北京郊区推行农作物套种技术，三种三收，在春玉米和麦茬玉米之间种的一茬玉米即中茬玉米。

表 4-7 1999 年通县年降水量（单位：毫米）

年	1月	2月	3月	4月	5月	6月	7月	8月	9月	10月	11月	12月	总降水量
1999	0.0	0.0	5.8	40.8	25.8	32.9	41.5	25.7	28.2	12.7	12.6	1.0	227.0
历年平均	2.2	5.4	7.3	21.1	32.3	79.5	195.1	182.7	51.0	21.7	7.5	2.0	608.1

湖、胡各庄干旱较轻，粮食减产在 40% 以下外，其他地区均发生减产 40% 以上的干旱。位于通州南部的永乐店遭受旱灾最严重。

1999 年是全国范围的大旱之年，通县年降水量 227 毫米，是历年年降水量平均值 608.1 毫米的 37.3%，是有记载以来降水最少的年份。夏季降水量 100.1 毫米，是历年同期降水量平均值 457.3 毫米的 22%。秋季降水量 53.5 毫米，是历年同期降水量平均值 80.3 毫米的 67%。通过比较可以发现，1999 年夏季严重少雨是通县本年严重旱灾的主要原因，而秋季少雨则是次一位的原因。顺义县发生旱灾，一般都是首先春秋重旱，其次是夏偏旱或者冬偏旱。据有关部门划分的旱灾等级，通县 1965 年属于中旱，春秋重旱，冬偏旱；1971 年属于中旱，春重旱，夏、秋、冬偏旱；1972 年属于中旱，春重旱，夏秋偏旱，冬中旱；1975 年属于重旱，春秋重旱，夏、冬偏旱；1980 年属于重旱，春秋重旱，夏中旱；1981 年属于重旱，春秋重旱，夏中旱；1982 年属于重旱，春秋重旱，冬偏旱；1985 年属于中旱，春秋重旱，夏中旱；1988 年属于中旱，春秋重旱，冬偏旱。

由表 4-7 可以发现，通县 1999 年汛期的 6、7、8、9 四个月的降水量分别只有历年同期的 1/2 至 1/5。

夏季少雨使得秋季大田作物受到严重损失，减产严重。本年全县受灾农田 53.52 万亩，占总数的 37.3%。其中绝收 6.84 万亩，占总数的 4.8%。秋粮受灾面积 42.6 万亩，占秋粮播种面积的 80.9%，其中绝收 6.3 万亩。可以发现，秋粮受灾农田在全县受灾农田总数中占绝大的比例。此外还有 6.99 亩果园和菜田、3.93 万亩经济作物受灾。本年，由于严重旱灾，通县粮食共计减产 8971.3 万公斤。

3. 顺义县旱灾

顺义县位于北京东北部，地处燕山南麓，华北平原北端，属潮白河冲积扇下段，平原面积占 95.7%。气候属暖温带半湿润大陆性季风气候。年均降水量约 625 毫米，为华北地区降水量较均衡的地区之一，全年降水的 75% 集中在夏季。

1949 年以后（1949—1999 年）顺义县干旱情况见表 4-8。

以上发生旱灾的年份，年降水量大部分都在 500 毫米以下，汛期降水量大部分在 400 毫米以下。大旱年份的年降水量多在 400 毫米以下，汛期降水量在 300 毫米以下。1987 年的情况比较特殊，这年的年降水量是 713 毫米，按说是丰水年，不应该发生旱情，可是这年汛期降水量是 342.2 毫米，仅是全年降水量的 48%，远少于北京地区和顺义县汛期降水量占全年 80% 以上的标准，所以夏旱应该是 1987 年发生旱情的唯一原因。

据表 4-8，1949 年以后，顺义县有 18 个年份因干旱发生程度不同的旱灾，总受灾农田 413 万亩，粮食减产 18.6 万吨。其中，自 1951 年冬至 1952 年春连续干旱，至 5 月前仍然无雨，无法播种，受灾农田 16.04 万亩，成灾 10.04 万亩，粮食减产 0.288 万吨；1954 年春旱，受灾农田 0.87 万亩，粮食减产 0.019 万吨；1956 年受灾农田 18.04 万亩，粮食减产 0.71 万吨；1960 年春旱，

表 4-8　1949 年以后（1949—1999 年）顺义县干旱情况（单位：毫米）

年份	年降水量	汛期降水量	旱情
1951	564.6	347	偏旱
1952	417.2	340.3	偏旱
1953	582.7	421.4	偏旱
1960	420.9	360.3	偏旱
1962	518.7	—	大旱
1963	491.2	412.5	偏旱
1965	305.8	267.9	大旱
1968	491.7	396	偏旱
1971	483.8	442.2	偏旱
1972	455.6	399.4	偏旱
1975	389.3	391.9	偏旱
1980	350.1	283	大旱
1981	386.8	278.3	大旱
1982	495.8	437.3	偏旱
1983	476.1	347.1	偏旱
1987	713	342.2	偏旱
1993	437.2	373.9	偏旱
1999	304.7	248.5	大旱

粮食减产 0.013 万吨；1961 年春旱，受灾农田 14.6 万亩，粮食减产 0.39 万吨（一作 0.016 万吨）；1962 年在前两年连续干旱的情况下，已经发展成北运河流域全流域性的干旱。本年顺义县全年干旱，至 5 月无透雨，继而秋季大旱，夏粮、秋粮生产都受到严重损失，受灾农田 49.82 万亩，其中 10.97 万亩减产 50% 左右，粮食减产 1.199 万吨；1963 年春秋旱受灾农田 3.094 万亩，粮食减产 0.215 万吨；1964 年春旱，受灾农田 0.807 万亩，粮食减

产 0.021 万吨；1965 年年旱，年降水量仅有 289.3 毫米，受灾农田 10 万亩，粮食减产 1.51 万吨；1968 年春旱，受灾农田 5 万亩，粮食减产 0.088 万吨；1972 年春旱，受灾农田 45 万亩，粮食减产 2.36 万吨（一作 5 万亩农田不能耕种，粮食减产 0.608 万吨）；1975 年年旱，从 1974 年冬到 1975 年 7 月一直未下透雨，入伏以后不但雨水稀少，而且气温奇高，风力大，土壤底墒很差，地下水位下降最多的达 4—5 米，其旱情是近 70 年所罕见。受灾农田 75 万亩，5 万亩失收，粮食减产 2.16 万吨；1980 年受灾农田 68.23 万亩，粮食减产 4.82 万吨；1981 年受灾农田 52 万亩，粮食减产 0.58 万吨；1982 年受灾农田 4 万亩，粮食减产 0.28 万吨；1999 年受灾农田 51.34 万亩，粮食减产 4 万吨。其中，1972 年、1975 年、1980 年、1999 年受灾农田都在 40 万亩以上，而且粮食减产都在 2 万吨以上，是属于旱灾最严重，而且损失也最严重的 4 年。

1965 年是顺义县重旱灾年，年降水量仅 289.3 毫米，是历年平均年降水量的 47%，是 1925 年以来降水量最少的一年。春季降水量是历年同期的 35%，夏季降水量是历年同期的 51%，秋冬季降水量是历年同期的 39%。换言之，1965 年顺义县全年降水奇缺，降水量仅是平历年景的 30%—50%，属全年性的干旱。据有关部门记载，这年顺义县除少部分地区如东北部唐指山水库和东部的张镇、杨镇年降水量在 300 毫米以上之外，其他大多数地区年降水量都在 280—300 毫米，这本是极旱年份的情景。另外，顺义县严重少雨的时节都正在禾苗生长的关键时期。1964 年秋到 1965 年春，顺义县连续 178 天没有像样的降水，使得冬小麦返青缺苗，春季播种困难；自 4 月下旬到 6 月仅下了几次小雨，无法满足农作物的生长需求，严重影响到小麦的生长和玉米的出苗。虽然有农田水利工程的支持，但由于 1965 年是特旱年，所以受灾农田仍达 10 万亩之多，减产粮食 1.5 万吨。其中，顺义县境内北运河流域受灾农田 5 万亩，减产 0.53 万吨。

1972 年是顺义县中旱灾年，年降水量 516.5 毫米，但是从 1971 年 10 月—1972 年 6 月降水量仅 63.1 毫米，连续 9 个月少雨。其中，1972 年春季 3—5 月降水量仅 15 毫米，是 1949 年以后顺义县历史上仅次于 1965 年的第二个严重春旱年。除了春旱之外，夏季降水量也仅是历年同期平均降水量的 83%。由于从 1971 年以来的严重少雨，导致河水断流，地下水位锐减。特别是密云水库为了保障北京、天津城市供水，对农业用水实行限制以后，导致秋禾出苗稀缺，并在成长过程中延长了成熟期。45 万亩秋粮作物普遍受旱，秋粮减产 2.36 万吨。

1980—1982 年是顺义县连续三年干旱的重灾年。1980 年的年降水量是 360.1 毫米，1981 年的年降水量是 386.8 毫米，1982 年的年降水量是 495.8 毫米。顺义地区历年年降水量平均值是 635.9 毫米，1980—1982 年中每年的年降水量都远远少于这个数值，分别是历年的年降水量平均值的 57%、61%、78%，这是顺义连续三年干旱的主要原因。再加之，密云水库由于上游降水量减少，水库来水量锐减，对顺义等县的农业用水也严加限制；地表河道由于少雨而断流，从而使得旱情无从缓解。

1980 年顺义县粮田受旱 68.23 万亩，成灾 15 万亩，20 个村人畜饮水困难。1981 年粮田受旱 52 万亩，成灾 11 万亩，33 个村人畜饮水困难。1982 年粮田受旱 4 万亩，成灾 2 万亩，58 个村人畜饮水困难。需要注意的是，从受灾农田的绝对数量来说，随着降水量的逐步增多，1982 年是受灾农田最少的一年，但是从成灾面积和受灾面积的比例来看，1982 年却是最高的一年，达到 50%。

4. 丰台区旱灾

丰台区是在北京西南部的平原近郊区，1949 年以后（1949—1989 年）丰台区发生干旱共有 23 个年份（1951 年、1952 年、1957年、1960 年、1961 年、1962 年、1965 年、1966 年、1968 年、1970年、1971 年、1972 年、1974 年、1975 年、1980 年、1981 年、1982年、1983 年、1984 年、1985 年、1986 年、1988 年、1989 年），其中旱灾共有 14 个年份，这些旱灾大体上占北京整体干旱的一部分。1949 年以来，丰台区农田总受旱面积 20.68 万亩。

兹将丰台区旱灾情况表列如下页。

从表 4–9 可以发现，春旱和秋旱是丰台区在干旱年经常出现的现象，同时可以确认自 1949 年以后丰台区重旱年是 1965 年、1975 年、1981 年、1984 年 4 年，其中 1981 年、1984 年旱灾是全市旱灾的一部分。兹将这 4 年的逐月降水量表列如表 4–10。

从表 4–10 可以发现，造成丰台区重旱的主要原因是这四年1—3 月、5—10 月普遍降水极少。1 月份降水量是历年同期的0%—27%，2—3 月份降水量是历年同期的 2%—50%，5—10 月份降水量是历年同期的 5.2%—82%，其实大部分是在 50% 左右。而这段时间正是农作物关键的出苗、分蘖、孕穗、灌浆的生长期，所以这个时间段的旱情很容易造成旱灾。

1965 年丰台区遭受严重干旱，这也是北京市重旱的一部分。这年是 1949 年以来最干旱的年份。从表 4–10 可以发现这年丰台区年降水量是 294.8 毫米，是历年平均年降水量的 48%，连一半都不到，属于特旱年。3 月份降水量为 0，春、夏除 4 月份降水量和历年同期持平外，其他各月基本上只有历年同期的 50%。由于汛期严重少雨，汛期后又持续干旱，夏季降水量只有 220—

表 4-9　1949 年以后（1949—1989 年）丰台区旱灾情况一览表

年份	年降水量（毫米）	受旱面积（万亩）	粮食减产（万吨）	旱情
1951	443.1	—	—	1950 年 9 月—1951 年 4 月降水量仅 45.9 毫米，1951 年 7 月降水量仅 25.2 毫米
1952	509.6	—	—	1952 年 1—9 月降水量仅 36 毫米
1957	512.4	—	0.127	春旱、夏旱
1960	398.3	—	0.144	春旱，1—5 月降水量仅 36 毫米
1961	602.2	—	0.299	1—7 月降水量仅 70.9 毫米
1962	290.0	—	0.309	1—5 月降水量仅 63.6 毫米，7 月降水量仅 162.4 毫米，8—12 月降水量仅 25 毫米
1965	294.8	3.0	0.207	重旱，河水断流，地下水位下降，1/3 砖井干枯
1975	330.9	4.16	0.179	重旱，1—5 月降水量仅 21.2 毫米，6—7 月 28 日降水量仅 46.1 毫米
1980	295.9	1.72	0.287	全年旱
1981	350.1	4.30	0.278	重旱，冬、春旱，1—6 月降水量仅 67.9 毫米，夏偏旱
1982	489.4	2.03	0.144	干旱，春、秋重旱，冬偏旱
1983	553.1	3.70	0.326	干旱，春、秋重旱，夏、冬偏旱
1984	388.6	1.77	0.347	重旱，春、秋重旱，1—5 月降水量仅 46.3 毫米，夏偏旱
1989	407.5	—	—	—

290 毫米，大致相当于历年 7 月份一个月的降水量。这年不但降水量稀少，而且干旱连续时间长，竟连续无雨 169 天。最严重的是在农作物生长期最关键的出苗、拔节、扬花、灌浆时期（3—6 月）连续 48 天无雨，导致本年粮食严重减产。丰台区受旱农田主要分布在丰台区永定河西部王佐乡和长辛店乡一带，面积达 3 万亩，其中绝收 1.16 万亩，粮食减产 0.207 万吨。

表4-10　1965年、1975年、1981年、1984年丰台区逐月降水量表（单位：毫米）

年	1月	2月	3月	4月	5月	6月	7月	8月	9月	10月	11月	12月	总降水量
年平均降水量	2.2	5.3	9.4	22.1	30.3	80.4	208.5	179.2	48.0	21.0	6.6	2.0	615
1965	0	2.8	0	23.4	8.6	29.1	103.8	91.3	23	9.9	2.9	0	294.8
1975	0	1.3	2.1	0.4	17.4	31.0	135.4	121.8	11.8	1.1	8.6	0	330.9
1981	0.6	2.1	3.1	18.6	16.3	27.2	170.4	81.9	7.0	14.5	7.0	1.4	350.1
1984	0	0.1	1.2	28.8	16.2	28.9	49.7	207	26.6	20.6	6.7	2.8	388.6

1975年是丰台区继1965年以后的又一个特旱年。年降水量只有330.9毫米，是历年平均年降水量的54%。这年春季（1—5月）降水总量21.2毫米，仅是历年同期的31%，导致严重春旱，冬小麦返青、分蘖、灌浆受到影响，春玉米播种、出苗困难。夏季（6—8月）降水量288.2毫米，仅是历年同期的62%，导致夏旱。秋季（9—11月）降水量21.5毫米，仅是历年同期的28.4%，导致严重秋旱。从以上分析可以发现，1975年丰台区的旱灾是春、夏、秋连旱，旱情伴随着农作物生长的全过程。1975年丰台区旱灾仍然主要分布在丰台区永定河西部的王佐、长辛店两乡，受灾面积4.16万亩，其中绝收1.46万亩，减产50%—80%的有2.7万亩，粮食减产0.179万吨。

除了年内连季旱之外，丰台区还出现过年际连旱。1980—1984年丰台区即遭受连续5年的干旱，这是北京全市旱灾的一部分。从表4-10可以发现这5年的年降水量都远少于丰台区历年降水量平均值，1980年的年降水量是历年平均年降水量的48%，1981年的年降水量是历年平均年降水量的57%，1982年的年降水量是历年平均年降水量的80%，1983年的年降水量是历年平均年降水量的90%，1984年的年降水量是历年平均年降水量的63%。除了1982年是略少于历年以外，1983年比历年少20%，1981年、1984年的年降水量都只是历年的50%左右，这是5年连续干旱的主要原因。

特别是由于官厅水库蓄水和上游降雨过少的原因，1980年及其以后永定河三家店以下河段一直处于断流状态，导致丰台区邻近永定河的长辛店、王佐等地的地下水位严重下降，对于处于干旱之中的丰台区来说无异于雪上加霜。1965年和1975年丰台区重旱时主要受灾区是永定河西部的王佐、长辛店两乡，1980—1984年大旱的主要受灾区仍然是这两乡。1981年旱灾主要分布在王佐、长辛店两乡，受灾4.3万亩，其中粮食减产50%—80%的有2万亩，减产30%—50%的有1.7万亩，全年粮食减产0.278万吨。1984年旱灾主要是在长辛店乡，受灾2.5万亩，其中0.57万亩绝收，减产50%—80%的有0.6万亩，减产30%—50%的有0.6万亩，全年粮食减产0.347万吨。

5. 朝阳区旱灾

朝阳区位于北京东部平原地区，属暖温带大陆性半湿润半干旱季风气候，四季分明，降水集中。生活用水和农业用水对降雨和地下水依赖很深。自20世纪80年代以来，由于干旱、降雨稀少，所以对地下水超量开采，引起北京东部地面下沉，沉降中心的朝阳东部的八里庄（位于通惠河北）和大郊亭（位于通惠河南）累计下沉0.85米。据有关部门统计，朝阳区自1949年以来（1949—1990年）41年中共发生旱情18个年份，历年的年平均降水量是639.4毫米（一说581毫米），其中春季历年平均降水量

64.8 毫米，占全年的 10%；夏季历年平均降水量 481.4 毫米，占全年的 75%；秋季历年平均降水量 82.5 毫米，占全年的 13%；冬季历年平均降水量 10.7 毫米，占全年的 2%。全年的主汛期是 7—8 月，两个月的降水量占全年的 70% 左右。年平均降水量，夏季降水量占全年的 75%。1998 年以来，气候变暖明显，连年干旱。

朝阳区出现干旱灾害共有 8 个年份。

朝阳区 1951 年旱灾，年降水量 481.6 毫米，是历年平均年降水量的 75%，特别是 7 月份降水量仅 72.8 毫米，是历年同期降水量的 33.3%，即农民常说的"掐脖儿旱"，造成秋粮大面积减产，全区粮食减产 25%。

1957 年朝阳区旱灾，全年降水量仅为 486.8 毫米，是历年平均年降水量的 76%。特别是春季降水量仅为 38 毫米，是历年同期平均值的 60%。在农作物生长关键的 5 月份降水量仅为 3 毫米，不但使即将成熟的夏粮作物受到严重损失，而且秋粮作物的成长也受到严重影响，导致全年粮食减产 40% 左右。

1960 年朝阳区旱灾，全年降水量仅为 398.2 毫米，是历年平均年降水量的 62.3%，属于枯水年。本年朝阳区冬、春连旱，是造成旱灾的主要原因，1—5 月份降水量仅为 28.7 毫米，是历年同期平均值的 40%，导致冬小麦返青缺苗，同时秋季作物春播困难。虽然经过顽强的抗旱斗争，夏、秋两季农作物仍减产 40%，只相当于 1949 年初的水平。

1962 年朝阳区旱灾，全年降水量仅为 359.6 毫米，是历年平均年降水量的 56%。夏、秋连旱，而主汛期中的 8 月份降水量仅有 15.5 毫米，是同期平均降水量的 7%。这时正是春播作物灌浆和夏播作物抽穗时节，即所谓的掐脖儿旱，使粮食作物受到严重损失。夏季旱情到秋季继续发展，9月份降水量仅为12毫米，10月份无雨，11月份更少为0.2毫米，三个月的降水量仅为12.2毫米，仅为同期平均值的15%。类似这样的降水量其实和无雨也差不多，只不过聊胜于无，根本不能缓解旱情。像这样的夏、秋连旱，不但会使得当年的粮食产量受到损失，而且由于土地墒情很差，冬小麦播种困难，也会给第二年的夏粮生产造成影响。1962年朝阳区粮食产量比正常情况减产55%。

1965年朝阳区旱灾，全年降水量仅为319.7毫米，是历年平均年降水量的50%，全年干旱。主汛期的7月下旬和8月上旬即所谓的"七下八上"降水量增多，旱情有所缓解，但8月下旬以后又继续干旱，导致全年粮食减产，受到水利设施的限制，8万亩农田受到严重损失，比正历年景减产52%。

1968年朝阳区旱灾，年降水量仅为467毫米，比上一个旱年有所增加，为历年平均年降水量的72%，少1/4左右。这年旱情主要是冬、春连续干旱，导致冬小麦返青和春播困难，但由于水利灌溉设施发挥作用，没有成灾。

1971年朝阳区旱灾，年降水量455.2毫米，是历年平均年降水量的71.2%。汛期降水量411.2毫米，虽然在全年降水量当中占比例很高，但也仅是历年同期平均值的64%。特别是春旱严重，1—5月降水量仅11.4毫米，给冬小麦返青和春播造成困难。

1972年是大旱年，年降水量563.9毫米，是历年平均年降水量的88.2%。应该说，这在旱年中降水比例还算比较高的。但比较特殊的是，这年冬、春（1—6月）出现长达7个月的连续干旱，降水量仅为66.5毫米，是历年同期平均值的25%。而且1972年春季的干旱还是1971年干旱的持续和发展，自1971年10月到1972年7月中旬，9个月的时间降水量仅71.5毫米，不到历年同期平均值的 25%。连续干旱时间之长、地域之广、降水量之少是近 50 年所罕见的。春季不但少雨，而且干燥大风，土壤墒情严重恶化，大部分地区地面一尺以下尚无湿土。春旱特别严重，仅仅春季连续无雨就达 140 天，如此长时间的干旱势必造成夏粮减产，秋粮也会受到影响。特别是在春季少雨的同时，朝阳区的气候特点是春季干燥多风，冬季寒冷干燥，多风少雪。这年春季 3—6 月共出现有风天气 25 日，大风天气最长一次连续 3 天，风力甚至高达 7—8 级。少雨多风造成农田墒情恶化，30 厘米以下才见湿土，春季农作物幼苗的根系很难到达这么深的土层。而且当年 5 月份，由于全市持续干旱，停止了水库对农田的供水，导致万余亩农田未能播种。

这年朝阳区农田受灾 25 万亩，成灾 16 万亩，粮食减产 15%，减少 1.825 万吨。

6. 海淀区旱灾

海淀区位于北京西北部，境内 15% 是山地，85% 是平原。平均年降水量 628.9 毫米，集中于夏季的 6—8 月，降水量平均为 465.1 毫米，占全年降水量的 70%，这也是北京地区年降水的一般规律。春秋干旱，冬季寒冷干燥是海淀区的气候特点。春季是海淀区的主旱期，几乎每年春季都出现严重旱情。据统计，1960—1989 年的 30 年中，海淀区不旱年只有 4 年，偏旱年 9 年，干旱年 11 年，重旱年 6 年。干旱年和重旱年占总数的 57%，实际上发生的干旱灾害年的旱情都属于重旱年。其中，春季重旱有 28 年，干旱有 2 年。

海淀区冬、春两季降水少，空气干燥，水分蒸发量大，农田墒情恶化，由此发生春旱。春旱年年发生，而且多数属于重旱。

夏旱在海淀区出现得较少。

秋旱因为出现在农作物生长的后期成熟期，导致农作物灌浆不足，因而使得农作物枯萎减产。同时，秋播作物因缺水而不能及时播种，导致出苗稀缺，更是直接影响到秋粮的产量。在海淀区，秋旱也和春旱一样经常出现。

北京地区冬季降水量本来就少，海淀冬季降水量仅占全年平均值的1%，所以冬旱也经常出现。而且本年冬旱往往和下一年的春旱连续在一起，形成连季旱。

如果根据海淀区降雨情况分析，1949—1990年发生偏旱、重旱的有14年。发生较大旱灾的有10年，其中重旱灾8年，即1962年、1965年、1972年、1975年、1980年、1981年、1983年、1989年，全区总受旱面积20余万亩。

据有关部门调查，1952年由于去年11月至本年春季一直干旱少雨，出现冬、春连旱，香山、西北旺等41村发生旱灾，不能按时播种，直至4月下旬香山、沙窝还有77%—80%的耕地未能播种。7月中旬全海淀区抢种1.3万亩，但因节气已晚（过芒种40余天），虽然撒下了种子，但年底产量很低。这年受灾2.34万亩，成灾1.3万亩，粮食减产26万公斤。

1962年是重旱年，由于去年10月至本年6月一直干旱少雨，出现冬、春、初夏连旱，春、秋季均属于重旱。播种期3—5月份降水量仅39.2毫米，土壤水分不足，影响出苗。海淀、东升等乡受灾，受灾2.8万亩，成灾1.45万亩，其中东升等乡绝收0.05万亩，粮食减产1790万公斤。8—10月份的3个月中总共降雨50毫米，这时正是农作物吐穗、灌浆的关键时期，因此导致全区530亩农作物绝收，1.3万亩水稻减产，夏粮单产只有99公斤，秋粮单产也只有161公斤，全区粮食减产630万公斤（一说，减产 1790 万公斤）。

1965 年是重旱年，春、秋均属于重旱。全年降水量仅 281.4 毫米，是历年年降水量平均值的 45.7%，是 47 年以来（1949—1996 年）降水量最少的一年。自去年冬至今年春，6 个月总降水量仅 31 毫米，是历年同期平均值的 44.8%，连续干旱 108 天，导致春旱十分严重。不过由于通过"永丰灌渠"得到永定河河水灌溉，所以旱情十分严重却没有出现旱灾。然而粮食产量也出现减产，夏粮单产只有 152.4 公斤，秋粮稍好但单产也只有 241 公斤。

1972 年是重旱年，由于去年 9 月至本年 5 月一直干旱少雨，出现严重冬、春连旱。春季重旱，夏偏旱。5 月中旬，北京大多数水库无水可供。7 月，由于城市供水已到极限，市政府决定官厅水库、密云水库都停止对农业供水。海淀永丰、上庄等乡发生旱灾。以永丰乡为例，由于缺水，稻田由原来的 1.2 万亩猛减到 0.2 万亩，全乡有近一半生产队（21 个队）没有来得及下种。东北旺乡武庄生产队由于 1971—1972 年的连续干旱，京密引水渠又停止供水，粮食减产 41.8%，社员生活困难。全区受灾 3.2 万亩，2 个乡 32 个生产队成灾面积 1.92 万亩，粮食减产 134.4 万公斤。夏粮单产只有 183 公斤，秋粮单产也只有 209 公斤，减产尤为严重。这年的旱灾造成海淀区上庄乡东小营二队、梅所屯二队和四队、白水洼一队、永丰乡屯佃五队、六里屯八队、苏家坨乡西小营二队和五队社员生活困难，需要国家救济。

1975 年是重旱年，春、秋均重旱。年降水量 441.2 毫米，受灾最重的是海淀区东部的四季青乡。由于自去年冬季至本年春季连续少雨干旱，而且在农作物生长的关键时期 1975 年 4 月 5 日—5 月 11 日连续 37 天无雨，地下水位严重下降，机井枯干，农作物遭受严重损失，夏粮、秋粮单产都只有200公斤左右，尤以秋粮减产最为严重。

1980年是重旱年，年降水量仅336.4毫米，是历年年降水量平均值的55%。由于去年9月至本年5月一直少雨，出现冬、春、初夏连旱。春、秋均属重旱。特别是3—4月份的降水量仅为历年同期平均值的28%，造成农作物生长困难。夏季仍然少雨，秋季连续干旱。海淀区西部和西北部的山区、半山区北安河、温泉乡旱灾最为严重。全区受灾面积5.3万亩，成灾面积1.4万亩，北安河乡粮田绝收0.8万亩，粮食减产87万公斤。全区夏粮单产178公斤，秋粮单产357公斤，都比正历年景有所减少。

1981年是重旱年，是1980年严重干旱的继续。由于去年11月至本年6月一直干旱少雨，出现冬、春、初夏连旱。春、秋均重旱。旱情严重，河道干涸，地下水位严重下降，灌溉水源奇缺，很多稻田只好改种旱地作物，但因为土壤干燥，墒情极差，出苗也很困难。海淀区永丰等7个乡受灾，受灾5万亩，成灾2.3万亩，粮食减产177万公斤。永丰乡水稻减产达75万公斤。

1983年年降水量466.4毫米，1984年年降水量424.5毫米，两年连续干旱。但由于抗旱措施得力，在大旱之年没有遭受旱灾。

1989年全北京市的年降水量只有442.2毫米，海淀区年降水量是437毫米，是重旱年，春季重旱。但是由于多年农田水利设施建设，农田灌溉面积占总数的94%，山区修建的小水库截蓄的水量达18万立方米，所以有效地解决了农作物生长过程的需要。

7. 门头沟区旱灾

门头沟区位于北京西北，境内绝大部分地区是山区，只有西南一小部分永定镇、龙泉镇是平原。1949 年以后，自 1959—2000 年的 42 年之间，门头沟区共有 8 年的年降水量在 400 毫米以下，即 1965 年年降水量 347.6 毫米，1972 年年降水量 367.4 毫米，1975 年年降水量 365.1 毫米，1980 年年降水量 377.2 毫米，1981 年年降水量 347.3 毫米，1984 年年降水量 297.1 毫米，1993 年年降水量 335.8 毫米，1997 年年降水量 314.4 毫米，均属枯水年。

另外，有些年份虽然年降水量并不少，但由于季节降雨分布不均衡，在农作物播种的 5—6 月春播季节月降水量少于 40 毫米，或者 7—8 月农作物拔节、灌浆的季节月降水量少于 100 毫米，同样会出现农作物大量减产的旱灾。1949 年以后，自 1959—2000 年的 42 年之间，这种情况共发生了 10 年。兹表列如下。

从表 4-11 中可以发现，门头沟地区发生在 5 月份的春旱和发生在 8 月份的伏旱最为突出，即春播期的最后一个月和农作物灌浆的最后一个月。

门头沟区山地占多数，如前所述，山前平原和迎风山坡面降雨较多，山后背风面降雨少，容易发生旱情。例如西北的上苇甸、妙峰山到北岭以东，以及东到永定镇、龙泉镇等地年降水量均在 500—600 毫米以上；上苇甸西北的大台、色树坟等地均在 500 毫米以下，再西北的沿河城以北地区则在 400 毫米以下，也就是旱情多发区。门头沟地区历来有"十年九旱"之说，1949 年以后的 42 年中（1959—2000 年），37 个年份出现旱灾，有春旱（3—5 月）、掐脖儿旱（6 月下旬—7 月上旬）、伏旱（7 月下旬—8 月上旬），以及冬、春连旱，春、夏连旱。有的年份在一年之中出现

表4-11 1959—1989年5—8月门头沟降水一览表（单位：毫米）

年份	年降水总量	5月	6月	7月	8月
1959	952.2	5.7	—	—	—
1960	559.0	27.4	—	—	43.8
1961	554.3	15.8	21.5		83.9
1962	519. 5	35.7	—		25.5
1976	553.2	7.1	34.6	—	—
1979	568.6	27.1	—		—
1982	581.9	21.4			
1987	525.3	—	—	84.1	—
1988	568.0	19.5	—	—	—
1989	430.2	19.9		—	78.9

2—3次旱灾，例如1986年门头沟区就先后出现春旱、掐脖儿旱、伏旱，所以在上述37个年份中总共出现68次旱灾。门头沟区的轻旱区是在东部的平原地区，海拔100米以下的永定镇、龙泉镇及其西南的地区。中旱区分三部分，一是东部丘陵，海拔100—400米，包括潭柘寺、龙泉、雁翅、斋堂、军庄、军响的永定河、清水河河谷地带；一是门头沟西北部，海拔1000米以上，包括沿河城西、斋堂北、齐家庄北；一是西南部，海拔1000米以上，包括清水南、军响南、大台西南。重旱区是位于门头沟区海拔400—100米的中部地区，包括门头沟区西北的雁翅北部田庄、大村，斋堂和军响河谷的南北两侧，清水中部，门头沟区西南的齐家庄南部、黄塔北部、潭柘寺西部。重旱区以深山区居多。

兹举 1949 年以后 12 个年份的旱情作为说明。

1965 年门头沟区旱灾是从 1964 年夏、秋旱开始的。1964 年 8 月中旬—10 月中旬本地逐渐少雨。自 1964 年 11 月—1965 年 4 月下旬，190 天内雨量稀少，播种期（3—5 月）旱情十分严重；汛期降水量只有 291.8 毫米，以致从播种到农作物的拔节、吐穗期内都严重受旱。1965 年门头沟区旱灾实际是从去年开始的冬、春、夏连旱，当年粮食减产 530 万公斤。

1972 年门头沟区旱灾，全年降水量 367.4 毫米，是历年平均年降水量的 63%，是 1965 年以后最少的一年，为近 30 年来所罕见。由于门头沟区自去年 10 月底到本年 2 月，全区降水量不足 10 毫米，4、5 月份秋季作物播种季节，由于降水稀少，土壤干燥，不得不推迟秋季作物播种期。当时从年初至 7 月上旬基本无雨，河水断流，地下水位严重下降。7 月下旬—8 月上旬是大秋作物吐穗、长粒阶段，这个时期的干旱，不但影响到秋季作物的收成，而且由于农田底墒较差，还会影响到来年冬小麦的返青。7 月份正当农作物生长关键时遭到掐脖儿旱，全年粮食减产 896 万公斤。

1975 年门头沟旱灾，年降水量 365.1 毫米，是历年平均年降水量的 63%，是枯水年；汛期降水量 321.8 毫米，所以遭遇严重春旱，秋季作物播种期内基本无雨。全区受旱达 8 万多亩，大部分绝收。这年尽管农田面积比过去增加 1000 多亩，但粮食却减产 480 万公斤。

1980 年门头沟区旱灾，年降水量仅 377.2 毫米，是历年平均年降水量的 65%，是枯水年。这年春、夏降水量虽然较少，但降雨却比较及时，都是在农作物出苗、长苗的关键时期，达到苗全、苗壮。但是进入 7 月份以后却降雨稀少，遭遇到掐脖儿旱，严重影响到农作物的拔节、吐穗。7月份降水量仅有40.6毫米，是1972年连续大旱时期的72%，是正历年景的12%。这年夏旱的旱期长，受旱地区广，出现旱情的时间正是农作物生长的关键时刻，所以灾情严重，全区粮食减产750万公斤。

1981年门头沟区旱灾，年降水量仅347.3毫米，是历年平均年降水量的60%，是枯水年。首先播种期1—4月份降水量仅14.3毫米、5月份降水量仅21.7毫米，春旱严重。冬小麦返青缺苗，春播和出苗也很困难。6月份又出现掐脖儿旱，降水量仅46毫米。6月下旬—7月上旬是春玉米孕穗、抽穗时期，是营养生长和生殖生长旺盛的并进阶段，是决定玉米产量最关键的时期，也是玉米一生中生长发育最快，对养分、水分、温度、光照要求最多的时期，需要降水量144毫米左右，这时雨水稀少，使得农作物拔节、抽穗都受到严重影响。玉米抽穗期，而且秋季作物的播种也受到严重影响，导致秋粮减产。全区受旱农田8万亩，粮食产量甚至比受灾严重的1980年还减少152万公斤。

1982年门头沟区干旱。年降水量581.9毫米，与历年平均年降水量相当。但是由于雨量分布的不均衡性，虽然汛期降水量524.6毫米，占全年的90%，但春季旱情严重，河水断流，地下水位下降严重，春苗灌溉不足，导致夏粮大量减产。夏粮受旱面积2.5万亩，减产30%以上的占总受旱面积的50%左右，夏粮减产1.5万公斤。春播作物受旱6.9万亩，减产30%以上的有0.25万亩，粮食减产1.5万公斤。全区全年总计粮食减产13.5万公斤。

1984年门头沟区旱灾，年降水量仅为297.1毫米，是历年平均年降水量的51%，是罕见的枯水年。特别是自1980年以来连旱，旱灾的叠加效应加上这年的雨水奇缺，使得本年门头沟区的旱灾局势格外严峻。播种期的1—5月份降水量仅48.8毫米，全区农田中减产50%以下的有2.73万亩，减产50%以上的有2.86万亩，绝收1.51万亩，总计受灾7.1万亩。粮食比去年减产566.5万公斤，是连旱4年中减产最严重的一年。

1987年的门头沟区旱灾。年降水量525.3毫米，比历年平均年降水量581.1毫米略少，但春季和初夏没有出现旱情。自7月22日—8月2日，连续12天干旱无雨，而且气温很高，地表水分大量蒸发，农作物遭遇掐脖儿旱，生长受到严重威胁。全区秋粮作物7.8万亩中，受旱农田5.6万亩，其中绝收1.6万亩，减产80%的有1万亩，减产50%的有2万亩，粮食减产390万公斤，仅占原计划的38.8%。

1989年的门头沟区旱灾。年降水量430.2毫米，比历年平均年降水量少150多毫米。春季干旱，降雨稀少，地面灌溉系统只解决了部分农田的作物成长，大部分地区旱情严重。夏季7月24日—8月6日连续14日无雨，掐脖儿旱严重影响了作物的成长，造成秋粮大面积减产和绝收。全区受旱7.4万亩，成灾5万亩，粮食产量比前10年平均产量减少了581万公斤，是1949年以来少见的8个年份之一。

1990年门头沟区旱灾。年降水量544.5毫米，与历年平均年降水量相差不多，但6月份降水量只有9.7毫米，几近于无，严重影响了农作物的成长。全区受旱5.72万亩，全部成灾。绝收0.05万亩。旱灾最为严重的是属于中旱区的上苇甸和重旱区的清水河流域各村镇和沿河城乡、大村、田庄等地，粮食减产150万公斤。

1993年门头沟旱灾。年降水量仅335.8毫米，属于枯水年。1—5月份降水量仅31.4毫米，出现严重春旱，一般冬小麦返青到开花需要降水量 240 毫米左右，实际降水量却只有 1/8。6 月份降水量 37.5 毫米，7 月份降水量 143.8 毫米。一般此时春玉米孕穗、抽穗需要降水量 144 毫米，降水量刚刚满足需要，可是 8 月份降水量却只有 64.6 毫米，9 月份降水量只有 27.2 毫米，这正是农作物的成熟关键期，这时严重少雨直接导致农作物减产 329 万公斤。处于重旱区的田庄、大村两乡基本绝收。这场大旱还使得 23 个村发生饮水困难。

1997 年门头沟区旱灾。年降水量 314.4 毫米，属于枯水年，全区发生严重干旱。1—9 月份降水量仅 274.4 毫米，是历年同期平均值的 48%；其中，农作物最关键的生长期 6—9 月份，降水量仅 208.7 毫米。众所周知，6 月下旬—7 月上旬春玉米孕穗、抽穗需降水量 144 毫米，7—8 月份是秋收作物吐穗、灌浆、长粒等直接关系到农作物产量的关键时期，降水量却仅是历年同期平均值的 42%。降雨稀少不但造成干旱，而且导致地面河水断流，地下水位严重下降，庄稼灌溉不足。全区春播作物 5.1 万亩全部受灾，其中轻灾 0.84 万亩，重灾 2 万亩，绝收 2.3 万亩，粮食减产 400 万公斤。

昌平县位于北京西北部，全县 2/3 是山区、半山区，其余是平原地区，主要在辖境的东南部。历史上昌平县就是一个多干旱的地区。例如民国九年（1920 年），在华北地区发生河北、河南、山东、山西、陕西 5 省的近百年一遇的大旱灾的背景下，北京地区降水量奇少。历史上北京地区旱灾年的年降水量是 300 余毫米，而这年却只有 276.7 毫米，是历年平均值的 42.9%，即不到一半。从逐月降水量比较来看，该年 4、8、10 月份是奇旱，不到历年同期的 6% 或 20%；5、6、7、9、11 月份是大旱，基本不到历年同期的 50%。可以说，这年从播种到收获，北京地区的农作物都是处在干旱的状态下，基本绝收[1]。这场自春天开始一直经过炎夏、早秋所形成的大旱灾，足以毁灭农村几乎全部夏、秋两季收成。当年夏季，由于自春到夏的持续干旱，京兆地区 20 县夏粮生产受到沉重打击，"涿县（今河北涿州）、昌平等十余县，忍饥待食者不下十余万丁口"[2]。近畿各县平均夏粮产量不足历年的40%，涿州、香河、密云等县甚至只有历年的 20%[3]。

8. 昌平县旱灾

昌平县的平原区和北京市整体一样，属于半湿润大陆性季风气候。春季干旱多风，夏季炎热多雨，秋季凉爽，冬季寒冷干燥，四季分明。年平均降水量 550.3 毫米，低于北京市整体平均年降水量。昌平县春季少雨多风，春旱（3—5 月）年年发生，冬小麦返青、拔节、灌浆和春玉米播种、出苗、分蘖及大秋作物的播种都很困难。例如 1949 年北京年降水量 921 毫米，是典型的丰水年，有的地方还发生了水灾。但是昌平县在当年春季仍然还是发生了大旱，6.4 万亩的农田播种受到影响。夏季干旱（6—9 月）也时有发生，但在全县的旱情中不占主要地位。秋旱（10—11月）是昌平县的大敌，因为这时正是大秋作物成熟、灌浆、长粒的时期，这时遭遇旱灾会直接导致秋粮减产，而我们知道秋粮是农村庄稼收成中的主要部分。昌平县多次遭遇秋季重旱灾害，大致占旱象发生的 83%。

昌平县的旱灾和全市大多数地区一样，也有连季旱和年际

/1/ 本人著《北京灾害史》，同心出版社 2008 年。
/2/ 中央气象局研究所等编著：《华北、华东近五百年旱涝史料》（以下简称《近五百年旱涝史料》），打印稿。
/3/ 北洋政府内政部：《赈务通告》，民国九年十一月二十五日第三期，《公牍》。

连旱的情况，连季旱以冬、春旱为主。年际连旱最突出的是1960—1962年的连续3年旱灾。

1949年以后，比较典型的干旱年有以下几年。

1961年，昌平县春季严重干旱，3—5月降水量仅35.1毫米，这给冬小麦的返青、拔节、灌浆，以及春玉米的播种、出苗、分蘖都造成困难。进入6月仍持续干旱，至7月份出现严重干旱，这就使得农业生产的形势变得更加严峻，因为玉米生长拔节、孕穗、抽穗、开花等过程在这时是关键阶段，冬小麦的最后成熟期、收割期也是在这个阶段。昌平西南山区高崖口及东南平原地区的南邵、沙河等地，土地失墒严重，有的地方在地面半尺以下才见潮土。俗称抗旱的玉米也出现干枯的现象，谷子有的已经枯死。直到7月16—17日全县普遍降雨20毫米左右，才缓解了旱情。由于本年春季和夏初严重少雨，在小麦的生长关键期严重缺水，成长受到伤害，所以小麦亩产量还不到100斤，秋粮作物也减产30%—50%。加之当时农村政策存在"左"的倾向，更造成农民生活困难。

1962年的干旱十分严重，首先这是全市性的干旱，1962年北京的年降水量是366.9毫米，远低于历年平均年降水量的644.2毫米，是典型的枯水年。昌平县春季3—5月降水量仅29.1毫米，春季播种困难，冬小麦的生长也受到严重伤害。由于这场旱灾是从1960年开始的连续年际干旱的第三年，所以地下水位下降也十分严重，使得农田也得不到充分灌溉。位于昌平境内的十三陵水库蓄水量由2296.7万立方米下降到830万立方米。夏、秋季仍然持续干旱，8—10月降水量仅56.3毫米，仅是历年同期平均降水量的23%，这时正是农作物抽穗、灌浆的关键阶段，其对农作物成长的杀伤力可想而知。本年昌平县的平原地区由于发挥十三陵水库放水及井灌的作用，农作物基本上没有受到过多的损失，但山区和半山区的上苑（位于昌平县东兴寿镇）、崔村（位于昌平县东）、高崖口（位于昌平县西南）、十三陵（位于昌平县北）、老峪沟（位于昌平县西南）等地不但农作物减产，而且人畜饮水也发生困难。

1972年昌平县旱灾。这年昌平县旱灾仍然主要是春旱，也是全市旱灾的一部分。因为1971年昌平县地区干旱少雨，所以1972年春季旱情就更加严重。5月，由于降雨稀少，地面中小河水断流，干涸见底。全县春播作物出苗率60%—80%的有6.45万亩，出苗率50%的有3.96万亩，未出苗的有1.3万亩，根本无法播种的有4.94万亩。没有出苗或没有来得及播种的农田面积占37.5%。根本没有水源的有1.5万亩。也就是说，当年春季播种的农田总面积中有将近四成的土地成了旱荒地，其余的六成也只是出苗50%—80%而已。这年的大旱使得昌平县总计粮食减产53.8万公斤。

1975年昌平县旱灾，年降水量459毫米，但自1974年11月—1975年3月降水量只有11.9毫米，而且4月份滴雨未降，5月份降水量仅9.1毫米，造成严重春旱。冬小麦从返青到灌浆的整个生长期都受到严重伤害，造成严重减产。玉米的春播也由于缺水而发生困难，而且下种以后出苗、分蘖也受到威胁。全县8万亩春播地受旱，需要挑水点种。据7月份统计，昌平县全县41万亩粮田，其中11万亩减产30%—50%，5万亩颗粒无收，总计占总数的40.2%。位于昌平县西南山区的高崖口地区，由于干旱，树上无果、地上无苗的有9800亩，粮食作物有7200亩完全收成无望，总计减产粮食15.3万公斤。

1980年昌平县旱灾。年降水量352.8毫米，是典型的枯水年，干旱严重。春季 3—4 月份降水量仅 26 毫米，影响冬小麦发育。夏季、秋季降水量仍然稀少，春、夏、秋连旱，夏粮作物减产。夏粮单产由原来的 200 多公斤减少到 100 多公斤，总产量减少 1990.4 万公斤。同时，秋季作物发育拔节、孕穗、抽穗都受到很大影响。昌平县西部山区、半山区受灾最为严重。这年昌平县虽然旱情形势严峻，但是由于秋季各种抗旱措施有力，秋粮在干旱的不利条件下获得增产，从而昌平县 1980 年全年的粮食产量有所增加。

1983—1984 年昌平县持续旱灾。1983 年年降水量 433.0 毫米，1984 年旱情加剧，年降水量只有 302.6 毫米，分别是历年平均年降水量的 74% 和 52% 左右。这两年的旱情都主要是夏旱，正当农作物生长关键期的 7 月份，降雨稀少，对秋粮作物的生长造成严重危害。1983 年 7 月降水量仅 38 毫米，虽经全力抗旱，昼夜浇地，但全县农田受旱面积仍达 18 万亩，成灾 12 万亩，绝收 3.54 万亩，全县仅秋粮就减产 1012.3 万公斤。

1989 年昌平县旱灾。这年是北京市的枯水年，年降水量只有 444.2 毫米。昌平县是重旱年，年降水量只有 472.6 毫米。虽然和全市的水平相近，但干旱的形势却更加严峻。春、夏、秋连季旱，3—5 月降水量仅 60.4 毫米，汛期的 8 月降水量仅 43.2 毫米，除了对冬小麦的生长不利，还给春播、出苗造成巨大困难，当年由于春季降雨稀缺，98351 亩农田不能适时播种。在充分发挥水利工程措施的努力下，夏粮、秋粮都获得丰收。

1992—1993 年昌平县旱灾。1992 年昌平县严重干旱，年降水量 374.3 毫米；1993 年的年降水量更是稀少，只有 272.4 毫米。两年的年降水量都少于北京市的 500 多毫米的平均水平，都属于枯水年。1992 年的旱情最为严重，3—5 月降水量 26.8 毫米，6—9

月降水量 302.9 毫米。一般来说，年降水量在 400 毫米以下就不能满足农作物生长的正常需要，本年稀少的降水量势必对农作物造成不利的影响。本年，全县受旱 35.8 万亩，成灾 5.1 万亩。山区和半山区受旱灾的情况严重。8 个山区、半山区乡镇的粮田受旱就达 5.057 万亩，其中绝收 2.72 万亩，减产 592 万公斤；果树受旱 8.1 万亩，其中严重受旱 4.26 万亩，造成果品损失 65% 以上。但是，在发挥水利工程设施作用、采用先进喷灌技术的努力下，大旱之年还是得以避免了旱灾。1993 年旱情比 1992 年更加严重，春、夏持续干旱，1—5 月降水量 19.6 毫米，6—9 月降水量 210 毫米，这都不能满足农作物正常生长的需要。本年，昌平县全县受旱农田 30.85 万亩。其中，山区受旱灾最为严重，2.92 万亩农田未能播种，2.75 万亩绝收。

1997 年昌平县旱灾。年降水量 298.2 毫米，是严重枯水年，加之少雨多风，更加重了旱情。3—4 月降水量仅 12.4 毫米，影响夏粮作物的播种和随后的出苗、发育。进入汛期以后，昌平县仍然降雨稀少，整个汛期只有 195.6 毫米，其中秋收农作物生长最关键的 7 月份降水量仅 99.9 毫米、8 月份降水量仅 34.3 毫米，即所谓的掐脖儿旱，影响到作物的吐穗、灌浆、长粒，直接导致秋季作物减产，绝收 1 万亩。全县夏播作物 18 万亩中，16.2 万亩颗粒无收，其他已出苗的农田幼苗稀疏，缺苗严重，并且生长缓慢，迟迟不能成熟。昌平县东南的平原地区百善、小汤山和半山区崔村、兴寿乡旱灾最为严重。秋粮减产 15%—20%。山区的果树由于旱灾受到严重损失，老峪沟乡黄土洼、长峪城村和高崖口乡西河的各种果树受灾最为严重。1997 年旱死去年栽种的果树苗近 100 万棵，以及当年春季栽种的果树苗 20 万棵。老峪沟乡种植的 2000 亩土豆基本绝收。松树是耐旱的植物，可是这年老峪沟、高崖口的松树被旱死 90%。在这样严峻的形势下，昌平县从上到下全民抗旱，最终获得较好的收成，夏粮产量占全年总产量的 50% 左右。

9. 延庆县旱灾

延庆县位于北京市西北部，北、东、南三面环山，西临延怀盆地，延庆县位于盆地东部。山地大约占全境的 2/3，平原大约占全境的 1/3。

延庆县是北京地区旱灾多发区之一，由于山高坡陡，土壤涵养水分的能力差，所以与门头沟区相似，汛期降雨集中，容易形成山洪、泥石流；春、秋时节降水量少，经常出现旱情。

据统计，自明朝景泰四年（1453 年）到民国二十五年（1936 年），延庆县大约发生了 26 次旱灾。例如景泰四年（1453 年）十一月癸酉，"给予直隶隆庆州（今延庆县）被灾人民大口银二钱，小口银一钱，籴粮用。是岁，隆庆州大旱"[1]。弘治十二年（1499 年）十月癸卯，"以旱灾免直隶保安等卫所及隆庆（今延庆县）、保安等州县粮草有差"[2]。明孝宗弘治十八年（1505 年）二月甲子，"以旱灾免直隶隆庆（今延庆县）、保安二州……弘治十七年（1504 年）粮草子粒有差"[3]。明武宗正德十六年（1521 年）春，"隆庆州大饥，民屑禹粮石食之"[4]。嘉靖五年（1526 年）十月癸亥，以灾伤诏免宣府各卫所、隆庆等州县……税粮有差。十二月癸亥，大学士杨一清以灾异修省上

/1/ 《明英宗实录》卷二百三十五，乾隆《延庆县志》卷一《星野·附灾祥》。
/2/ 《明孝宗实录》卷一百五十五。
/3/ 《明孝宗实录》卷二百二十一。
/4/ 乾隆《延庆县志》卷一《星野·附灾祥》。

言："臣近观礼部所奏，今年……南、北直隶、江浙诸处亢旱为虐。"[1]"明世宗嘉靖十九年（1540年）春，隆庆州大旱[2]……万历二十八年（1600年）延庆州春旱，早霜伤禾[3]。万历三十九年（1611年）延庆州春大旱，秋雨[4]。明神宗万历四十三年（1615年），延庆州春、夏大旱，秋雨，获稼[5]。万历四十六年（1618年），延庆大旱，风霾，伤夏麦半[6]。崇祯元年（1628年），延庆州旱，至明年（1629年）春，斗米千钱[7]。"

清朝康熙二十八年（1689年）"延庆州大旱，秋，淫雨成灾，民多流离，赈之"[8]。民国二十五年（1936年）地处北京西北山区的延庆地区，迟至8月22日仍在报道"天久不雨"，估计秋收恐难超过五成[9]。

1949年以后自1949—1999年，延庆县共27个年份发生旱灾，全县累计受灾农田793.5万亩，成灾386.8万亩，粮食减产4.2亿公斤，其中尤数1949年、1960年、1962年、1965年、1975年、1980年、1989年、1996年、1997年等9年的旱灾比较严重，受灾农田占27个年份总数的45.6%，成灾面积占47.7%，减产粮食占41.9%。

1949年北京市是丰水年，年降水量达921毫米，比历年平均年降水量多出将近300毫米。但是位于北京西北山区的延庆县

/1/《明世宗实录》卷六十九，《明世宗实录》卷七十一。
/2/乾隆《延庆县志》卷一《星野·附灾祥》。
/3/乾隆《延庆县志》卷一《星野·附灾祥》。
/4/乾隆《延庆县志》卷一《星野·附灾祥》。
/5/乾隆《延庆县志》卷一《星野·附灾祥》。
/6/乾隆《延庆县志》卷一《星野·附灾祥》。
/7/乾隆《延庆县志》卷一《星野·附灾祥》。
/8/乾隆《延庆县志》卷一《星野·附灾祥》。
/9/《近五百年旱涝史料》；民国《通县志要》卷九《灾疫》。

由于少雨发生旱灾，受旱灾人口 13.9 万人，全县受旱农田面积达到历史上比较少见的 41.6 万亩，成灾 18 万亩，粮食减产 243 万公斤。

1958 年延庆县与房山县、怀柔县、大兴县一样发生严重春旱，农田受灾 16.5 万亩，全部成灾，粮食减产 600 万公斤。这年 7 月又发生特大暴雨，引发山洪、泥石流，更加重了受灾的损失。

1959 年延庆县与房山、门头沟地区一样发生严重春旱。全县在 4 月、5 月、6 月的降水量分别是历年同期平均值的 29%、21%、51%[1]，严重影响了秋收作物的播种、出苗、分蘖，以及夏收作物拔节、抽穗、灌浆的正常生长过程，夏粮和秋粮的产量都受到严重损失。全县受灾农田 19.8 万亩，成灾 12 万亩，粮食减产 670 万公斤。

1960 年是北京市三年（1960—1962 年）连续干旱的第一年，延庆县年降水量 396.7 毫米，也是严重缺水少雨。延庆县与怀柔县、房山县一样在这年春季的 2、3、4 月份及夏季的 8 月份降水量奇少，2、3、4 月份降水量分别是历年同期平均值的 24%、55%、8.8%，夏季 8 月份降水量是历年同期平均值的 40%。春季干旱尤为严重，影响到夏收作物的生长和秋收作物的播种、出苗。8 月的严重少雨更是直接影响到秋收作物的吐穗、灌浆、成粒，即所谓"伏旱"。这年延庆县全县受旱农田 40 万亩，成灾 17.3 万亩，粮食减产 423 万公斤。

1962 年是北京市三年连续干旱的第三年，由于前两年干旱的叠加作用，这年的旱情格外严重。延庆县 1962 年年降水量 439.2 毫米，属于雨水偏少的年份。不过这年延庆县春季只有 3

/1/　北京市气象局：《北京气候资料》（二）铅印本。

月份降水量奇少，是历年同期平均值的 29%，其他月份的降水量基本与历年同期平均值相当，所以只能是春季偏旱，还不至于造成太大的影响。而且这年 7 月份延庆县还突降特大暴雨，全月降水量达 265.3 毫米，是历年同期平均值的 1.8 倍，造成山洪和泥石流灾害。1962 年延庆县遭受的旱灾主要是夏、秋旱，这年 8、9 月份降水量分别是历年同期平均值的 28%、53%。10 月份更是滴雨未降，而历年同期的降水量平均值是 24.2 毫米。8 月份的夏旱和 9、10 月份的秋旱是造成延庆县旱灾的主要原因。这个时期正是秋收作物吐穗、灌浆、长粒、成熟的关键时段，严重的旱情造成秋收作物的减产。这年延庆县全县受旱农田 51.4 万亩，成灾 21.6 万亩，粮食减产 999 万公斤。

10. 怀柔县旱灾

怀柔县位于北京北部，绝大部分是山区、半山区，只有东南部一小块平原地区，占总面积的 11%。

怀柔县虽然在山坡迎风面经常有暴雨、泥石流发生，但总的来说气候历来干旱，人称"十年九旱"，特别是春旱，几乎年年发生，这和昌平县近似。干旱的时候，或者春播困难，出苗稀缺；或者河水断流，水井干枯，大田作物需要反复点播。据统计，怀柔县 1949—1999 年的 51 年中，27 年发生旱灾，包括春旱、夏旱、秋旱，累计受灾 340.91 万亩，成灾 139.51 万亩，绝收 19.25 万亩，粮食减产 26199.9 万公斤。

怀柔县地区以年降水量 370 毫米以上、500 毫米以下为偏旱年份，年降水量在 370 毫米以下为大旱年份。

统计数据表明，怀柔县包括平原在内的山前地区发生旱灾的概率和汤河口及其以北的山后地区发生旱灾的概率相差不多，但山后地区发生的大旱却比山前地区几乎多一倍。特别是山区发生大旱的概率比平原地区要高得多。北部山区的喇叭沟门、长哨营、汤河口、宝山寺、碾子、琉璃庙、雁溪镇北部是极旱区。西部山区的九渡河、渤海镇是西部重旱区。平原地区的桥梓、怀北、雁栖、怀柔、庙城、北房、杨宋是轻旱区。

在1949—1999年的27个干旱年份中，偏旱之年有21个，即1951年、1952年、1955年、1958年、1960年、1961年、1963年、1972年、1973年、1975年、1976年、1979年、1981年、1982年、1984年、1988年、1989年、1992年、1993年、1994年、1995年。大旱之年有6个年份，即1962年、1965年、1980年、1983年、1997年、1999年。

1951年，怀柔县发生严重春旱，全县受旱农田24.85万亩，成灾24.65万亩，绝收2000亩。

1952年，怀柔县仍然发生严重春旱，但比上年略轻，受旱农田15万亩，成灾1.06万亩，减产粮食300万公斤。

1955年，怀柔县发生夏旱，6—8月降水量少，对秋季作物的生长极为不利，直接导致大秋作物的减产。全县受旱15万亩，成灾0.42万亩，绝收0.186万亩，粮食减产900万公斤。

1958年，怀柔县春、夏连季旱，这对夏收作物和秋收作物的生长极为不利。夏收作物拔节、孕穗、抽穗、灌浆，以及秋收作物的播种、出苗、分蘖、吐穗、长粒都很困难。作物不能正常生长，颗粒不饱满，必然减产。全县受旱农田10万亩，成灾3万亩，粮食减产1600万公斤。

1960年，全市年降水量527.1毫米，降水量偏少，怀柔县这年也降水量偏少，发生全年干旱。由于各个季节降水量都不能满足农作物正常生长的充分需要，所以本年怀柔县发生旱灾。全县受旱农田 5.13 万亩，成灾 0.6 万亩，粮食减产 199 万公斤。

1961 年，全市年降水量 599.8 毫米，降水量仍然偏少，所以仍然出现全年干旱，其中以春、夏连旱为主。怀柔县除了夏收作物生长困难外，秋收作物也遭遇掐脖儿旱。全县受旱农田 8 万亩，粮食减产 3016 万公斤。本年粮食减产数量比前几年都多。

1962 年北京市全市年降水量 366.9 毫米，是干旱年。怀柔县也是大旱年，全年降水量 354.4 毫米，发生全年干旱和春、夏、秋连季旱，其主旱期都是在农作物生长的关键时期，无论夏收作物还是秋收作物都因为缺水而不能正常生长，全县受旱 6.87 万亩，粮食减产。

1963 年北京市全市年降水量达 700 多毫米，对农作物生长有益。但怀柔县仍然少雨，发生全年干旱和严重的春、夏、秋、冬四季连旱。虽然启用了农田水利设施，但农作物的生长环境仍然严峻。全县受旱农田 16 万亩，其数量仅次于 1951 年；绝收 4 万亩，粮食减产 2100 万斤。

1965 年，全市年降水量仅 261.8 毫米，是 1841 年以来的第二大旱年 [1]，近乎百年一遇。怀柔县属于全年干旱，而且是四季连旱，年降水量仅 380.3 毫米，虽然高于全市的年降水量，但仍低于满足农作物生长所需年降水量 400 毫米以上的标准。汛期（6—9 月）降水量仅 323.4 毫米，是历年同期平均值的 57.7%，而这正是秋收作物生长的关键时期。这个时期少雨，将直接导致秋粮减产。特别是 1965 年的干旱实际上从 1964 年就开始了。1964 年 9 月以后，8 个月的时间内怀柔县山区降水量仅 41.8 毫米，北部山区汤河口、长哨营、宝山寺、七道河等局部地区 8 个月降

/1/ 1869 年的年降水量是 242.0 毫米。

水量不足 10 毫米，这种冬、春旱势必造成 1965 年初的冬小麦返青、拔节困难和大秋作物播种、出苗困难。直至 1965 年 5 月底，怀柔县北部山区还有 3000 多亩没有播种，另外已经播种出苗的 2300 亩只不过占播种总面积的 12%。而且已经出苗的高粱、玉米、白薯也由于缺水而大量死亡，严重的地块达一半以上。虽然积极抗旱，充分利用一切可以利用的设施和技术手段，但因为受旱农田面积太大，加之当年山区还没有通电，所以抗旱措施也受到限制。虽然挑水点种了 1600 多亩，但高坡上的近 3000 亩距水源较远的旱田仍只能等待降雨播种。怀柔县东南部平原地区自本年 2 月到 4 月共计 54 天无雨，也造成平原地区冬小麦返青、拔节困难，夏粮减产。本年 6 月底统计，全县受旱 8.68 万亩，成灾 3.89 万亩，绝收 0.53 万亩，夏粮减产 830 万公斤。

1972 年，中国北部地区发生严重旱灾，北京地区即在其中。北京年降水量 374.2 毫米，全年干旱、春、夏连季旱。这年怀柔县年降水量 530.4 毫米，高于全市的年降水量水平，但这是由于 7 月中旬突降特大暴雨造成的，就全年来说，特别是就农作物生长的关键时期来说，春季和夏季 7 月初、8 月份还是属于严重少雨的干旱年份。这年 3—6 月降水量仅 30.4 毫米，是历年同期平均值的 21%，是怀柔县有史以来最严重的春旱年。怀柔县天河、汤河、怀九河、怀沙河先后断流，北台上、大水峪、沙峪口、红螺镇水库都已接近死水位，40 多个小水库多处于干涸的状况。地下水位下降，水井干枯。众所周知，这个时段包括冬小麦返青、拔节、灌浆的整个成长和成熟期，还包括秋收作物的播种、出苗、分蘖、拔节等阶段，8 月份是秋收作物灌浆的时段，这时缺水肯定会直接导致夏粮和秋粮减产。由于春季播种期严重缺水，只好挑水播种。4 月份需要浇水播种的农田有 5.8 万亩，5 月份时就有

8.2万亩需要浇水播种，6月则增加到12.7万亩。即使这样也还有1万亩农田最终无法播种。7月份天气仍然干旱，丝毫没有缓解的迹象。春季播种的时节是4月份，迟至6月份播下的种子，即使出苗也会因误农时而稀缺不全，后期更会在尚没有完全成长起来的时候就遇到寒冬而枯死。全县受旱农田19.4万亩，成灾12.7万亩，绝收1万亩。也就是说，这年怀柔县受旱地区的绝大部分都成旱灾。粮食减产400万公斤。1972年怀柔县自春季至7月中旬严重缺水少雨，出现春、夏连季旱。可是7月以后怀柔县又出现特大暴雨，造成洪涝灾害。1972年怀柔县是典型的春、夏连季旱和夏涝的年份。

1973年怀柔县旱灾。本年怀柔县出现严重春旱。这年北京市2、4、5月降水量奇少，分别是历年同期平均值的34%、27.3%、74%，2月是冬小麦返青发育的时段，4月主要是大秋作物播种出苗的时段，这个时期缺雨少水，对夏收作物和秋收作物的生长都是非常不利的。怀柔县自1972年入冬至1973年4月30日，降水量仅47.8毫米，土壤没有底墒，地面以下20多厘米还不见湿土，使得冬小麦返青和春季播种十分困难。6月中下旬境内汤河、怀沙河、怀九河出现大段断流。平原地区3/4的机井干涸。本年北部山区4.15万亩大田作物，受灾农田3.25万亩，成灾0.95万亩，绝收0.63万亩，粮食减产930万斤。

1975年怀柔县旱灾。本年怀柔县是全年偏旱，其中尤其春、夏、秋、冬连季旱，贯穿了农作物的整个生长期，对农作物威胁最大，是粮食减产的重要原因。1—4月降水量仅5.5毫米，在全县范围形成春旱。自7月14—28日伏中半月无雨，这正是秋季作物的生长关键时期，旱情进一步恶化。境内汤河、怀沙河、怀九河出现断流，全县24万亩农田受旱，成灾6.99万亩，绝收

3.01 万亩。绝收农田面积占全部受灾农田的 1/3 左右。本年怀柔县粮食减产 4580 万公斤，是 1949 年以来减产最严重的一年。

1976 年怀柔县旱灾。本年怀柔县是春旱。由于去年遭遇秋、冬连季旱，农田墒情很差，所以春季再遭遇春旱，其严重性就异于往常。这年 3、4、5 月全市降水量奇少，分别是历年同期平均值的 46.5%、3.6%、23.2%，秋收作物播种、出苗的 4 月份旱情最为严重。就怀柔县本地来说，2、3 月份降水量都高于历年同期平均值，但是冬小麦返青和秋收作物播种、出苗的 4 月份，以及秋收作物分蘖、冬小麦灌浆的 5 月份，降水量奇少，分别是历年同期平均值的 33.5%、18%，出现旱灾。全县 10 万亩没有种庄稼的白地表层干土达 16 厘米，到 6 月份就发展到 30—60 厘米。河流断流，地下水位严重下降，全县 600 多眼机井无法持续工作。本年怀柔县农田受灾 17.5 万亩，成灾 2.1 万亩，绝收 0.3 万亩，粮食减产 470 万公斤。

1979 年怀柔县旱灾。本年怀柔县在 9 月份以前降雨丰沛，庄稼长势良好。但是 9、10 月份北京市严重少雨，降水量只是历年同期的 7.4%、20%，接近滴雨未降。就怀柔县本地来说，9、10 两月也是降雨奇少，降水量只是历年同期的 54.9%、28.4%。9 月份正是秋收作物成熟的关键阶段，这时受旱直接影响秋收作物的产量。全县受旱农田面积 9.55 万亩。

1980—1984 年怀柔县连续干旱。如前所述，北京市在这 5 年也是连续干旱，所以怀柔县连续 5 年干旱也反映了北京全境的基本情况。其他各县有的是 1980—1983 年连续 4 年干旱，也有自 1980—1985 年连续 6 年干旱的。这种长期连续干旱的情况不但在怀柔县的历史上非常罕见，而且在北京历史上也很罕见。连年干旱中，由于前一年干旱与本年干旱的叠加效应，旱情往往比单纯一年的干旱严重得多。例如，由于前一年发生秋、冬旱，转过年来的春旱就会由于去年以来的农田底墒极差而使旱情变得严重，甚至农田无法播种。怀柔县 1980—1984 年连续干旱，以北部山区和山前丘陵地区最为严重，干旱的原因是降水量过少。

1980 年怀柔县年降水量 383.8 毫米，1981 年是 544.1 毫米，1982 年是 664.0 毫米，1983 年是 475.6 毫米，1984 年是 666.4 毫米。怀柔县历年年降水量平均值是 653.0 毫米。由此可见，1980 年、1981 年、1983 年的年降水量最为稀少，旱情也最为严重。

1980 年是大旱年，这年初入春即旱。首先 1—2 月无雨期达 38 天，5 月中下旬连续无雨 14 天，而这正是小麦扬花、灌浆关键时段。7 月份降水量仅 43.1 毫米，是历年同期平均值的 20%；8 月份降水量仅 77.1 毫米，是历年同期平均值的 41.3%；9 月份降水量 31.1 毫米，是历年同期平均值的 75%。继春旱之后，进入汛期后持续干旱。北部山区的茶坞、崎峰茶、长哨营、宝山寺等地，发生严重的人畜饮水困难。汛期以后基本无雨雪。因此这年属于年旱和夏大旱、秋偏旱类型。7 月份怀柔境内的怀九河只有微流，琉璃河干涸，汤河、天河断流，北台上、大水峪、沙峪口等水库均已经降至死库容以下。地下水位下降 1 米左右。怀柔县全县受灾农田 25.2 万亩，成灾 14.5 万亩，绝收 1.5 万亩。

1981 年全年降水量少于历年，属于偏旱年，这年的春、夏、秋三个季度都偏旱，实际上在农作物生长的整个期间都不能充分满足农作物对水分的需要。属于年旱、春、夏、秋连季旱。1 月 24 日—2 月 18 日 26 天无雨，由于去年 1980 年秋旱，农田底墒很差，所以这年始入春季就显示大旱。4 月 1—10 日连续无雨，这时正是小麦生长最需要水的拔节期和秋季作物播种季节，直接影响了夏收作物的产量。1.5 万亩小麦和早熟作物严重缺水，10 万亩春播地等待挑水点种，山区的黄土梁头挖至 60 厘米以下不见潮土，根本无法播种。境内的最大河流白河也近于断流。怀九河、雁栖河断流，北部山区的山沟也大部分干枯。地下水位比去年又下降 2 米左右。怀柔县全县受灾 11.5 万亩，成灾 5.4 万亩，绝收 1.5 万亩，粮食减产 650 万公斤。

1982 年虽然从年降水量上看与历年持平，但春季降水量过少，只有 35.6 毫米，只是历年同期平均值的 56.2%，1 月 11 日—2 月 17 日最长无雨日达 38 天，所以春季继去年旱情还是持续大旱，3 月初除了白河以外，境内其他河流都先后断流。4 月全县 15 座小水库都处于干涸状态，造成冬小麦返青和秋收作物播种、出苗困难。北部山区 3.06 万亩阳坡地和川地，干土层达 12 厘米，3.28 万亩黄土梁头地干土层更深达 16 厘米以上。山区、丘陵区 7 万亩春播地需要挑水点种的达 5 万亩。全县 11.5 万亩水浇地，能够浇到水的只有 8 万亩。而且这年秋、冬降水量也比历年少 20%—30%，8 月 22 日—9 月 1 日，连续无雨 10 天，这时正是秋收作物玉米的拔节抽穗期，直接影响了秋季作物的产量。地下水位仍然下降，可以正常使用的机井不到 50%。这年属于春大旱和秋、冬偏旱类型。怀柔县全县受灾 15.9 万亩，成灾 4.8 万亩，粮食减产 2330 万公斤。

1983 年年降水量偏少，7 月份降水量 72 毫米，整个汛期降水量 353.4 毫米，降水量严重偏少，仍属于大旱，而且秋季偏旱、冬季干旱，所以全年属于年旱、夏、秋、冬连旱。平原地区北房、城关、杨宋有十几天滴雨未降，旱情更趋恶化。尤其北部山区，缺水尤其严重，由于持续 4 年的连续干旱，农田底墒严重不足，土壤含水率只有 7%—13%，旱情加深。地下水位严重下降至 5 米左右。这年 9、10 月份降水量仍然偏少，即使平原地区的土壤含水率也只有 7%—13%，冬小麦无法播种。

1984 年怀柔县虽然春季有降雨但仍属连年干旱，1—5 月份降水量仅 37.7 毫米，是历年同期平均值的 52.7%。这年属于春旱。地下水位下降至 5.73 米，是怀柔县历史上最低水位。北部山区土壤失墒严重，干土层普遍在 15—20 厘米。春播时需要挑水点种的地块增加了 2 万亩。1000 余处机井或者干枯，或者一抽即干，全县 22.3 万亩水浇地，大约有 3 万亩水源断绝，2.6 万亩麦田水源不足，只能浇上一两次水。怀柔县全县受灾农田 3 万亩，粮食减产 760 万公斤。

1986 年怀柔县旱灾。这年怀柔县全年的年降水量并不缺少，只是春季降水量少造成怀柔县春季大旱，全县受旱农田 9.5 万亩，绝收 2.6 万亩。其绝收面积占怀柔县 1949 年以来的第三位。自 6 月以后由于汛期雨水过于集中，复造成怀柔县水灾。

1989 年怀柔县旱灾。1989 年北京市的年降水量只有 442.2 毫米，属于枯水年。这年北京通县、丰台、海淀、昌平、门头沟等地都发生了旱灾。怀柔的旱灾属于夏旱，这对于秋收作物的生长极为不利，造成秋粮减产。怀柔县全县农田受旱 23 万亩，成灾 3 万亩，绝收 1 万亩，粮食减产 560 万公斤。

1992 年怀柔县旱灾。这年怀柔县的旱灾类型与昌平县相似，都属于年旱、春、夏旱。全年受旱农田 4 万亩。由于抗旱措施得力，怀柔县这年虽然遭遇干旱，但并没有成灾。

1993 年怀柔县旱灾。1993 年北京年降水量 506.7 毫米。郊区旱情严重，市政府发出紧急通知，要求全力以赴，抗旱保苗。1—3 月，本市郊区平均降水量仅 2.4 毫米。山区 30 万亩旱地无法出苗，123 处地方人畜出现饮水困难。4 月，本市 6 级以上大风日达 15 天，其中 7 级以上大风日 4 天，月降水量为 6.2—17 毫米。由于降水量稀少，再加上遇到近60年来罕见的高温天气和连续大风，地表水分蒸发加剧，到10月份时北京旱情程度已属本世纪第四次大旱。这年北京通县、顺义、昌平、门头沟都出现旱灾。怀柔县的旱情和全市一样，属于年旱、春、夏旱，全县受旱农田18.5万亩，成灾3万亩，粮食减产300万公斤。

1994年怀柔县旱灾。1994年北京市的年降水量813.2毫米，应该属于丰水年。但是自1993年12月1日至1994年3月9日全市平均降水量2毫米，1—4月降水量仅5.6毫米，为历年平均同期降水量的14.6%，上半年发生百年以来罕见的大春旱。土地失墒严重，山区百万亩农田不能适时播种，部分山区群众饮水困难。5月，北京市的地下水位已经是历史最低水位。在全市范围内，怀柔县的春旱最为突出，全县农田受旱16万亩，但在全力抗旱保苗的努力下，加之7月以后普降暴雨，从而扭转了旱情，安然度过了春旱。

1995年怀柔县旱灾。1995年北京年降水量572.5毫米，属于枯水年。特别是自去年9月1日至本年4月底，全市平均降水量仅34毫米，致使山区40万亩农田难以播种，15万亩农田基本无收，5万多人有不同程度的饮水困难。怀柔县在这年的旱情属于年旱、夏旱，全县受旱农田10万亩，但在全力抗旱的情况下，粮食没有减产。

1997年怀柔县旱灾。1997年北京属于旱年，年降水量403.6毫米。昌平、门头沟、通县也都出现旱灾。怀柔县年降水量577.8毫米，只略高于全市的平均水平。这年春季罕见的降雨较多，春季庄稼长势良好。但进入6月份以后开始干旱少雨，6月1日—7月8日全县平均降水量35.6毫米，是去年同期的30%，而且7月初中旬连续出现38℃左右的高温天气，一度接近40℃，

8 月份降水量仅 7.7 毫米，而且再次出现持续高温天气。7、8 两月降水量严重偏少，境内的天河、汤河等几条大河断流。北部山区的几十座小水库干涸，地下水位下降 3 米左右。同时，高温天气使得土壤中的水分加速蒸发，农田更加失墒，遂造成夏旱灾害，出现严重的伏旱。秋收作物玉米的吐穗、灌浆都受到严重影响，秋粮严重减产。7 月受旱农田 20.4 万亩，其中轻旱 13.4 万亩，重旱 5.5 万亩，枯萎 1.5 万亩。北部山区黄坎乡、沙峪乡一带很多地方树木枯萎。喇叭沟门、长哨营乡出现严重的人畜饮水困难。8 月持续少雨高温，北部山区 9 个乡 4.3 万亩农田减产 30%—40%。面对严重旱情，一方面调动资金购置水泵和灌溉设备浇水保苗，保证农作物生长需要，另一方面在枯萎地块补种荞麦等晚熟作物，尽量弥补损失。1997 年怀柔县受旱农田 20.4 万亩，成灾 11.8 万亩，绝收 1.5 万亩，粮食减产 32088 万公斤。

1999 年怀柔县旱灾。1999 年北京市年降水量 350.5 毫米，其中汛期降水量 255 毫米，加之夏季连续高温旱情严重，出现严重夏旱。这年怀柔县的旱情也属于年旱、夏大旱，其类型与全市及通县、顺义县相同。通县 1999 年汛期的 6、7、8、9 四个月的降水量分别只有历年同期的 20%—50%。1999 年 8 月 20 日《北京日报》报道，今年北京市遇到了百年罕见的大旱，除局部地区外，全市还没下过一场透雨。从 1 月 1 日—8 月 19 日，全市平均降水量 263 毫米，比去年同期降水量偏少 54.8%，是 1949 年以来降水量最少的一年。怀柔县 1999 年旱灾与通县、顺义县一样属于年旱、夏大旱。由于 1999 年的旱灾，怀柔县农田受旱 23.1 万亩，成灾 11.8 万亩，绝收 1.3 万亩，粮食减产 3070 万公斤。

11. 密云县旱灾

密云县位于北京东北部地区，是燕山山脉和华北平原交界地区，境内兼有平原和山地，以山地为主，山地占全县总面积的80%。本地区夏季降雨集中，其他季节降水量较少。密云县历年平均年降水量648毫米，其中密云水库以南的平均年降水量667毫米，水库以北的山区平均年降水量639毫米，总的趋势是从西南到东北递减。密云县地区虽然从数量上看年降水量可以满足农作物的生长需要，但由于年际分配严重不均，一年的降水量大部分都集中在夏季，所以春、秋、冬季节难免出现干旱。而且，即使是夏季，由于山区地面坡陡，水分的滞留性差，有时暴雨过后，还是满足不了农作物的生长需要。密云县的地表水资源，一是从上游地区流入的河流，如白河、潮河等，大多被密云水库截流。一是本地降水形成的河流。当处于气候干旱周期时，由于降水量减少，地面径流也随之减少。1999年密云县内的3座中型水库年入库水量仅有690.83立方米，是历年平均值的16%，旱情是非常惊人的。

根据史料记载，1949年以前密云县总计发生过29次旱灾。最严重的是明朝泰昌元年（1620年），密云县在汛期中的6、7、8三个月大旱，"草木尽枯"[1]。清朝康熙六十年（1721年），"密云县自春至夏旱。怀柔县自春不雨，至五月，二麦无收。"[2]1939年，密云县本年亢旱，实自古所未有者，禾稼荒枯，白河、潮河之水尽涸，人民仅持井水，而又感不足[3]。

/1/ 《古今图书集成·方舆汇编·职方典·顺天府部·纪事》引《密云县志》。
/2/ 光绪《密云县志》卷二之一下《灾祥》；康熙《怀柔县志》卷二《灾祥》。
/3/ 《五百年旱涝史料》，第36页。

表 4-12　1949—2000 年密云县旱灾一览表

年份	旱情	受旱面积（万亩）	粮食减产（万公斤）
1949	干旱，全县春季大旱。旱灾时间长，面积大。造成次年饥荒，古北口和庄户区死亡 13 人	27.45	949.4
1951	干旱，全县春夏旱	23.6	216.8（一作 354.4）
1957	春旱，大部分土地靠挑水点种	—	—
1952	干旱，全县春夏旱	34.15	1565
1960	干旱，全县春夏旱。3—5 月份降水量 15.1 毫米	27.1	1100
1961	偏旱，全县春夏旱。1—5 月份降水量 41.7 毫米	30.88	161.8
1962	秋旱	—	—
1963	春大旱	—	—
1968	偏旱，全县春夏大旱	24.31	252
1972	大旱，全县春夏大旱	33.4	2745
1976	偏旱，春夏大旱。境内河流除白河、潮河、清水河之外，其他河流都已断流。中小水库塘坝都已放空。有近 50% 机井枯竭	18.86	1000
1980	大旱，全县春夏大旱	17.37	1954
1981	偏旱，南部平原地区及北部山区全年大旱	9.22	775.2
1982	偏旱，全县春大旱	13.82	733
1989	偏旱，全县大部分地区春夏旱	19	1459
1992	偏旱，全县大部分地区春旱	16.58	266.2（一作 1459）
1997	干旱，全县大部分地区春旱	14	2500
1999	大旱，全县全年大旱	61.16	4346
2000	大旱，全县全年大旱	95.7	7550

1949 年以后，密云县全县发生干旱灾害总计有 16 个年份（见表 4–12）。

密云县枯水年的年降水量小于 400 毫米，丰水年的年降水量大于 545 毫米，平水年的年降水量介于二者之间为 472.5 毫米。密云县历年平均年降水量是 661.3 毫米。

这 16 年的旱灾中，密云县农田受灾总计 466.6 万亩。其中旱灾最严重的有 4 次，一次是 1980—1982 年的连续三年旱灾，此外就是 1972 年、1999 年、2000 年的三次旱灾。

1972 年密云县旱灾。这年的旱情是春夏大旱。1971 年密云县年降水量就少于往年，是历年平均年降水量的 75%。1972 年年降水量是 478 毫米，仅是历年平均年降水量的 70%。特别是春季降水量仅为 101 毫米，比历年同期平均值减少近 50%，往年降水量最集中的夏季，这年也仅为 356.2 毫米，比历年同期平均值减少近 30%。由此造成土壤墒情严重恶化，特别是山区，地面 60 毫米以下才见湿土，一直到 7 月 19 日大雨之后才见缓解。全县农田普遍遭受旱灾，除了境内最大的白河以外，其他所有的河流都已断流，100 余座蓄水工程的存水几乎全部用尽，近 1/6 的水井干枯。虽然 7 月中旬的全县普降透雨缓解了这场旱灾，可是这时对春季和秋季作物的致命影响已经形成，特别是夏季的掐脖儿旱，使得秋季作物的抽穗、孕穗不足，对粮食产量造成严重影响。1972 年密云县粮食播种面积 44.02 万亩，其中 3/4 受灾，减产 30%—50% 的有 16.17 万亩，减产 50% 以上的有 3.82 万亩。总计粮食减产 2745 万公斤，受灾人口 27.31 万。

1980—1982 年密云县连续干旱。北京市在 1980—1984 年遭遇 5 年连续干旱，与密云县紧邻的怀柔县也与全市一致，在这 5 年遭遇连续旱灾。这 5 年连续旱灾的后两年即 1983、1984 年年降水量略有增加，旱情稍有缓解。密云县在 1983 年得到普遍降雨，所以旱情只持续了 3 年。首先，1980 年密云县年降水量是 381.2 毫米，是历年平均年降水量的 57.6%，发生全年大旱。主汛期的 7—8 月降水量仅为 148.6 毫米，仅为历年同期平均值的 37.4%。特别是 7 月份的降水量仅有 22.1 毫米，是近 31 年来的最低值。在这年严重的旱情下，全县 44.25 万亩农田全部受旱。特别是夏粮作物，由于春季和夏初正是成长的关键时期，所以受灾严重。播种的 17.37 万亩全部受灾，其中减产 30%—50% 的达 12.71 万亩，减产 50% 以上的也有 2.39 万亩。夏季成熟的冬小麦，由于当年 5 月份连续 17 天无雨，而这正是冬小麦的重要扬花、灌浆时期，由此造成夏粮总计减产 1954 万公斤。1981 年密云县年降水量 569.8 毫米，是历年平均年降水量的 86.2%，虽然比去年有所增加，但仍然低于历年平均年降水量，对于农作物的生长需要来说还是偏少。特别是春玉米播种、出苗、分蘖和冬小麦灌浆的 3—5 月份，降水量只有 48.1 毫米，而在春玉米拔节、孕穗、抽穗、开花，以及冬小麦成熟的 6 月份也仅有 57.8 毫米，分别是历年同期平均值的 71% 和 64.4%。这年密云县仍然全年干旱，特别是春旱、秋旱严重，继 1980 年之后，全县农田受灾 9.22 万亩，其中减产 30%—50% 的 1.73 万亩，减产达到 50% 以上的也有 0.07 万亩。在冬小麦生长关键的拔节期的 4 月中旬，以及扬花期的 5 月上中旬，各有长达 12 天的无雨日，不仅严重影响到冬小麦的成长，而且直接导致夏粮减产。这年密云县粮食减产 775.2 万公斤。1982 年密云县年降水量 702.6 毫米，显然高于 661.3 毫米的历年平均年降水量，但是这年 3—5 月降水量仅有 29.1 毫米，是历年同期平均值的 43%；特别是春玉米分蘖和小麦灌浆的 5 月份，降水量只有 18.1 毫米，给夏粮和秋粮作物都造成损失。而且秋季 9—11 月降水量仅有的 61.1 毫米，是历年同期平均值的 61.1%；特别是 9 月份玉米的成熟期降水量仅有 9.3 毫米，直接影响到秋粮产量。密云县在 1982 年的年内降水量如此不均衡，以致发生严重春大旱和秋旱。特别是在前两年连续干旱的叠加作用下，旱情表现得更加严重。山区地下水位下降 1.97 米，平原地区更为严重，下降 4 米。全县 2300 余眼机井中，有近 1/4 干涸，另 1/4 只能出半管水。在农村，从电费和机井出水的实际效益相比，在只出半管水的情况下一般就得不偿失了，很少再开闸抽水。也就是说，这年有 50% 左右的机井处于废置状态。

1999 年密云县旱灾。1999 年密云县年降水量 336.4 毫米，是历年平均年降水量的 51%。降水量最为集中的汛期也仅有 212.2 毫米，是历年同期平均值的 39%，远远不能满足农作物正常生长对水分的需要。这年的全年降水量是 1970—2000 年近 30 年来的最低值。除了春、冬降水量高于历年同期平均值之外，夏、秋季节的降水量都低于历年同期平均值。众所周知，对于农作物来说这两个季节正是生长的关键时期。特别是主汛期的 7—8 月，降雨只有 22 天，而且平均最大降雨日的降水量也仅有 23.5 毫米。这时正是秋收作物的吐穗、长粒期，对秋收作物产量的影响是不言而喻的。由于降水量不足，各种小水库和蓄水塘坝来水量大为减少，境内 3 座中型水库比 1998 年减少 1950 万立方米地下水位。平原地区的地下水位比去年同期下降 2 米，最严重的地区下降幅度 5 米。山区地下水位下降得更为严重，比去年同期下降 3 米，最严重的地区下降幅度达 10 米。全县有近 50% 的机井出水不足。特别是这年在干旱之外又遭遇高温天气，1999 年 7 月 24 日北京市气象台报告，本日气温为 42.4℃，创百年气温纪录的同期高温新纪录。干旱再加上高温，使得土壤中水分加速蒸发，失墒严重。地面以下 20—40 厘米的土层中含水率只有 4%—6%。1999 年 8 月 20 日《北京日报》报道，今年北京市遇到了百年罕见的大旱，除局部地区外，全市还没下过一场透雨。从 1 月 1 日至 8 月 19 日，全市平均降水量 263 毫米，比去年同期降水量 582 毫米偏少 54.8%，比历年同期平均降水量 498.7 毫米偏少 47%，是 1949 年以来降水量最少的一年[1]。这年的严重夏旱，密云县受灾农田 61.16 万亩，粮食减产 4346 万公斤，油料作物减产 396 万公斤，4.63 万亩绝收，减产幅度在 40% 以上，遭受的损失是严重的。

2000 年密云县旱灾。2000 年密云县年降水量 407 毫米，是历年平均年降水量的 62.8%，属于枯水年。汛期降水量是 220 毫米，是历年同期平均值的 47%。这年的干旱不但表现为全年干旱，而且下半年的旱情尤为严重。6、7 两个月只有 19 个降雨日，降水量仅为 55 毫米，是历年同期平均值的 13%；其中 6 月份降水量仅有 7 毫米，而且汛期内降水量能够达到 20 毫米的仅有 4 天，这是密云县历史上非常罕见的干旱景象，属于 50 年一遇的程度。这段时间正是秋收作物拔节、孕穗到开花的生长关键时期，严重干旱势必导致秋收作物大规模减产。由于全年降雨稀少，境内地面河流除白河以外全部断流，密云水库重要水源之一的潮河也在 6、7 月份连续断流 52 天。地下水位连续下降，密云县 8 月份的地下水位与 1999 年同期相比，平原地区下降 3.9 米，山区下降 0.9 米，与平水年同期相比，平均分别下降了 5.69 米和 2.07 米。全县受灾 95.7 万亩，其中粮食作物受灾 38.3 万亩，果品受

/ 1 /《当年中国的北京》编辑部：《当代北京大事记》，当代中国出版社，2003 年，第 636 页。

灾 41.4 万亩，其他经济作物和瓜菜受灾 15 万亩。粮食减产 7550 万公斤，果品减产 1920 万公斤。这是 1949 年以来密云县受旱灾损失最严重的一年。

12. 房山县旱灾

房山县位于北京西南，境内西部和北部是山区和丘陵，占全境面积的 2/3。其余是平原地区，位于房山县的东南部。由于房山县西部山区属太行山余脉，是石灰岩喀斯特地区，岩石裸露，水土流失严重，土壤层薄，降雨后水分不易涵养，地表蓄水能力极差，所以受自然环境制约，旱灾十分频繁，同门头沟区、怀柔县一样也是"十年九旱"之地。房山县冬春降雨雪少，所以春旱较多，其次是秋旱、夏旱。汛期降雨一般集中在夏末秋初，所以这个时段发生干旱的概率较小。从地域方面分析，山区干旱的程度要重于平原地区。从 1949—2000 年之 52 年间发生旱灾 34 个年份，其中重灾 11 个年份，即 1960 年、1962 年、1965 年、1972 年、1975 年、1980 年、1981 年、1984 年、1989 年、1992 年、1993 年。从干旱发生的趋势来观察，自 20 世纪 70 年代—90 年代，干旱发生的频率从 2.5 年一次，到七八十年代的每年一旱，再到 90 年代的"十年九旱"。

从表 4-13 中可以很明显地看出，房山县春季重旱最为普遍，几乎年年都有，其次是秋季重旱，其发生的概率虽然略小于春旱，但也很普遍。

但是在房山县发生旱灾的数十个年份中，有灾情记载的只有 13 年，受灾总面积 193.5 万亩，成灾 152.07 万亩，绝收 53.75 万亩。

1951 年房山县旱灾。年降水量 345.1 毫米，夏季偏旱，其中

表 4-13　1951—1990 年房山县干旱季节统计表

年份	旱情	年份	旱情
1951	夏偏旱	1971	冬偏旱、春重旱、秋重旱
1952	春重旱、秋重旱	1972	冬偏旱、春重旱、夏干旱、秋干旱
1953	春重旱、秋重旱	1973	冬偏旱、春重旱、秋偏旱
1954	春重旱、秋重旱	1974	春重旱、秋重旱
1955	冬旱、春重旱、秋重旱	1975	冬偏旱、春重旱、夏干旱、秋重旱
1956	冬偏旱、春重旱	1976	春重旱、秋重旱
1957	春重旱	1977	春重旱、夏偏旱、秋干旱
1958	冬偏旱、春重旱、秋重旱	1978	春重旱、秋重旱
1959	冬偏旱、春重旱、秋重旱	1979	春干旱、秋重旱
1960	冬偏旱、春重旱、夏偏旱、秋重旱	1980	春重旱、夏重旱、秋重旱
1961	春重旱、秋重旱	1981	春重旱、夏干旱、秋干旱
1962	冬偏旱、春重旱、夏干旱、秋重旱	1982	冬偏旱、春重旱、夏偏旱、秋重旱
1963	冬偏旱、春重旱、夏偏旱、秋重旱	1983	冬偏旱、春重旱、夏偏旱、秋重旱
1964	冬偏旱、春干旱、秋重旱	1984	春重旱、夏偏旱、秋重旱
1965	冬偏旱、春重旱、夏干旱、秋重旱	1985	冬偏旱、春重旱、秋重旱
1966	冬偏旱、春重旱、秋重旱	1986	春重旱、夏偏旱、秋重旱
1967	冬偏旱、春重旱、秋重旱	1987	春干旱、秋干旱
1968	春重旱、夏干旱	1988	秋重旱
1969	冬偏旱、春重旱、秋重旱	1989	冬偏旱、春重旱、秋重旱
1970	冬偏旱、春重旱、夏偏旱、秋重旱	1990	春偏旱、秋偏旱

1—5月份滴水未降，冬小麦返青和春播无法进行。山区93个自然村受灾，农田受灾46.8万亩，成灾32.24万亩。

1962年房山县旱灾。年降水量448.1毫米，是历年年降水量平均值的73%。全年旱，冬季偏旱，春季重旱，夏季旱，秋季重旱。从7月中旬以后直到12月，降水量仅40毫米。连续最长无雨日42天，特别是在农作物生长的关键时段，无雨天数竟达46天，直接导致了农作物的减产。

1962年房山县总耕地面积66.9万亩，其中夏粮播种面积23.65万亩，秋粮播种面积55.44万亩。由于这年春、夏降水量偏少，造成秋粮作物播种、出苗困难、夏粮作物和秋粮作物不能正常生长。秋粮作物成灾45.86万亩，占播种面积的82.7%；绝收21万亩，属于重旱。麦茬玉米和晚谷等在收割小麦以后种植的农作物，这时都赶上了掐脖儿旱，吐穗困难，灌浆不足，造成秋粮产量锐减。迟至12月不见雨雪，导致冬小麦播种、出苗、分蘖困难，影响到来年的夏粮产量。

1980年房山县旱灾。年降水量321.5毫米，不能满足农作物正常生长的需要，属于枯水年。春、夏、秋连季重旱。1—6月全县平均降水量75.6毫米，而且进入汛期以后旱情日益严重，地下水位严重下降，比去年下降了3.36米。大宁水库为了保证工业用水，被迫停止对房山县农田灌溉用水。这年由于在农作物的整个生长期都严重缺水少雨，所以无论夏收作物和秋收作物都不能正常发育生长，全县受旱农田面积73万亩，粮食减产。西北和西部山区大安山、史家营、蒲洼等地发生严重人畜饮水困难。

1983年房山县旱灾。年降水量470.9毫米。房山县在这年发生了冬季偏旱、春季重旱、夏季偏旱和秋季重旱。春季重旱影响到冬小麦的返青和秋收作物的播种、出苗；夏季偏旱和秋季重旱则影响到秋收作物的拔节、孕穗、灌浆、成粒。总而言之，这几个季节的干旱都影响到夏收作物和秋收作物的产量。山区人畜饮水困难，平原地区地下水位也严重下降。这年房山县受旱农田25万亩，其中严重受灾11万亩，绝收2万亩。

1984年房山县旱灾。年降水量329.5毫米，发生春季重旱、夏季偏旱、秋季重旱，秋收作物受灾20万亩，其中绝收1.37万亩。

1994年房山县旱灾。北京市自1993年12月1日至1994年3月9日全市平均降水量2毫米，1—4月降水量仅5.6毫米，为历年同期平均降水量的14.6%，因此上半年发生百年以来罕见的大春旱。本年房山县也是发生严重春旱，截至5月20日，连续29个月没有下一场透雨，地下水位下降1.8米，井枯河干。山区3900个小水窖，干枯3380个。直至7月份以后，全市普降大雨，旱情才得缓和。

1999年房山县旱灾。1999年是北京市大旱之年，房山县年降水量410.7毫米，1—9月份全县平均降水量仅399.6毫米，比去年同期少315.7毫米，春、夏两季严重缺水。由于降水量稀少，地下水位比去年同期大幅度下降，平原地区下降1.82米，山区下降2.5米。同时，由于降水量稀少，境内水库来水量大减，山区、平原地下水位都大幅度下降。境内的13条大小河流，除拒马河、小清河之外，全部干涸断流。

由于本年干旱和持续高温，全县秋收作物有48万亩受灾，9月上旬已有21万亩减产3成，12万亩减产3至5成，3.5万亩完全绝收。粮食减产7000万公斤。11.2万亩果树受灾，减产800万公斤。全县3万亩经济作物全部受灾，出现大幅度减产。这年是房山县旱灾较为严重的一年。

13. 平谷县旱灾

据统计，1949—1999 年平谷县总计有 13 个较大的旱灾年份，即 1952 年、1953 年、1965 年、1968 年、1972 年、1973 年、1975 年、1980 年、1981 年、1982 年、1983 年、1984 年和 1999 年（见表 4-14）。其中 1972 年为特旱年，1980—1982 年是罕见的连旱年，1999 年属特大旱年，为害十分严重，兹分述如下：

1972 年北京地区遭遇全境干旱，平谷县旱情尤为严重。这一年的旱情是接承上一年的旱灾而来的。1971 年冬至 1972 年 7 月，平谷县连续 10 个月未降透雨，而在汛期的 6—8 月的降水量也仅为历年平均降水量的 68.4%。转至 1972 年春天，仍然天旱，3—5 月降水量只有 13.2 毫米，比历年同期平均值减少了 80%，这对于冬小麦返春、拔节、灌浆以及春播作物的播种和幼苗生长造成危害。6 月—7 月 15 日以前降水量稀少，只有 12.1 毫米，而这又正是农作物成熟的关键时期，即芒种（6 月 5 日）和夏至（6 月 21 日），即农民习惯上所谓的"掐脖儿旱"，对春玉米孕穗影响很大。7 月 19 日以后平谷县旱情才见缓解。这年平谷县的旱情属于年旱，特别是春季特旱和夏旱的特点十分突出。这年平谷县北部丘陵地区旱情比平原地区较重，受旱农田 15 万亩，占丘陵地区总播种面积的 98%，成灾 11 万亩。平原地区受灾农田 20 万亩，占平原地区总播种面积的 53.7%，成灾 2 万亩。全县总计减产粮食 0.9 万吨。

1980—1982 年平谷县遭受连续 3 年严重旱灾，1980 年为夏旱、年旱型，1981 年为全年极偏旱型，1982 年，为冬旱及早春旱型。1980 年 7—9 月连续 3 个月干旱少雨，1981 年 8 月干旱少雨。由于几年来旱情的累积叠加效应，农作物生产损失严重。首先，1980年、1981年平谷县年降水量分别只有375.9毫米、332.6毫米，只有历年平均值的50%左右。地下水位也下降得十分严重，水库由于缺少来水而蓄水量严重不足。造成1980年受旱农田面积35万亩，成灾23万亩，绝收5万亩，粮食减产1.92万吨；1981年受旱农田21.19万亩，成灾4万亩，粮食减产0.4万吨，明显高于去年。

1999年平谷县遭遇了自1949年以来最严重的特大旱灾，全年降水量仅351.6毫米，比历年平均年降水量减少50%左右，对于冬小麦返春、拔节、灌浆以及春播作物的播种和幼苗生长等生长关键的3—5月，降水量只有68.6毫米，比历年同期平均降水量少3%；对于夏播和春播作物生长最为关键的6—8月，降水量只有155.9毫米，比历年同期平均降水量少69%，全年属于典型的春、夏旱。夏旱是在正值农作物的生长、收获期发生的旱灾，所以会直接造成农作物的歉收。另外，这一时期气温较高，土壤中水分蒸发量大而需降雨补充，所以这时的干旱对农作物的产量影响最大，农谚中有"春争日，夏争时"和"春旱不算旱，夏旱丢一半"之说。1999年平谷全县受旱农田30.21万亩，占总播种面积的62.3%，其中秋粮受灾14.37万亩，成灾13.36万亩，绝收7.27万亩。此外，瓜菜、果树及其他经济作物也遭到严重经济损失。

表 4-14　1949—1999 年平谷县旱灾一览表 /1/

年份	干旱类型	受灾面积（万亩）	减产粮食（万吨）	旱灾简述
1952	春夏旱	17	0.45	全县受灾面积 17 万亩，减产粮食 0.45 万吨
1953	春夏旱	15	0.4	山区庄稼干枯
1965	春旱	10	0.62	—
1968	春夏旱	13	1.6	—
1972	春夏旱	15	1.6	本年自 1 月份开始连续 7 个月未降透雨，致使水库枯竭、河水断流、地下水位下降，墒情恶化。3000 余棵果树、20 万棵材树旱死，山区居民饮水十分困难
1973	春夏旱	14	0.95	1—6 月大旱，平均降水量仅 90 毫米。地表水干枯，重要河水断流，地下水位下降，居民饮水困难
1975	春夏旱	15	0.65	1974 年秋季以后至 1975 年 7 月下旬，连续八九个月没下透雨，地表水干枯、地下水位急剧下降、河水断流，夏秋两季农作物减产

/1/　北京市北运河管理处、北京市城市河湖管理处：《北运河水旱灾害》，中国水利水电出版社，2003 年，第 108 页；北京市潮白河管理处：《潮白河水旱灾害》，中国水利水电出版社，2004 年，第 149 页；北京市水利局：《北京水旱灾害》，中国水利水电出版社，1999 年，第 175 页；大兴区水资源局：《大兴水旱灾害》，中国水利水电出版社，2003 年，第 66 页；房山区水资源局：《房山水旱灾害》，中国水利水电出版社，2003 年，第 105 页；怀柔区水资源局：《怀柔水旱灾害》，中国水利水电出版社，2002 年，第 108 页；密云县水资源局：《密云水旱灾害》，中国水利水电出版社，2003 年，第 67 页；朝阳区水利局：《朝阳水旱灾害》，中国水利水电出版社，2004 年，第 55 页；通州水资源局：《通州水旱灾害》，中国水利水电出版社，2004 年，第 62 页；昌平区水资源局：《昌平水旱灾害》，中国水利水电出版社，2004 年，第 84 页；延庆县水资源局：《延庆水旱灾害》，中国水利水电出版社，2002 年，第 71 页；海淀区水利局：《海淀水旱灾害》，中国水利水电出版社，2002 年，第 85 页；丰台水利局：《丰台水旱灾害》，中国水利水电出版社，2003 年，第 82 页；门头沟水资源局：《门头沟水旱灾害》，中国水利水电出版社，2003 年，第 74 页；顺义区水资源局：《顺义水旱灾害》，中国水利水电出版社，2003 年，第 94 页；平谷区水资源局：《平谷水旱灾害》，中国水利水电出版社，2002 年，第 70 页；北京市气象局：《北京气候资料》（一）铅印本。

年份	干旱类型	受灾面积（万亩）	减产粮食（万吨）	旱灾简述
1976	春旱	—	—	春旱，至6月地下水位下降，山区、半山区居民用水困难。全县10万亩旱田有1.3万亩未能播种，2.3万亩出苗干枯，1.5万亩被迫改种。东高村镇1500亩棉花全部旱死
1980	春夏旱	23	1.92	7月份以来连续40天无雨，高温少湿，河水断流，地下水位下降。全县35万亩粮食、经济作物有23万亩受到严重影响，其中5万亩颗粒无收。粮食减产1.92万吨
1981	全年旱	15	1.02	年降水量仅332.6毫米，比历年减少50%左右。7月1—30日降水量98.4毫米，比历年同期减少127.7毫米。地下水位下降4—20米，严重影响了小麦灌浆发育。全县农田受灾面积15万亩，减产粮食1.02万吨
	春旱	12	0.9	
1982	春旱	12	0.9	本年1月—6月10日，平均降水量28.2毫米，井水枯竭，山区林木成片死亡。农作物受灾12万亩，粮食减产0.9万吨
1983	春夏旱	20	2.2	本年春夏干旱少雨，6—7月未降透雨，农田墒情极差
1984	春夏旱	12	1	本年1—5月总降水量仅39毫米，山区不能适时春播，人畜饮水困难
1999	夏旱、年旱	30.21	4.87	全年降水量极少，仅351.6毫米，其中汛期降水量257.9毫米。境内大河断流，地下水位下降，水井干涸，水库进水量极少，仅为历年平均值的1%

五　北京雹灾

雹灾是危害农业生产的灾害性天气，其分布和地形有密切关系，因为山区地形复杂地面受热不均，容易产生热空气垂直对流，所以冰雹主要发生在山区和半山区。北京地区三面环山，山区面积约占全市总面积的 62%，包括延庆、门头沟、房山、怀柔、密云、平谷和昌平的山地部分，夏季由于山区层峦叠嶂，地面凸凹不平，所以热空气垂直对流剧烈，在一定条件下非常容易产生冰雹。一般来说，冰雹灾害在山区、半山区比平原地区发生的概率要高。北京山区延庆县年平均降雹日达 14 天，东南平原地区不过 3 天左右。冰雹发生时间一般持续 7—8 分钟，也有 15 分钟左右的时候。城市的热岛效应也加强了热空气的对流，所以城区不但降雨比郊区多，而且也会出现冰雹灾害。据统计，1951—1980 年北京地区平均降雹日是 1.1 次，最多的年份是 3 次 /1/。

/ 一 /

北京历史上的冰雹灾害

　　史书上对于明、清时期的北京有很多冰雹灾害的记载。例如，明孝宗弘治十年（1497 年）三月丁卯，顺天府通州雨冰雹，深一尺 /2/。明世宗嘉靖七年（1528 年）五月辛未朔，京师大冰

/1/　张养才等：《中国农业气象灾害概论》，气象出版社，1991 年，第 454 页。
/2/　《明孝宗实录》卷一百二十三。

雹/1/。明世宗嘉靖二十九年（1550 年）十月壬申，以北直隶顺天府属冰雹，蠲免秋粮有差/2/。明神宗万历十五年（1587 年）六月辛酉夜，云阴雷电，雨雹如栗子大，从西北乾方来。丁亥，是时京师灾荒迭见，六月间风雨陡作，冰雹横击，大雨如注，官民墙屋所在倾颓，人口被溺、被压，颠连困苦，至不忍闻/3/。明神宗万历二十三年（1595 年）五月初三日（乙亥日），怀柔县大雨冰雹，二麦俱伤，秋禾亦被损/4/。明熹宗天启二年（1622 年）四月，昌平险雨怒号。雹如卵坏屋瓦，禾木偃拔/5/。明熹宗天启六年（1626 年）五月丁卯，兵部尚书王永光疏："雨泽未沛，冰雹随之。"七月丁亥，巡抚顺天府右佥都御史刘诏言："比闻大兴地方又有冰雹，损伤麦苗。"/6/明毅宗崇祯三年（1630 年）三月癸卯，户科给事中许世荩言：顷复冰雹骤集。九月辛丑，京师大雷雨雹/7/。明毅宗崇祯十二年（1639 年）昌平雷电冰雹，大雨/8/。

　　清世祖顺治元年（1644 年）三月丙申丙午，大雷电雨雹。七月癸丑，酉刻，雨雹/9/。清世祖顺治三年（1646 年）五月乙丑，京师大雨雹/10/。清世祖顺治五年（1648 年）五月戊辰，京师雨雹/11/。清世祖顺治六年（1649 年）四月壬子，辰刻，雨雹。清圣祖康熙四十四年（1705 年）八月，密云县雨雹伤禾稼/12/。清

/1/《光绪顺府志·故事志五·祥异》引《二申野录》。
/2/《明世宗实录》卷三百六十六。
/3/《明神宗实录》卷一百八十七。
/4/ 康熙《怀柔县志》卷二《灾祥》。
/5/《光绪昌平州志》卷六《大事表》。
/6/《明熹宗实录》卷七十一 ;《明熹宗实录》卷七十四。
/7/《明实录附录·崇祯长编》卷三十二 ;《明实录附录·崇祯实录》卷三。
/8/《古今图书集成·方舆汇编·职方典·顺天府部·纪事》引《昌平州志》。
/9/《清世祖章皇帝实录》卷六。
/10/《清世祖章皇帝实录》卷二十六。
/11/《清世祖章皇帝实录》卷。
/12/ 光绪《密云县志》卷二之一下《灾祥》。

高宗乾隆三年（1738年）九月二十八日（丁丑），李卫奏："直隶各属今年夏秋之交，良乡县高地实收八分，洼地实收六七分，被水及被雹者实收五分。[1]"清高宗乾隆九年（1744年）七月己酉，直隶总督高斌疏报："延庆、怀来……等州县，四、五、六等月被雹伤禾，业经借给籽种。[2]"清高宗乾隆十年（1745年）七月丙戌，直隶总督高斌疏称："延庆卫等一百一十二州县卫厅因春夏雨泽愆期，二麦被旱歉收，兼有被雹伤损者。[3]"清高宗乾隆十四年（1749年）八月十一日（按，丁亥日），陈大受奏："自八月以来，天气晴霁之日居多……惟通、蓟等州县报到被雹，被水之处。[4]"方观承奏："本年六月，大［兴］、宛［平］、昌平三州县被雹。[5]"清高宗乾隆十九年（1754年）十月己酉，谕："宛平、昌平二州县及热河一厅，乾隆十六年（1751年）分被雹地亩，所有应征未完银七百余两，著加恩蠲免。[6]"清高宗乾隆二十七年（1762年）十月庚戌，加赈顺天、直隶所属良乡、宛平、大兴、昌平、顺义……等六十三州县厅本年被水、雹、霜灾饥民[7]。清高宗乾隆三十六年（1771年）十一月初六日（壬寅日），周元理奏："本年直隶地方，秋禾被水、被雹……顺天府属之……房山……宛平、大兴、昌平、怀柔、密云……等五十二州县成灾村庄较多。[8]"清仁宗嘉庆元年（1796年）五月二十五日

/1/ 《洪涝档案史料》，第83、84页。
/2/ 《清高宗纯皇帝实录》卷二百二十。
/3/ 《清高宗纯皇帝实录》卷二百四十五。
/4/ 《洪涝档案史料》，第112页。
/5/ 《清高宗纯皇帝实录》卷三百九十四。
/6/ 《清高宗纯皇帝实录》卷四百七十四。
/7/ 《清高宗纯皇帝实录》卷六百七十三。
/8/ 《洪涝档案史料》，第201页。

（按，己巳日），平谷县大雨雹，大如鸡卵，无麦秋[1]。清仁宗嘉庆二十一年（1816年）八月二十日（丙申日），方受畴奏："宣化府属之延庆、宣化、赤城等五州县禀报，闰六月十九、二十三及七月十九等日，雨中带雹，田禾间有损伤。[2]"清仁宗嘉庆二十五年（1820年）九月二十六日（己卯日），方受畴奏："宣化府属之延庆……等八厅州县禀报，本年六、七月间，被水、被雹，所种田禾间有打伤淹损。"十一月初六日（按，己未日），方受畴："延庆州被雹较轻，伤损田禾无多，应行剔除。[3]"清宣宗道光十七年（1837年）六月二十三日（按，己巳日），延庆州雨雹。永宁（今延庆县永宁镇）贾家楼雹积高丈许，月余始消[4]。清宣宗道光（1838年）十八年七月十八日（丁巳日）巳刻，平谷县雨雹大如卵，城东之南北长二十余里，东西宽五六里，秋禾尽损[5]。清文宗咸丰元年（1851年）五月，密云邑北雨雹[6]。清文宗咸丰五年（1855年）五月，昌平州雨雹伤麦[7]。清穆宗同治六年（1867年）七月，昌平州雨雹[8]。清穆宗同治八年（1869年）七月，延庆州雨雹，州西村庄尤甚[9]。清穆宗同治十一年（1872年）四月，密云县大雨雹[10]。清德宗光绪二十一年（1895年）二十九日（己未日）王文韶奏："查顺［天府］、直［隶省］各属地方，本年四月间，狂风暴雨兼带冰雹……旋据……大兴、

/1/　民国《平谷县志》卷三《灾异》。
/2/　《洪涝档案史料》第339页。
/3/　《洪涝档案史料》第366页。
/4/　光绪《延庆州志》卷十二《祥异》。
/5/　民国《平谷县志》卷三《灾异》。
/6/　光绪《密云县志》卷二之一下《灾祥》。
/7/　《光绪昌平州志》卷六《大事表》。
/8/　《光绪昌平州志》卷六《大事表》。
/9/　光绪《延庆州志》卷十二《祥异》。
/10/　光绪《密云县志》卷二之一下《灾祥》。

宛平……等三十四州县勘明被水、被雹情形……大兴、宛平……等十三州县，系连年灾歉之区，此次复又被灾，情形较重……大兴县广佛寺等七十二村……宛平县南各庄等一百二村被灾。"[1]

清宣统二年（1910年）本年秋季，密云冯家峪、高岭地区降雹，将已经成熟的梨打烂，损失极大。庄稼也全部倒伏[2]。

民国六年（1917年）七月十六日，平谷烈风雨雹，禾稼伤损[3]。民国十九年（1930年），大兴风雹，田禾被砸坏，风拔毁树木53株[4]。

以上，还仅是明、清、民国时期有关冰雹灾害的不完全记载。民国《顺义县志》卷四《气候志》载："顺义县春季多苦旱，常至五月落雨。夏间雹患常见。"可是无论明、清，还是民国，都没有看到顺义县雹灾的明确记载。

从以上记载可知，北京地区的雹灾经常出现在农历的四月至七月，也就是公历的5—8月之间。这是因为冰雹的形成需要空气中含有充分的水汽；同时日光强烈，可以造成地面热空气的垂直对流，这只有在夏季才具备这样的条件。这也就是《顺义县志》所说"夏间雹患常见"的原因。这也和现代的记载一致。其中"清道光十七年（1837年）六月二十三日（己巳日），延庆州雨雹。永宁（今延庆县永宁镇）贾家楼雹积高丈许，月余始消"的记载最为瞩目，如果不是夸张的话，那实属于一场大雹灾。从资料上看，冰雹较大的一般是如栗、如卵，也就是直径1—3厘米。

/1/ 《洪涝档案史料》，第589页。
/2/ 《北京志·自然灾害卷》，引《密云县志》。
/3/ 民国《平谷县志》卷三《灾异》。
/4/ 《北京志·自然灾害卷》，引气象档案馆资料。

/ 二 /

1949 年以后　北京雹灾

　　根据现代资料，北京地区冰雹发源地都在山区，俗话说"冰雹一条线"，其移动路径大致是从西往东，或从西南往东南。如明神宗万历十五年（1587年）六月发生的冰雹就明确记载"从西北乾方来"。其主要路径有四条，第一条是从怀柔县北部卯镇山往南分三支，东支沿白河河谷到密云水库北，中支由怀柔琉璃庙到怀柔水库北，西支由渣汰沟往延庆四海镇。第二条从延庆海坨山往西南经燕羽山分为两支，东支经大羊山、怀柔县和密云县南部到平谷县熊儿寨、黄松峪，西支经昌平县长陵、沙河往海淀。第三条从门头沟区西北的官厅水库沿永定河谷，东南往石景山区和城区。例如，1996年6月10日午后，自西至西南方向，从门头沟、房山经昌平、石景山、海淀、城区、丰台、朝阳、通县方向，就大致属于这条雹云路线。从东北方向的怀柔、密云、到东南方向的平谷降雹，就应属于第二条雹云路线的东支。第四条起源于北京门头沟区清水镇百花山，经房山县周口店猫耳山在东南过房山区到大兴县境内[1]。据统计，从1949年以后，北京地区发生冰雹灾害总计有49个年份。其中一些年份一年之内可以发生10余次雹灾。北京地区雹灾时间分布主要是集中在每年的6、7月份，也可以延长到8、9月份，有时可以提前到5月份。如果从空间分布来看，山区的密云、怀柔、门头沟、延庆，以及房山、平谷、昌平等县的北部山区，发生雹灾的频率比境内的平原地区

/ 1 /　霍亚贞主编：《北京自然地理》，北京师范学院出版社 1989 年。

为高。平原地区的大兴、顺义、通县也时有发生，而且冰雹灾害严重。

据《北京志·自然灾害卷·自然灾害志》记载，1949年以后北京地区发生雹灾如表5-1[11]。

表5-1　1949年以后北京地区发生雹灾表

年份	月/日	内容
1950	8.31	下午，平谷东北部山区的南独乐河镇、峨眉山村、黑豆峪一带雹灾，谷子、高粱受灾严重
1951	9.11	大兴10余万亩受雹灾
1952	7.20	20时，房山县山区的京西矿区河北镇小区风雹灾害，历时1小时，粮食减产38%，果品减产80%
1953	6.1	12时，房山县山区的京西矿区河北区5个村和周口店5个村农作物受灾5022亩
1954	5.29	16时，房山县山区的京西矿区2个乡降雹，作物受灾2377亩，损失果品9120斤
	6.11	怀柔11村受雹灾，冰雹最大似鸡蛋，地面积雹16厘米厚，重灾1万余亩
1956	6.4	丰台区黄土岗等地降雹，受灾2948亩
	6.5	怀柔27个乡雹灾，受灾10.8万亩，击伤9人
	6.7	门头沟3个乡18个村降雹2次达1小时30分，小如玉米粒，大如鸡蛋，受灾1.6万亩
	7.13	昌平2个乡和京西矿区永定庄一带雹灾，最大如鸡蛋，持续20分钟，受灾3.2万余亩，重灾2000亩，砸伤20人，损失果品48万斤
	7.25	昌平长陵乡方圆3华里，降雹7分钟，积雹10厘米深，受灾5400亩
	9.1	怀柔89个村雹灾，降雹10—20分钟，受灾9.1万余亩，伤19人，城关镇房屋北面玻璃全被打碎

/1/ 北京市地方志编纂委员会《北京志·自然灾害卷·自然灾害志》，北京出版社，2012年，第411页。

年份	月／日	内容
1957	7.1	怀柔县庙城镇孙史山村、渤海镇兴隆城村一带 11 个乡降雹，受灾 9740 亩，毁房 1785 间
	7.31—8.2	京西矿区大安山、齐家庄、燕家台、军庄、三家店（房山、门头沟交界一带）等 5 个乡雹灾，受灾 3827 亩，损失果品 28000 多斤
	8.11	昌平 6 个乡和平谷 14 个乡的 67 个村受雹灾，降雹持续 30 分钟，最大如馒头，受灾 17.2 万余亩，伤 7 人、牛 80 头，毁房 1276 间。北京民政局拨放救济款 20 万元，救灾款 10 万元
1958	5.31	怀柔喇叭沟、琉璃庙一带，降雹 10 分钟，受灾 2800 亩
	6.28	密云 2 个乡镇雹灾，面积 3.4 万余亩
1959	6.6	密云等 6 个区县 17 个乡雹灾，最长 45 分钟，受灾 10.4 万余亩，伤 92 人，砸死 5 头驴、26 头猪
	6.7	平谷 2 个乡 39 个村雹灾，最长 20 分钟，地面积雹最厚达 20 厘米，大如枣子，受灾 7.8 万余亩
	6.9	通县 6 个乡 73 个村雹灾，最大如鸡蛋，地面积雹 10 厘米，受灾 5.4 万亩
	6.20	密云、平谷部分地区雹灾，最大如核桃，受灾 5.8 万余亩，砸死 1 人，伤 12 人
	6.22	昌平等 8 个区县 70 多村雹灾，降雹 3—20 分钟，最大雹径 5 厘米，受灾 7.8 万余亩，损失果品 70 余万斤
	6.26	平谷、大兴 4 个乡雹灾，最大如栗子，受灾 3.3 万亩，平谷砸伤 87 人，砸死 5 头驴
	7.13	大兴县 3 个乡 15 个村雹灾，受灾 1.2 万亩
	8.16	延庆 3 个乡镇 80 个村雹灾，受灾 4.4 万余亩
	8.26	延庆 3 个乡镇 76 个村及怀柔 3 个乡雹灾，降雹 10 多分钟，最大雹径 2.5 厘米，受灾 6.3 万余亩
	9.17	房山风雹，受灾 200 亩
1960	6.24	延庆 82 个村雹灾，降雹时间长，密度大，受灾 11 万余亩
	8.30	顺义、密云、平谷部分地区雹灾，一般如玉米粒，个别如鸡蛋

年份	月/日	内容
1960	9.9	通县 4 个乡 8 个村雹灾，受灾 6.6 万亩
	9.13	顺义 3 个乡 72 个村雹灾，先后 2 次降雹，受灾 3.9 万余亩
1961	6.3	平谷、房山部分地区雹灾，最大如杏，受灾 3.7 万余亩
	6.22	密云大城子乡降雹，受灾 181 亩，果树被砸 650 棵
	6.25	怀柔碾子乡降雹，受灾 107 亩
	7.5	怀柔喇叭沟门降雹和暴雨，7 个村受灾 345 亩
	7.26	房山 11 个乡部分地区风雹，最大如鸡蛋，小如黄豆，受灾 4.1 万余亩，1.1 万余棵果树受损，塌房 6 间
1962	4.30	顺义、平谷、密云 3 县受雹灾，受灾 32.2 万亩。其中，顺义雹径 3 厘米，地面积雹 18 厘米，房屋北面玻璃窗被打坏。受灾 32 万亩
	6.22	怀柔喇叭沟门等 3 个乡降雹，23 村受灾 5767 亩
	7.4	延庆 7 个乡 57 个村风雹，受灾 4.2 万余亩，其中 8000 亩需改种
	9.19	延庆 6 个乡 24 个村降雹 10—20 分钟，地面积雹 3—8 厘米，受灾 3723 亩
1963	6.8	平谷北部山区 6 个乡 58 个村雹灾，冰雹一般如玉米粒，最大如核桃，受灾 1.6 万亩
	8.14	通县、顺义、怀柔 9 个乡雹灾，最长降雹 30 分钟，雹粒小如栗子，最大如核桃，受灾 11.3 万亩
	8.18	怀柔碾子乡道德坑村降雹 30 分钟，受灾 100 亩
	8.19	怀柔宝山寺乡盘道沟村降雹 30 分钟，雹砸坏、风刮坏 642 亩
1964	6.10	顺义、房山等 13 区县 50 多个乡雹灾，最长降雹 20 分钟，小如枣，大如核桃，受灾 38 万余亩，其中房山 30 万亩，且伤 8 人
	6.11	大兴、丰台等 9 个区县 30 多个乡雹灾，最长降雹 30 分钟，小如黄豆，大如鸡蛋，受灾 25.7 万余亩，其中大兴 15 万亩
	6.12	密云古北口、溪翁庄降雹 4—17 分钟，砸坏 1251 亩，减产 60%—70%，受灾 364 亩

年份	月／日	内容
1964	6.24	房山、顺义等 5 区县 10 多个乡雹灾，受灾 5.2 万亩
	7.15	延庆等 6 区县 30 多个乡镇雹灾，受灾 8.4 万余亩，砸伤 2 人。延庆降雹 10 多个小时以后还有 10 多厘米积雹未化
	8.28	丰台小井、衙门口村降雹。受灾 4000 亩
	9.8	延庆千家店、红旗甸降雹，受灾 2430 亩，减产 12 万斤
1965	6.19	门头沟马家铺、海淀四季青降雹，受灾 900 亩
	7.6	怀柔崎峰茶、八道河、碾子、喇叭沟门等 4 乡降雹，受灾 3499 亩，砸伤 18 人、砸死羊 30 只、牛 1 头，毁房 133 间
	7.13	怀柔 4 个乡 20 村雹灾，受灾 1.2 万余亩
	8.10	延庆及门头沟共 8 个乡雹灾，受灾 2.3 万余亩，其中重灾 7503 亩
	8.18	延庆沈家营乡 14 村雹灾，受灾 1.7 万余亩，其中重灾 3700 亩
	8.20	延庆、顺义、门头沟 3 个区县的 12 个乡雹灾，降雹最长持续 30 分钟，小如玉米粒，大如核桃，受灾 21.4 万余亩，其中顺义 7 个乡受灾 17 万余亩，其中重灾 3 万亩
	8.29	密云 14 个乡雹灾，受灾 1.3 万余亩
1966	5.26	丰台 4 个乡雹灾，降雹 10 分钟，雹径 1.7—2.1 厘米，受灾 1.6 万余亩，蔬菜大部分需改种
	5.30	通县、丰台共 6 个乡雹灾，受灾 5 万余亩
	7.2	平谷 11 个乡雹灾，降雹 15 分钟，小如栗子，最大如核桃，受灾 10 万亩，其中 1.1 万亩需改种
	8.8	延庆大部分雹灾，一般如核桃，最大如碗口，受灾 8 万余亩
	8.9	延庆 17 个乡 146 个村雹灾，受灾 16 万亩
1967	5.22	平谷 9 个乡雹灾，最大如鸡蛋，地面积雹 30 多厘米，受灾 6.4 万余亩。其中韩庄乡 16 村 2.5 万亩小苗被砸平
1968	5.25	平谷镇罗营、黄松峪、靠山集、韩庄、南独乐河 5 个乡降雹。受灾 8000 亩，其中 3380 亩小麦减产 20%—40%，果品减产 16 万—17 万斤
	5.28	平谷镇罗营 8 个村雹灾，受灾 4200 亩，果品减产 70%

年份	月／日	内容
1969	6.17	昌平、延庆的 16 个乡雹灾，受灾 6 万余亩
	7.4	门头沟齐家庄、斋堂降雹，1460 亩作物全部被砸
	7.11	延庆 5 个乡 23 个村雹灾，受灾 1.6 万余亩，其中重灾 5350 亩
	7.13	怀柔碾子乡 4 个村降雹，受灾 2000 亩
	7.15	通县及城区等 10 个区县部分地区先后雹灾，受灾 52 万余亩。其中，通县最为严重，受灾 50 万亩。城区雹径 4—5 厘米，部分民房被砸坏
	8.29	城区及 9 个区县先后雹灾，最大雹径 16.7 厘米，受灾 2.3 万余亩。西郊 2500 亩蔬菜，700 余亩秋粮作物，4000 余亩果树被毁。城区从天安门到西单，2/3 以上路灯和许多窗玻璃被砸毁。德胜门至宣武门一带，50% 的路灯被砸坏
1970	6.3	延庆珍珠泉、菜树底下、双金草、转山子、南王门等地降雹，受灾 6600 亩
	6.13	延庆红旗甸子乡大石窖村雹灾，受灾 280 亩
	6.18 6.19	延庆 8 个乡 69 村雹灾，如玉米粒，受灾 10 万亩
	6.21	门头沟降雹，如杏核，受灾 11.2 万余亩
	6.22	延庆 4 个乡门头沟 2 个乡雹灾，受灾 1.7 万余亩
	7.4	延庆、昌平部分乡雹灾，受灾 1.3 万余亩
	7.9 7.10	平谷 4 个乡雹灾，受灾 3 万亩
	7.18	延庆 6 个乡雹灾，降雹 20 多分钟，最大如鸡蛋，受灾达 3 万亩
	7.19	延庆、门头沟、海淀 18 个乡雹灾，历时 20 分钟，最大如核桃，受灾达 10 万亩
	7.21	平谷峪口、大兴庄、乐政务 3 个乡雹灾，受灾 4000 亩
	7.25	海淀清河乡降雹 10 分钟，受灾 1500 亩
	7.27	平谷峪口、乐政务等乡雹灾，受灾 5500 亩

年份	月／日	内容
1970	8.21	怀柔崎峰茶、长哨营雹灾，受灾150亩
	8.22	怀柔七道河雹灾，受灾3000余亩
	8.23	延庆永宁乡雹灾，受灾300亩
	9.3	延庆4个乡雹灾，降雹20分钟，最大如玉米粒，受灾达5万亩
	9.11	延庆11个乡雹灾，降雹10多分钟，最大如鸡蛋，受灾2.8万余亩
	9.15	延庆11个乡雹灾，降雹15分钟，大如杏核，受灾达4万亩
1971	5.15	平谷4个乡雹灾，降雹4分钟，雹粒如栗子，最大如小核桃，受灾达2万亩
	5.26	延庆靳家堡、五里坡村雹灾，受灾200亩
	5.27	延庆3个乡雹灾，大如杏核，受灾达1万亩
	6.13	延庆靳家堡、五里坡、万草地、康庄等地降雹，受灾1000多亩
	6.15	密云上甸子、新城子、半城子、高岭、古北口等地降雹，受灾350亩。门头沟黄安坨、马栏、上达摩等地降雹，受灾200亩
	7.5	顺义杨镇乡齐家务村降雹，成灾250亩
	7.12	密云冯家峪、古北口降雹，受灾650亩
	8.6	延庆、平谷、昌平、怀柔24个乡雹灾，最长降雹30分钟，一般雹径2—3厘米，最大如拳头，受灾达10.8万亩
	8.8	密云西田各庄、河南寨，顺义北小营、木林、张镇、大孙各庄等乡降雹，受灾3600亩
	9.5	密云大城子、东邵渠、北庄、古北口等地雹灾，受灾300余亩
	9.8	延庆千家店、白河堡等乡雹灾，受灾1600亩
	9.9	延庆、昌平、顺义、通县17个乡雹灾，最长降雹30分钟，一般如枣子，最大如鸡蛋，受灾20余万亩
1972	6.23	平谷靠山集、韩庄、山东庄等乡降雹，受灾6000亩
	6.29	延庆、房山5个乡20个村雹灾，受灾1.1万余亩

年份	月／日	内容
1972	7.23	平谷韩庄、靠山集、黄松峪、山东庄、南独乐河等乡降雹，受灾6000亩
	7.25	延庆大观头、黑汉岭乡降雹，受灾3000亩
1973	6.7	延庆四海、西拨子、靳家堡等乡降雹，受灾6270亩。冰雹加雷雨引起山洪，1人被淹死
	6.16	延庆康庄乡、张山营、西拨子、四海、大观头降雹，受灾100亩
	6.18	延庆、怀柔5个乡雹灾，受灾1.2万余亩
	6.19	延庆张山营乡下营村、东门营村降雹，受灾4000亩
	6.20	延庆四海乡3个村、珍珠泉乡10个村降雹，受灾4000亩
	6.22	怀柔县平原及丘陵地区雹灾，受灾1.3万亩
	7.22	延庆15个乡雹灾，受灾2.6万余亩，其中重灾1.1万亩
	8.2	延庆永宁、大庄科、珍珠泉、靳家堡、五里坡、清泉铺、大柏老等7个乡降雹，受灾3901亩
	9.17	延庆沈家营、大柏老、靳家堡降雹，受灾7012亩
	9.18	延庆靳家堡乡黄柏来村降雹，受灾450亩，减产10%—20%
	9.20	延庆大庄科、永宁、千家店、大柏老、井庄、香营、沙梁子等乡降雹，受灾5000亩
1974	5.13	延庆白河堡、花盆、沙梁子、千家店雹灾，受灾5800亩
	5.30	延庆珍珠泉乡下花柚、上水沟、香营、大柏老、永宁、大观头、清泉铺降雹，受灾1300亩
	6.20	怀柔沙峪、长哨营、七道河降雹，受灾2300亩
	6.22	平谷山东庄、北屯、鱼子山、杨镇、镇罗营、王辛庄雹灾，受灾7300亩
	6.29	延庆靳家堡等10个乡镇降雹，受灾9000亩。延庆、朝阳16个乡雹灾，受灾近万亩
	7.11	密云、丰台部分地区雹灾，冰雹如核桃，最大2斤重，受灾4.2万余亩，需改种6000多亩

年份	月/日	内容
1974	7.13	延庆永宁、大观头、四海、珍珠泉等乡 10 几个村降雹，受灾 9485 亩
	7.14	平谷等 5 县部分地区雹灾，小的如杏核，大的如核桃，受灾 12.3 万余亩，需改种 3000 多亩
	7.15	延庆黑汉岭、大吉祥降雹，受灾 450 亩
	8.26	昌平等 5 区县 24 个乡雹灾，受灾 3.6 万亩，重灾 1 万余亩。朝阳区白菜叶子被打烂，只剩菜心
1975	5.31	怀柔 6 个乡雹灾，受灾 1 万亩
	6.5	密云、房山、门头沟等区县部分地区雹灾，雹粒如黄豆，地面一层白，受灾 3 万余亩，其中重灾 2 万
	6.17	顺义、海淀部分地区雹灾，历时 8—10 分钟，雹粒如卫生球，受灾达 7 万亩
	6.21	怀柔 6 个乡雹灾，受灾 1.1 万余亩
	6.22	门头沟齐家庄降雹，受灾 670 亩，其中 20 亩小麦被砸平
	6.24	门头沟大村、下村、青白口降雹和暴雨，受灾 1931 亩。暴雨冲走 10 亩地，冲走 1000 公斤晾晒小麦
	7.7	通县、平谷 33 个村雹灾，降雹 10—15 分钟，大小如蚕豆，受灾近 3 万亩，其中重灾 1 万多亩
	7.11	延庆 6 个乡风雹灾，受灾 1.1 万亩
	7.12	平谷、顺义、延庆 35 个乡雹灾，最大雹径 5 厘米，受灾达 15.8 万亩，其中重灾 4 万亩
	7.13	平谷风雹灾，地面积雹 10 多厘米，受灾 27 万亩
1976	5.10	密云、怀柔、平谷 46 个乡雹灾，最长历时 20 多分钟，大小如栗子、核桃，最大如鸡蛋，受灾 21.6 万亩
	6.7	朝阳大屯、孙河、来广营降雹，8400 亩小麦被砸掉麦穗
	6.10	延庆大柏老、古城、沈家营，平谷英城、马坊降雹，7857 亩小麦被砸掉麦粒 10%，其中 610 亩棉花绝收
	6.21	延庆四海、海子口降雹，成灾 200 亩

年份	月/日	内容
1976	6.22	怀柔喇叭沟门、七道河 6 个村，门头沟齐家庄、天河水、瓦窑降雹，成灾 4700 亩
	6.23	延庆大庄科、汉家川、榆木沟、清泉铺等 6 个村，怀柔黄花城、喇叭沟门等地降雹，成灾 2300 亩
	6.29	昌平等 9 区县 20 个乡雹灾，受灾 9.6 万余亩，另损失柿子 500 万斤
	7.10	延庆县香营、黄峪口、大柏老、北张庄、旧县、耿家营、三星庄、，门头沟齐家庄、梨园岭、瓦窑、天河水、清水等地降雹，成灾 3700 亩
	8.23	怀柔 8 个乡 58 个村雹灾，受灾近 2 万亩，其中重灾 1.6 万亩
	8.29	延庆小川、珍珠泉、千家店、花盆、红旗甸等乡降雹并伴有大风暴雨，地上积雹，成灾 4500 亩
	8.30	怀柔、密云、房山、延庆、平谷等县 39 个乡雹灾，受灾 17 万余亩，其中重灾近 4 万亩，另损失果品 500 余万斤
1977	5.25	丰台、大兴、房山部分地区雹灾，受灾 34 万亩
	5.30	房山、丰台、海淀、大兴、昌平等区县 29 个乡雹灾，最长持续 30 分钟，一般如卫生球，最大如鸡蛋，受灾近 28 万亩，其中大兴达 21 万亩，砸死 1 人，砸伤 7 人
	6.2	延庆、密云 14 个乡雹灾，受灾 4 万余亩，重灾 2.5 万余亩。密云大城子乡碰河寺村地面积雹 30 多厘米，庄稼被砸平，到次日早晨冰雹尚未化完
	6.20	延庆、怀柔、密云 3 县 26 个乡雹灾，受灾 7.4 万余亩，其中重灾 3 万余亩。延庆最大雹子如鸡蛋，砸死大牲畜 3 头。北京民政局拨发救灾款，怀柔 30 万元、密云 20 万元、延庆 25 万元
	6.29	延庆 9 个乡 71 个村雹灾，雹粒如豆粒、卫生球，密度大，受灾达 7 万余亩，其中重灾 5 万余亩
	7.3	门头沟、延庆、怀柔 3 区县 22 个乡雹灾，受灾达 1.5 万亩，其中重灾 7000 余亩
	7.12	延庆、门头沟、房山、通县等区县部分地区雹灾，受灾达 2.2 万余亩，其中重灾 8000 余亩
	7.13	延庆 5 个乡雹灾，受灾 1.5 万余亩，其中重灾 9000 亩
	8.10	房山、大兴 4 个乡雹灾，受灾 2.4 万余亩，其中重灾 1.5 万余亩
	8.14	延庆 4 个乡雹灾，受灾 1.5 万余亩，其中重灾 1.2 万余亩
	8.15	通县、丰台、朝阳 3 区县部分地区雹灾，受灾 6.5 万余亩，其中重灾 5.3 万余亩
	8.23	平谷、延庆、顺义、怀柔、房山 27 个乡雹灾，受灾 6.5 万余亩，其中重灾 2 万亩

年份	月／日	内容
1978	4.27	顺义、怀柔、密云等县 18 个乡雹灾，受灾 4.3 万亩。降雹密度大，砸断麦子，砸烂蔬菜，树叶基本砸光，受灾地区减产 5 成左右
	5.21	怀柔、门头沟、丰台 26 个乡镇雹灾，受灾 1.5 万余亩，其中重灾 3000 亩
	5.30	大兴 10 个乡 121 个村雹灾，降雹 10 多分钟，最大雹径 5 厘米，受灾 21 万余亩，其中西瓜 7269 亩，砸断果树 1.4 万多棵
	6.9	平谷、顺义等 11 个区县 80 多个乡镇风雹灾，一般如栗子，最大如鸡蛋，降雹历时 1 小时，地面积雹 20 厘米，受灾百余万亩。顺义全县普遍受灾，受灾 52 万亩，60% 小麦倒伏，平谷倒伏小麦 23.7 万亩
	6.30	房山、大兴、门头沟、延庆 31 个乡雹灾，受灾 17.3 万余亩。其中房山降雹 20 分钟，大如鸡蛋，12 个乡受灾 9.3 万余亩，其中重灾 5.6 万余亩
	7.7	延庆、门头沟、怀柔 8 个乡雹灾，受灾 1.1 万余亩
	7.9	大兴、门头沟、房山、怀柔 23 个乡雹灾，受灾 12.3 万余亩，重灾 3.5 万余亩。其中大兴 10 个乡 107 个村受灾 10 万亩，砸坏瓦房 1500 余间
	7.27	延庆 3 个乡雹灾，受灾达 1.3 万余亩，减产 10%—20%
1979	6.14	延庆等 9 个区县 60 多个乡雹灾，最长降雹 15 分钟，最大如鸡蛋。受灾达 17.6 万余亩
	7.9	大兴等 6 区县 11 个乡雹灾，最大雹径 2 厘米，最长降雹 10 分钟，受灾达 2 万余亩
	7.16	怀柔等 5 个区县 13 个乡雹灾，最大雹径 2.5 厘米，最长降雹 15 分钟，受灾达 4 万余亩
	8.31	延庆、怀柔、密云 20 个乡雹灾，最大雹径 4 厘米，最长降雹 20 分钟，受灾 11.4 万余亩
1980	6.12	延庆等 7 区县 24 个乡雹灾，最大雹径 2 厘米，降雹 10 分钟左右，受灾达 11.3 万余亩
	6.20	延庆、怀柔等 7 区县 18 个乡雹灾，受灾达 1.5 万亩
	6.22	通县 12 个乡雹灾，最大如核桃，最长降雹 30 分钟，受灾 15 万亩
	7.4	怀柔等 6 区县 10 个乡镇雹灾，玉米倒伏 4.6 万亩
	7.5	延庆、昌平等 5 个区县 16 个乡雹灾，最大如核桃，最长历时 10 分钟，受灾 6.7 万余亩
	7.8	延庆、房山等 5 区县 12 个乡雹灾，雹粒如杏核，最长历时 15 分钟，受灾达 3.3 万余亩

年份	月/日	内容
1980	7.18	延庆、门头沟9个乡雹灾，雹粒如蚕豆，降雹10分钟，受灾达5万亩
	8.14	顺义4个乡雹灾，玉米倒伏1万亩
	8.31	延庆等4个县13个乡雹灾，受灾1.7万余亩
	9.18	延庆6个乡175个村降雹40分钟，大小如卫生球，地面积雹50厘米，受灾达20万亩
1981	6.24	延庆等3个县13个乡雹灾，雹粒如玉米，历时3—10分钟，受灾1.1万余亩
	8.28	延庆6个乡38个村雹灾，最大雹径4厘米，历时3分钟，受灾4万余亩
	9.17	顺义、延庆4个乡雹灾，最大如卫生球，密度大，地面积雹10厘米，受灾2.1万余亩
	9.18	大兴、延庆等9区县42个乡雹灾，最大如核桃，最长降雹15分钟，受灾达22万亩。其中延庆县受灾最重，达9万余亩，大兴达5万余亩
	9.21	密云等5区县40个乡雹灾，最大雹径6厘米，最长降雹30分钟，受灾达1.4万亩
1982	6.15	通县等8区县32个乡风雹灾，受灾达2万亩
	6.17	大兴、丰台等4区县14个乡雹灾，最大如鸡蛋，最长降雹10分钟，受灾达7万余亩
	6.22	顺义等12区县65个乡雹灾，受灾达18.2万余亩。其中顺义、密云、怀柔冰雹较大，最大如鸡蛋，最长降雹15分钟。顺义龙湾屯乡丁家庄村砸伤30多人，密云东邵渠乡东葫芦峪村7岁女孩被砸死
	7.4	下午，通县、丰台、大兴、昌平等区县23个乡镇暴风雨和冰雹，最大日降水量117.6毫米（通县觅子店），全市受灾5万亩
	7.14	朝阳等6区县36个乡镇雹灾，最大如乒乓球，最长降雹时间10分钟，受灾达18万余亩
	8.17	延庆、怀柔、密云部分乡雹灾，降雹3—5分钟，受灾达2.1万亩
1983	6.16	朝阳等6区县22个乡镇雹灾，受灾达1.5万亩
	6.17	朝阳、丰台5个乡雹灾，受灾达1.7万亩
	7.13	延庆20个乡78个村雹灾，降雹10—15分钟，最大如核桃，地面积雹最厚达7厘米，受灾达6.6万余亩

年份	月/日	内容
1983	7.14	怀柔崎峰茶乡雹灾，受灾 5.6 万亩
	7.25	延庆、密云、通县部分地区雹灾，降雹 5 分钟，最大如鸡蛋，受灾达 1.9 万余亩
	8.28	房山等 7 个区县 15 个乡镇雹灾，最长降雹 18 分钟，最大雹径 2.5 厘米，受灾达 2.5 万余亩，砸坏砖坯 1180 万块、塑料薄膜 432 吨
	8.31	房山 9 个村雹灾，降雹 10 分钟，最大如核桃，受灾达 4 万亩
	9.2	房山 12 个村雹灾，降雹 5—10 分钟，最大如核桃，受灾达 1 万亩
	9.29	密云、平谷、延庆、怀柔 23 个乡 166 个村雹灾，最长降雹 20 分钟，最大如核桃，地面积雹 18 厘米，受灾达 20 万余亩，砸伤果品 1600 余万斤，粮食减产 100 余万斤，砸毁房屋 450 间。灾后，北京市委及有关部门负责人深入灾区慰问，研究救灾措施
1984	6.2	怀柔、密云、顺义 17 个乡雹灾，最大雹径 4 厘米，最长持续降雹时间 20 分钟，地面积雹 8 厘米，受灾达 10.3 万亩。怀柔降雹时 2 人被砸伤，1 人触电死亡
	6.18	朝阳等 5 区县 12 个乡镇风雹灾，最大雹径 3 厘米，受灾达 3.7 万亩
	7.8	平谷、延庆、怀柔 10 个乡雹灾，受灾达 1 万余亩
	8.25	门头沟等 5 个区部分地区风雹灾，最大如卫生球，受灾达 5.6 万余亩
1985	5.9	延庆、密云、平谷、怀柔先后降雹，地面积雹 3 厘米，7 个乡镇小麦被砸断 10%，受灾 2000 亩。450 亩果树 60% 幼果被砸伤，砸毁豆类作物 500 亩
	5.24	延庆等 4 区县 16 个村镇雹灾，历时 5—10 分钟，最大雹径 3 厘米，受灾达 9 万余亩，其中绝收 2.6 万亩
	6.2	密云 7 个乡雹灾，2.2 万亩小麦 10% 被砸掉，3 万多棵果树幼果 40% 被砸落、砸伤，砸坏 4000 间瓦房
	6.8	怀柔、密云、延庆、门头沟、石景山先后降雹，受灾粮田、菜田 5000 亩，被雨雹水冲毁农田 50 亩
	6.19	大兴降雹，受灾小麦 1600 亩，西瓜 303 亩
	6.20	延庆等 8 区县部分地区雹灾，历时 2—15 分钟，最大雹径 3 厘米，受灾达 4.2 万余亩，其中重灾 4000 余亩

年份	月/日	内容
	6.22	怀柔降雹 15 分钟，玉米叶被砸劈
	6.30	延庆、门头沟 4 个乡，先后降雹 4—17 分钟，受灾 3380 亩，其中绝收 419 亩
	7.2	房山、大兴、门头沟 11 个乡镇风雹灾，受灾 4.9 万余亩，6000 棵果树被砸毁，死亡 3 人，伤 26 人
	7.4	昌平等 4 区县 10 个乡镇风雹灾，历时 3—20 分钟，最大雹径 4 厘米，受灾 5.6 万余亩
	7.6	延庆等 8 区县 23 个乡镇雹灾，历时 3—10 分钟，雹粒如栗子，受灾达 9 万余亩
	7.14	怀柔黄坎、北宅、茶坞 3 个乡，先后降雹 5 分钟，并伴有 7—9 级大风雨，粮田受灾 2150 亩，其中绝收 700 亩，果树受灾 3430 亩，伤果 45%，倒树 195 棵
	7.17	延庆 2 个乡和怀柔城关雹灾，受灾达 1 万余亩
	7.25	门头沟、房山、怀柔、延庆等区县 7 个乡镇先后降雹 10 分钟，粮田受灾 3000 亩，果树受灾 150 亩
1985	7.26	房山等 5 区县 12 个乡镇雹灾，历时 5—30 分钟，最大雹径 3 厘米，地面积雹 4 厘米，受灾达 3.7 万余亩
	7.30	门头沟雁翅、怀柔汤河口等 6 个乡降雹，砸毁庄稼 590 亩
	8.2	昌平南邵、兴寿、小汤山及大兴定福庄，先后降雹，并伴有 7—8 级大风。小汤山玉米倒伏 1000 亩，倒伏率 20%—60%
	8.3	怀柔宝山寺、碾子、汤河口等乡镇先后雹灾，受灾总面积 530 亩
	8.5	顺义、通州、房山、延庆先后降雹 15—20 分钟，地面积雹 4 厘米，并伴有 9 级大风，作物受灾达 2 万余亩
	8.8	房山、平谷等 4 个县 20 多个乡风雹灾，历时 2—20 分钟，最大雹径 3 厘米，受灾达 8 万余亩
	8.10	大兴 2 个乡 17 个村雹灾，降雹 1 小时，最大如核桃，受灾达 1.1 万亩，其中绝收 4000 亩
	8.13	怀柔、延庆、昌平 8 个乡镇雹灾，历时 2—20 分钟，最大雹径 3 厘米，受灾达 1.4 万余亩。昌平 30 万斤柿子被砸伤
	8.14	门头沟斋堂降雹 10 分钟，受灾 700 多亩

年份	月/日	内容
1986	6.21	延庆、怀柔、门头沟、密云的6个乡，先后降雹2—10分钟，密云等农田受灾1400亩，损失果品16万斤
	6.23	延庆西拨子乡2个村雹灾，受灾1000余亩
	7.5	密云上甸子、东庄禾、番字牌3个乡和怀柔等地雹灾，受灾4379亩
	7.8	昌平、延庆12个乡风雹灾，历时2—10分钟，最大雹径2.5厘米，受灾5.9万余亩
	7.9	门头沟、通县雹灾，受灾7210亩，蔬菜减产40万斤，秋粮减产3万斤，核桃减产1万斤
	7.10	延庆等4县7个乡雹灾，历时10—40分钟，最大雹径3厘米，受灾达2.8万余亩
	7.11	密云4个乡39个村风雹灾，历时10分钟，最大雹径3厘米，受灾4.5万余亩
	7.14	房山等5个县20个乡雹灾，历时2—10分钟，最大雹径1厘米，受灾农田1.7万余亩，受灾果树1.4万余棵
	7.15	延庆二道河乡降雹30分钟，4个村受灾2875亩
	7.16	延庆靳家堡乡4个村雹灾，地面积雹10多厘米，受灾2100多亩
	7.17	延庆2个乡30多个村雹灾，历时30分钟，最大雹径1厘米，受灾2.6万余亩
	7.18	密云巨各庄乡康各庄村雹灾，受灾1360亩，其中100亩全被洪水冲走
	7.20	怀柔喇叭沟门降雹5—10分钟，全乡被冲砸的农田350亩
	7.22	延庆、怀柔、房山部分乡雹灾，历时10—28分钟，最大雹径3厘米，受灾1.4万余亩
	7.26	密云、房山、怀柔先后降雹5分钟，并伴有8级大风，农田受灾4150亩，果品损失2万斤，倒树240棵、电线杆10根，7处高低压线路被砸断
	7.27	大兴风雹灾，受灾粮田5036亩，经济作物受灾1550亩
	8.4	大兴、房山8个乡雹灾历时10—15分钟，最大雹径2厘米，受灾达1.8万余亩
	8.5	房山岳各庄乡2个村降雹10分钟，并伴有大风，受灾1300亩

年份	月 / 日	内容
	8.9	昌平等 5 区县的 25 个乡雹灾，历时 3—25 分钟，最大雹径 6 厘米，受灾达 25 万余亩
	8.29	怀柔八道河乡降雹 10 分钟，谷子受灾 694 亩，菜地受灾 40 亩
	9.7	延庆 6 个乡受暴风雨和冰雹灾害，历时 4—5 分钟，大小如玉米粒，密度较大，受灾达 6 万余亩
	9.11	怀柔杨宋各庄乡雹灾，受灾达 1 万亩，损失果品 60 万斤
	9.19	房山等 4 个区县的 8 个乡雹灾，历时 15—30 分钟，最大雹径 3 厘米，受灾 3.1 万余亩
1987	5.2	密云、顺义、朝阳的 12 个乡受雹灾，最大雹径 2.5 厘米，地面积雹 6—7 厘米，受灾 1.8 万亩，其中重灾 7000 余亩
	5.15	海淀等 4 个区县 15 个乡雹灾，历时 15—20 分钟，最大雹径 2 厘米，小麦倒伏 4.3 万亩，损失果品 567 万余斤，损坏砖坯 490 万块
	5.21	门头沟永定乡、延庆香营、佛爷定乡降雹，小麦倒伏 1200 亩
	5.22	延庆等 8 个区县部分地区雹灾，历时 3—20 分钟，最大雹径 4.5 厘米，地面积雹 3—4 厘米，受灾 32.2 万亩，其中延庆 16 个乡受灾 23 万余亩
	5.30	昌平等 4 个区县部分地区雹灾，历时 15 分钟，最大如核桃，受灾达 1.4 万余亩
	6.18	通向等 8 个区县部分地区雹灾，受灾粮田 5.6 万余亩，果树 1.4 万亩，菜田 1.6 万亩
	6.28	房山、门头沟、大兴的 17 个乡雹灾，历时 10—25 分钟，最大雹径 2 厘米，受灾达 5.3 万亩
	6.29	大兴等 4 个区县 16 个乡雹灾，历时 25 分钟，最大雹径 2 厘米，受灾粮田 15.5 万亩，果树 1.2 万亩，蔬菜瓜果 2.9 万亩
	6.30	延庆、昌平 4 个乡雹灾，受灾达 11.6 万亩
	7.1	大兴、通县 13 个乡雹灾，历时 20 分钟，大如核桃，受灾达 5.6 万亩
	7.4	通县、延庆、密云 16 个乡雹灾，受灾达 12.3 万余亩。其中，通县最严重，雹径最大 7 厘米且密度大。受灾达 11.6 万亩，其中绝收 1.8 万亩
	7.12	密云等 4 县部分地区雹灾，历时 15 分钟，最大雹径 3 厘米，受灾达 5.9 万亩
	7.20	平谷等 4 个区县 19 个乡雹灾，受灾达 24.9 万亩

年份	月／日	内容
1987	7.21	延庆、密云、怀柔的 18 个乡雹灾，历时 10—25 分钟，最大雹径 7 厘米，地面积雹 3—4 厘米，受灾达 1.7 万亩
	8.10	延庆、平谷 7 个乡雹灾，受灾达 1.3 万亩
	8.17	延庆佛爷顶乡和怀柔琉璃庙乡等 6 个乡先后降雹，并伴有大风，玉米倒伏 250 亩
	8.18	门头沟斋堂、黄塔乡降雹 10 分钟，受灾 6020 亩
	8.23	延庆、平谷、怀柔、房山先后降雹，受灾 915 亩
	8.24	门头沟、海淀、怀柔、昌平、平谷等区县先后降雹 10—20 分钟，并伴有 7—8 级大风，风雹刮砸倒伏庄稼 2000 亩，减产粮食 30 万斤、果品 442 万斤、秋菜 20 万斤
	8.29	门头沟、房山的 10 个乡雹灾，受灾 2 万余亩
1988	6.1	朝阳、通县、密云部分地区雹灾，历时 20 分钟，最大如核桃，地面积雹 3—4 厘米，受灾达 1 万多亩
	6.2	密云、通县 7 个乡雹灾，最长降雹 60 分钟，最大如核桃，地面积雹 3—4 厘米，受灾达 2.6 万余亩
	6.13	密云 3 个乡雹灾，受灾 2.6 万余亩
	6.14	怀柔等 4 个区县 9 个乡雹灾，历时 7—10 分钟，最大雹径 3 厘米，受灾达 2.8 万亩
	7.12	昌平、房山 2 县降雹，受灾 7800 亩，其中绝收 500 亩
	7.13	房山史家营乡雹灾，受灾 3800 亩，其中绝收 20 亩
	7.21	顺义 10 个乡风雹灾，受灾达 5.5 万亩
	7.23	房山周口店乡降雹 10 分钟，受灾 5000 亩。果园 400 亩被砸，损失 5 万元
	8.20	海淀、房山、密云先后降雹 5—10 分钟，并伴有大风，14 个乡受灾近万亩
	8.22	房山 5 个乡雹灾，历时 10 分钟，最大雹径 5 厘米，受灾达 2 万余亩
	9.2	门头沟青白口、燕家台降雹 10 分钟，受灾粮田 480 亩，菜地 120 亩
	9.3	门头沟雁翅、青白口、斋堂降雹 8 分钟，受灾 3500 亩。其中，1200 亩晚玉米绝收，损失果品 17 万斤、蔬菜 150 万斤

年份	月／日	内容
1988	9.10	延庆、昌平、海淀、门头沟、怀柔等区县先后降雹3—5分钟。怀柔枣林村降雹20分钟，粮田受灾100亩，损失果品1500斤
	10.4	顺义等4个县22个乡雹灾，最长历时35分钟，地面积雹最厚10厘米，受灾4.2万余亩，砸坏砖坯250万块，42亩大棚和250间温室全部被砸毁
1989	5.7	门头沟军响、青白口、沿河城、斋堂等4个乡雹灾，受灾406亩
	5.17	平谷8个乡雹灾，受灾5.8万余亩
	5.23	延庆、昌平的3个乡22个村雹灾，历时20分钟，最大雹径6厘米，受灾达9.1万余亩
	5.31	延庆、怀柔3个乡雹灾，受灾800亩
	6.5	密云6个乡雹灾，历时15分钟，平均雹径1厘米。地面积雹10—12厘米，受灾达1.9万余亩
	6.26	密云7个乡雹灾，历时3—20分钟，雹径2—3厘米，受灾农田4.9万亩，果树3.6万亩
	7.1	延庆佛爷顶乡、门头沟黄塔乡、密云北庄乡先后降雹，受灾1850亩，果品减产30万斤
	7.12	延庆30个村降雹15分钟，并伴有大风，受灾粮田30亩，蔬菜1082亩，果树5020亩，经济作物17亩，约损失3525万元
	7.13	密云等6个区县25个乡雹灾，历时6—10分钟，最大雹径1.5厘米，受灾粮田5万亩，果树4万棵
	7.15	密云新城子、东庄禾、古北口3个乡镇降雹10—15分钟，受灾农田5154亩，其中绝收1730亩，蔬菜200亩被砸
	7.19	平谷等4个县16个乡雹灾，最长历时20分钟，最大雹径3厘米，受灾达11万余亩
	7.21	密云大城子乡，怀柔县北房、四道河、八道河乡先后降雹15分钟，受灾3790亩粮田，其中绝收1000亩
	8.11	城区、海淀四季青乡，先后降雹，并伴有8级大风，损失果品50万斤
	8.26	密云大城子乡降雹，伴大风雨，风刮雹砸倒伏粮田900亩，冲毁菜地10亩，毁坏房屋311间，倒树351棵
	8.28	密云等8个区县20多个乡雹灾，历时25—30分钟，最大雹径5厘米，受灾粮田31.7万余亩，果树10万余棵

年份	月／日	内容
1989	9.10	怀柔等 4 个县部分地区雹灾，历时 10—20 分钟，最大雹径 3 厘米，受灾 1.8 万余亩
	9.17	昌平等 8 个区县部分地区雹灾，历时 4—20 分钟，最大雹径 2.5 厘米，受灾农田 14.5 万亩，菜田 3 万余亩
	9.19	通县 1.3 万亩菜田雹灾，其中重灾 7000 亩
1990	5.28	密云、延庆 11 个乡及怀柔部分山区先后降雹，并伴有大风，160 多棵大树被刮倒
	5.29	延庆、昌平、海淀、门头沟等区县降雹。延庆 16 个村受灾 4000 亩，水冲沙压 145 亩
	6.3	密云上甸子等 7 个乡先后降雹 10 分钟，并伴有 8 级大风，小麦倒伏 3115 亩，2540 亩果树伤果率达 70%—90%，2500 亩地膜玉米被砸，145 亩菜地被砸，倒树 187 棵
	6.8	房山等 5 个区县部分乡雹灾，受灾 2.8 万余亩
	6.21	延庆等 5 个区县 20 多个乡风雹灾，历时 5—10 分钟，受灾粮田 23 万余亩、果树 2.6 万余亩、菜田 2.1 万余亩
	6.27	平谷、怀柔、延庆、昌平等县先后降雹 5—10 分钟，受灾 5808 亩
	6.29	通县等 4 个县部分乡雹灾，受灾达 5 万亩
	7.9	延庆 8 个乡雹灾，历时 15 分钟，受灾达 7 万余亩
	7.13	怀柔 2 个乡雹灾，受灾 6000 亩，果树 49847 棵，刮倒大树 230 棵
	7.14	延庆刘斌堡乡降雹 10 分钟，受灾 2000 亩，刮倒杨树 70 棵
	7.15	延庆红旗甸乡降雹 20 分钟，受灾 1380 亩
	7.16	房山、门头沟 7 个乡降雹 7—10 分钟，风力 8 级，受灾 8000 亩
	8.20	怀柔等 7 个区县部分乡雹灾，受灾达 44.1 万亩，果树 3.1 万棵
	8.21	平谷等 4 个县部分乡雹灾，受灾达 6 万余亩
	8.28—8.30	怀柔八道河等 6 个乡雹灾，受灾 2.1 万余亩，果树 1.7 万余棵

年份	月 / 日	内容
1990	8.30	平谷等 5 个区县 30 多个乡雹灾,历时 15—20 分钟,最大雹径 5 厘米,受灾 16 万余亩,其中重灾 6 万亩,绝收 1 万亩,砸坏砖坯 420 万块
	9.13	密云 70 个村雹灾,历时 8—15 分钟,最大雹径 3 厘米,受灾达 1.4 万亩
	9.16	延庆等 3 个县部分地区雹灾,受灾 2.4 万亩
1991	4.24	通州区侉店乡(今通州潞城镇甘棠乡)雹灾,500 亩蔬菜地重灾,直接经济损失 10 万元
	5.14	大兴、房山局部地区雹灾,最大雹径 2 厘米,受灾西瓜 8300 亩、菜田 3150 亩,其中绝收 1168 亩
	6.8	昌平等 4 个区县 17 个乡雹灾,历时 7—15 分钟,最大雹径 5 厘米,受灾果树 2.6 万亩,菜田和农田 1.6 万余亩
	6.20	密云四合堂、新城子乡降雹 10 分钟,砸坏果树 110 亩,计 3500 棵,伤果 20 万斤。农田受灾 170 亩
	6.24	顺义等 10 个区县 44 个乡风雹灾,受灾 9.3 万余亩,其中绝收 3 万亩
	6.25	海淀、平谷、密云 6 个乡雹灾,最长历时 30 分钟,最大雹径 1.5 厘米,受灾达 1.2 万余亩
	6.29	密云、怀柔 4 个乡雹灾,历时 20 分钟,最大雹径 4.5 厘米,受灾 2 万亩,果树 20.4 万棵
	7.7	海淀、房山和昌平长陵乡降雹 10 分钟,4035 亩农田和部分果树受灾
	7.8	丰台、石景山、顺义雹灾,受灾 6730 亩
	7.9	密云大城子、巨各庄 2 乡,延庆、顺义、房山、昌平、海淀,怀柔汤河口,平谷镇罗营、大华山、英城、刘店等 25 个地区降雹 10—15 分钟,受灾 5000 余亩
	7.11	大兴 4 个乡 37 个村风雹灾,历时 30 分钟,最大雹径 4.5 厘米,受灾 3.8 万余亩,绝收 5500 亩
	7.20	平谷 7 个乡风雹灾,历时 15—20 分钟,最大雹径 1.5 厘米,受灾 4.2 万余亩
	7.29	顺义、怀柔的 7 个乡雹灾,受灾 4.4 万余亩
	8.3	门头沟黄塔乡雹灾,玉米受灾 450 亩,果树、蔬菜受灾 105 亩
	8.7	门头沟黄塔乡雹灾,受灾 380 亩

年份	月 / 日	内容
1991	8.8	房山 8 个乡风雹灾，受灾 1.4 万亩，其中绝收 2900 亩
	8.10、8.11	平谷北部山区镇罗营、大华山、熊儿寨、黄松峪，以及海淀、朝阳等地降雹，秋粮受灾 7475 亩
	8.18	密云、平谷 10 个乡风雹灾，历时 5—15 分钟，最大雹径 3 厘米，受灾 4.3 万亩
	9.1	城区和大兴北臧村、半壁店、魏善庄等 3 个乡降雹，受灾秋粮 7206 亩、蔬菜 1200 亩
	9.2	密云番字牌乡降雹 10 分钟，受灾 1500 亩
	9.3	大兴榆垡镇降雹 10 分钟，并伴有 8 级大风，8100 亩秋粮受灾，1000 亩果树受灾
	9.4	怀柔、延庆、朝阳降雹 10—15 分钟，并伴有大风，受灾秋粮 900 亩、果树 1800 亩、蔬菜 100 亩
	9.5	房山等 4 个区县部分地区雹灾，历时 10 分钟，最大雹径 3 厘米，受灾 3.2 万余亩
1992	5.24	房山霞云岭乡、岳各庄乡水峪村降雹 17 分钟，并伴有 8 级大风，受灾 530 亩
	6.3	平谷和密云河南寨乡雹灾，砸坏苹果树 1357 棵
	6.21	延庆等 8 个区县 20 个乡风雹灾，最大雹径 2 厘米，历时 10—20 分钟，受灾农田 5.6 万余亩、果树 2.5 万余亩、蔬菜 2100 亩、西瓜 250 亩
	6.22	密云不老屯镇 3 个村雹灾，600 亩果树受灾
	6.24	怀柔等 4 个县 12 个乡雹灾，最大雹径 1—2 厘米，历时 6—20 分钟，受灾粮田 4.5 万余亩、果树 1.3 万余亩、蔬菜 1.3 万余亩、西瓜 3780 亩
	6.29	昌平下庄乡雹灾，最大雹径 2 厘米，历时 15 分钟，受灾达 2 万亩
	7.13	延庆、怀柔、密云的 9 个乡雹灾，最大雹径 3 厘米，历时 10—30 分钟，受灾粮田 2.6 万余亩，果树 1.8 万余棵
	7.16	怀柔喇叭沟门，密云北庄乡、大城子乡，先后降雹断续 1 小时 20 分，并伴有 8 级大风，受灾农田 3500 亩，其中绝收 250 亩；菜田 300 亩，其中绝收 150 亩；果树 670 亩，减产果品 14 万余斤
	7.19	怀柔八道河、三渡河乡降雹 20 分钟，风力 8 级以上。受灾玉米 765 亩、果树 1000 亩

年份	月/日	内容
1992	7.22	怀柔长哨营乡、喇叭沟门降雹25分钟，风力8级，受灾玉米5339亩，其中绝收400亩；果树受灾200亩；蔬菜受灾1129，其中绝收480亩
	7.23	门头沟齐家庄雹灾，受灾230亩
	7.31	密云大城子乡降雹10分钟，受灾农田2000亩、果树2400亩
	8.6	平谷3个乡雹灾，受灾达2.1万亩
	8.14	平谷靠山集乡降雹40分钟，地面积雹10厘米，受灾粮田1430亩，其中绝收380亩；果树800亩
	8.15	朝阳金盏乡降雹25分钟，风力9级，受灾粮田6200亩、蔬菜948亩、果树580亩
	9.9	门头沟斋堂、密云新城子乡共计8个村降雹10分钟，风力8级，受灾粮田5350亩、果树1560亩
1993	5.31	大兴采育镇降雹12分钟，风力8—9级，地面积雹6厘米。小麦受灾5600亩，其中绝收100亩；葡萄受灾1000亩，其中绝收700亩；蔬菜受灾1930亩，其中绝收1100亩；果树受灾600亩
	6.14	密云、房山、平谷、顺义、怀柔18个乡风雹灾，最大雹径1.5厘米，最长历时20分钟，受灾7.9万余亩，其中重灾5.1万亩
	6.18	门头沟下清水及达摩沟降雹，受灾玉米及果树3100亩
	6.29	平谷3个乡风雹灾，历时10分钟，最大雹径3厘米，重灾达2.5万余亩
	7.5	怀柔5个乡25个村雹灾，历时10—15分钟，雹径2—3厘米，受灾粮田1.2万余亩，果树2.6万余棵
	7.8	平谷张镇、马坊、北杨桥乡降雹，菜田受灾700亩
	7.17	海淀、怀柔部分地区风雹灾，受灾1.3万余亩
	8.7	房山等6个区县17个乡雹灾，历时10—20分钟，最大雹径5厘米，受灾粮田4.7万余亩，果树25万余棵
	8.9	怀柔喇叭沟门、碾子乡9个村雹灾，受灾粮田3690亩，果树6.54万棵，砸坏房屋591间
	8.16	通县5个乡镇风雹灾，历时10分钟，最大如核桃，地面积雹5厘米。受灾1.6万余亩，其中绝收1790亩

年份	月 / 日	内容
1993	8.17	密云卸甲山乡、古北口镇、西田各庄降雹15分钟，受灾4400亩，其中果园2150亩，菜田100亩
	8.19	丰台、通县郎府乡，平谷熊儿寨乡，密云城关镇、河南寨乡，先后降雹17分钟。受灾6500亩，其中菜田1310亩，果园750亩
	9.11	密云等7个区县31个乡雹灾，历时5—25分钟，最大雹径3厘米，受灾粮田13.1万余亩、菜田2.5万余亩、果园1.9万余亩及果树78万余棵
	9.14	延庆、密云、怀柔13个乡雹灾，历时10—20分钟，最大雹径6厘米，受灾5.8万余亩
1994	5.14	房山南尚乐乡雹灾，受灾粮田1.2万亩，果树30万棵
	6.11	丰台、延庆、石景山部分地区风雹灾害，受灾2.6万余亩
	6.12	房山5个乡镇风雹灾，降雹15分钟，最大雹径1厘米。受灾1.5万余亩
	6.26	平谷等5个区县20多个乡雹灾，历时15分钟，最大雹径2厘米，受灾9万余亩，绝收瓜菜4000余亩
	6.27	通县2个乡雹灾，受灾近千亩
	6.28	门头沟降雹，受灾2500亩
	7.5	延庆靳家堡乡、八达岭降雹，受灾5000亩，其中重灾1500亩，倒伏大田作物400亩。怀柔喇叭沟门、沙峪、汤河口镇，密云高岭镇、上甸子乡降雹，受灾2700亩
	7.6	顺义降雹，受灾西瓜1000亩
	7.10	朝阳楼梓庄乡降雹，伴有大风，受灾4880亩，倒树14棵、电线杆18根
	7.14	延庆张山营镇大秦铁路两旁降雹，3000亩玉米和1000亩果类受灾
	7.15	城区和大兴采育、长子营、大皮营、朱庄，房山岳各庄等降雹，风力8级，受灾4638亩
1995	5.16	房山、大兴、通县的27个乡镇雹灾，历时3—15分钟，最大雹径1厘米，最大如乒乓球，受灾达11万余亩
	6.2	顺义等4个区县10多个乡风雹灾，历时20分钟，最大雹径3厘米，受灾达3.1万余亩
	6.22	房山、大兴、延庆的29个乡镇风雹灾，历时5—20分钟，最大雹径4厘米，受灾15.8万余亩，其中果树5.5万亩，蔬菜2.8万亩，西瓜2.8万亩

年份	月/日	内容
1995	6.26	门头沟、密云、平谷部分地区风雹灾，历时 2—30 分钟，最大雹径 1 厘米，受灾达 2.4 万余亩
	6.30	昌平 7 个乡降雹 30 分钟，6000 亩林地，1500 株栗树减产 8.5 亿斤
	7.3	昌平长陵乡降雹 10 分钟，受灾果树 7000 亩
	7.4	平谷、通县降雹 5—10 分钟，受灾果园 4000 亩、棉花 400 亩
	8.22	昌平东北部崔村等 4 个乡降雹，大风，4000 亩果园和 4200 亩粮田绝收
1996	5.6	密云不老屯、北庄、高岭、太师屯一带和延庆二道河、井庄乡、永宁镇、清泉铺乡、大庄科乡等 10 个乡镇雹灾，历时 30 分钟，造成秧苗不能复生，严重地块果树落花率达 80%
	5.7	延庆城关清泉铺乡、永宁镇、井庄雹灾，地面积雹 10 厘米。全县 2000 亩苹果被砸 70%—80%，60 亩杏树减产三至四成，100 亩葡萄减产 90%
	5.19	密云上甸子、北甸子、狗庄子、东峪沟先后降雹 8 分钟，5 万亩果树受灾
	6.10	午后，自西到西南方向，从门头沟、房山经昌平、石景山、海淀、城区、丰台、朝阳、通县向东北方向的怀柔、密云、平谷等 12 个区县先后降雹，70%—80% 的果园青果被砸掉
	6.29	午后，自延庆向东经顺义、怀柔、密云、平谷 5 个区县先后降雹。受灾 12.5 万余亩，经济损失 4975 万元，8686 户的 27718 间房屋受损，直接经济损失 6000 万元
	7.5	延庆刘斌堡、沙果子、千家店降雹 10 分钟，受灾 700 亩
	7.25	延庆小川降雹，受灾 250 亩，其中 100 亩绝收
1997	5.28	平谷、大兴、密云、怀柔出现风雹灾，最大雹径 1 厘米，最长降雹 15 分钟。平谷、大兴受灾 0.52 万亩。密云、怀柔无明显影响
	6.10	密云、怀柔、平谷、延庆 4 个县境内出现风雹，最大雹径 1.5 厘米，最长降雹时间 30 分钟，密云、怀柔受灾达 0.26 万亩，平谷、延庆无明显影响
	6.24	通县、顺义、密云、怀柔、平谷、延庆境内出现风雹，最大雹径 4 厘米，最长降雹时间 30 分钟。6 个县受灾 5.95 万亩，直接经济损失 2796.38 万元。其中顺义东部的平原地区张镇、大孙各庄和东北接近山区的龙湾屯镇出现了百年不遇的特大风雹灾害，倒树 550 棵，损坏房屋 2000 多间，砸死鸡 16.5 万只，砸伤 5 人
1998	4.21	密云东照乡降雹 15 分钟，最大雹径 1.3 厘米，受灾 1.2 万亩，损失 426 万元
	5.20	大兴西部平原地区榆垡、定福庄雹灾，4 万多亩西瓜、小麦、果树受灾，8000 亩绝收，经济损失 1000 万元

年份	月/日	内容
1998	6.9	延庆张山营、东门营降雹，农田受灾 13500 亩，果树 8200 亩
	6.10	怀柔喇叭沟门、长哨营、汤河口雹灾，受灾 14800 亩
	6.14	延庆 7 个乡镇大风冰雹，最大雹径 4 厘米，受灾 32194 亩。农作物减产，其中玉米 232.5 万斤、小麦 6.3 万斤、果品 39.5 万公斤、蔬菜 411.75 万公斤，直接经济损失 1208.7 万元
	6.17	延庆东门营、张山营雹灾，大田受灾 4800 亩，果树 2700 亩
	7.18	延庆旧县、沈家营、香营、大科庄雹灾，伴有大风，农田受灾 3.8 万亩，果树 290 亩
1999	4.19	大兴降雹 15 分钟，19 个村受灾，受灾 2 万亩，直接经济损失 127 万元
	5.23	怀柔 5 个乡镇大风、暴雨、冰雹，最大雹径 1.5 厘米，损失 305 万元
	5.31	大兴大风冰雹，最大雹径 2 厘米，持续 15 分钟，受灾小麦、果树 61630 亩，经济损失 2510 万元
	6.1	通县西集镇侯村、怀柔雁栖湖镇雹灾，小麦减产 58 万斤
	6.17	大兴降雹 15 分钟，受灾农田 6802 亩、果树 2450 亩、蔬菜 1700 亩，经济损失 957.94 万元
	7.15	怀柔汤河口降雹 15 分钟，农作物损失 18 万元
	7.16	怀柔碾子乡降雹，受灾 850 亩，经济损失 40.8 万元
	7.17	怀柔碾子乡降雹，1120 亩玉米倒伏，基本绝收，经济损失 134.4 万元
	8.20	平谷降雹，最大雹径 5 厘米，强度密度都较大，受灾 5.2 万亩，其中果品 3 万亩，损失 1800 万元。粮田受灾 1.3 万亩，主要是玉米，损失达 130 万元。蔬菜受灾 9000 亩
2000	5.17	顺义牛栏山、赵全营乡雹灾，降雹持续 10 分钟，大如鸡蛋，密度为 40—50 个 /m²，1.3 万亩小麦、4000 多棵果树受损。砸死野外放鸭近千只，许多塑料大棚被砸坏
	5.31	密云雹灾，雹径 1—2 厘米，密度大。田各庄果品损失 245 万斤，经济损失 307 万元。作物倒伏 1000 余亩，经济损失 84 万元。北部山区番字牌乡经济损失 16 万元
	8.17	延庆旧县、香营、永宁等乡镇强烈雷雨、风雹，粮田倒伏 4.54 万亩，其中绝收 4000 亩，冲毁村级公路 40 余公里，经济损失 3650 万元。香营乡粮库 4 个粮囤雷击起火、倒塌，导致 50 万公斤粮食被大水淋泡，经济损失 7 万元

年份	月／日	内容
2000	8.26	房山大安乡突降暴雨冰雹，历时 30 分钟，农业受灾，经济损失 213.2 万元
	8.27	延庆张山营、延庆县城、康庄等镇发生风雹灾，经济损失 518.5 万元

从上表中，我们可以看到，北京地区降雹最多的月份是 6—8 月份，此外，5 月中下旬和 9 月上旬也偶尔发生。从理论上说，集中降雹日如果在 2—5 月，属于春季多雹；在 6—9 月，属于夏季多雹；如果 5—6 月占全年 40% 以上，以后各月又逐次减少，则属于春末夏初多雹。虽然淮河以北的华北地区属于春末夏初多雹地区，但我们根据北京地区降雹的统计情况来看，很明显北京属于夏季多雹的地区。关于降雹日变化，资料中缺少降雹时间的记载，但根据仅有的几条记载和我们的生活经验，北京地区午后降雹比较普遍，其次就是傍晚降雹。降雹的时间长度一般是在 10—20 分钟，少数严重的雹灾持续到 30 分钟，较小的雹灾则 3—5 分钟。不过，也有极端的例子，降雹竟达 1 小时以上。例如，1956 年 6 月 7 日门头沟 3 个乡 18 个村降雹 2 次，达 1 小时 30 分，小如玉米粒，大如鸡蛋，受灾 1.6 万亩；1978 年 6 月 9 日平谷、顺义等 11 个区县 80 多个乡镇风雹灾，一般如栗子，最大如鸡蛋，降雹历时 1 小时，地面积雹 20 厘米，受灾百余万亩；1985 年 8 月 10 日，大兴 2 个乡 17 村雹灾，降雹 1 小时，最大如核桃；1992 年 7 月 16 日怀柔喇叭沟门，密云北庄乡、大城子乡，先后降雹断续 1 小时 20 分。

雹灾的划分等级，冰雹如黄豆粒，直径在 0.5 厘米左右，属于轻雹灾；冰雹如杏子、核桃，直径在 2—3 厘米，属于中雹灾；冰雹如鸡蛋、拳头，直径在3—7厘米，属于重雹灾。北京地区的雹灾，有详细记载的，中雹灾居多，有314次；其次是重雹灾，有96次。其他也有如黄豆、蚕豆大小的轻雹灾。有些没有详细记载，但根据农作物受灾程度，可以判断应该属于中雹灾或重雹灾。笔者据上面的材料统计，1950—2000年门头沟区发生中度雹灾19次、重度雹灾4次，延庆县发生中度雹灾69次、重度雹灾27次，怀柔县发生中度雹灾48次、重度雹灾11次，密云县发生中度雹灾34次、重度雹灾15次，昌平县发生中度雹灾14次、重度雹灾7次，房山县发生中度雹灾27次、重度雹灾8次，平谷县发生中度雹灾35次、重度雹灾5次，大兴发生中度雹灾16次、重度雹灾8次，顺义发生中度雹灾19次、重度雹灾4次，朝阳发生中度雹灾8次、重度雹灾1次，通县发生中度雹灾15次、重度雹灾4次，丰台发生中度雹灾10次，城区发生重度雹灾2次。从上面的统计数字也可以看出，以重雹灾而论，延庆县最为严重，其次是密云县，再次是怀柔县，这三个县正是北京地区冰雹灾害的发源地。

如果，我们进一步从雹灾发生的频率来分析，1950—2000年山区的密云、怀柔、延庆、门头沟4个区县共发生轻重不同的冰雹227次，平均每个区县发生56.75次；山区占2/3的昌平、房山、平谷3个区县共发生轻重不同的冰雹96次，平均每个区县发生32次；平原地区的通县、朝阳、大兴、丰台、海淀、顺义6个区县共发生轻重不同的冰雹87次，平均每个区县发生14.5次。冰雹发生的频率也是自山区、多山区、平原地区递减。

前已述之，冰雹的发生和地形地貌有很大关系，冰雹源地大多位于山区和地形复杂的地区。一般来说，地形复杂的山区发生冰雹多于平原，中纬度的地区多于高纬度的地区。从上面的分析中我们已经看到北京属于山区的门头沟区、延庆县、怀柔县、密云县发生冰雹最为频繁，其次是山区占2/3的昌平、平谷、房山，平原区县的大兴、顺义、丰台、朝阳发生冰雹的频率最低。1950—2000年，门头沟区发生51次，平均每年1次；延庆县发生153次，平均每年3次；怀柔发生105次，平均每年2.06次；密云县发生81次，平均每年1.59次。山地、丘陵（或浅山区）约占全区总面积2/3的房山县、昌平县、平谷县，1950—2000年，房山县发生61次，平均每年1.2次；昌平县发生36次，平均每年0.71次；平谷县发生65次，平均每年1.27次。平原地区占70%—90%以上的大兴县、通县、顺义县、朝阳区、丰台区、海淀区、石景山区，1950—2000年，大兴发生41次，平均每年0.80次；通县发生33次，平均每年0.65次；顺义县发生38次，平均每年0.75次；朝阳区发生15次，平均每年0.29次；丰台区发生17次，平均每年0.33次；海淀区发生17次，平均每年0.33次。石景山区和城区分别只降雹4次和6次。我们知道，1951—1980年北京地区平均降雹日是1.1次，最多的年份是3次。根据上面的分析，我们看到北京的平原地区平均年降雹日的水平普遍低于历年平均数量；山区平均年降雹日的水平普遍高于历年平均数量，其中延庆县属于冰雹多发区，年平均达到3次；山区占2/3的区县，只有昌平县最低，几乎同于平原地区，其他区县都略高于平均数量。

冰雹的发生几乎都伴有暴雨、大风，这是冰雹灾害的一个特征。例如，1961年7月5日怀柔喇叭沟门降雹和暴雨。1969年8月29日城区及9个区县暴雨大风，先后雹灾，最大雹径16.7厘米，受灾2.3万余亩。城区从天安门到西单，2/3以上的路灯和许多窗玻璃被砸毁。德胜门至宣武门一带，50%的路灯被砸坏。1975年6月24日门头沟大村、下村、青白口降雹和暴雨，受灾1931亩。暴雨冲走10亩地，冲走1000公斤晾晒的小麦。1976年8月29日延庆县小川、珍珠泉、千家店、红旗甸等乡镇降雹并伴有大风暴雨，地上积雹，成灾4500亩。1982年7月4日下午，通县、丰台、大兴、昌平等区县23个乡镇暴风雨和冰雹，最大日降水量117.6毫米（通县觅子店），全市受灾5万余亩。1986年7月26日密云、房山、怀柔先后降雹5分钟，并伴有8级大风，农田受灾4150亩，果品损失2万斤，倒树240棵、电线杆10根，7处高低压线路被砸断。1987年8月24日门头沟、海淀、怀柔、昌平、平谷等区县先后降雹10—20分钟，并伴有7—8级大风，风雹刮砸倒伏庄稼2000亩，减产粮食30万斤、果品442万斤、秋菜20万斤。1989年8月26日密云大城子乡降雹，并伴大风雨，风刮雹砸倒伏粮田900亩，冲毁菜地10亩，毁坏房屋311间，倒树351棵。1990年6月3日密云上甸子等7个乡先后降雹10分钟，伴有8级大风，小麦倒伏3115亩，2540亩果树伤果率达70%—90%，2500亩地膜玉米被砸，145亩菜地被砸，倒树187棵。7月16日房山、门头沟7个乡降雹7—10分钟，风力8级，受灾8000亩。1991年9月3日大兴榆垡镇降雹10分钟，并伴有8级大风，8100亩秋粮受灾，1000亩果树受灾。1992年5月24日房山霞云岭乡、岳各庄乡水峪村降雹17分钟，并伴有8级大风，受灾530亩。7月19日怀柔八道河、三渡河乡降雹20分钟，风力8级以上。受灾玉米765亩、果树1000亩。7月22日怀柔长哨营乡、喇叭沟门降雹25分钟，风力8级，玉米受灾5339亩，其中绝收400亩；果树受灾200亩；蔬菜受灾1129亩，绝收480亩。9月9日门头沟斋堂、密云新城子乡共计8个村降雹10分钟，风力8级，受灾粮田5350亩、果树

1560亩。1993年5月31日大兴采育镇降雹12分钟，风力8—9级，地面积雹6厘米。小麦受灾5600亩，其中绝收100亩。葡萄受灾1000亩，其中绝收700亩；蔬菜受灾1930亩，其中绝收1100亩；果树受灾600亩。1994年7月15日城区和大兴采育镇、长子营、大皮营、朱庄，房山岳各庄等地降雹，风力8级，受灾4638亩。1997年5月28日平谷、大兴、密云、怀柔出现风雹灾，最大雹径1厘米，最长降雹15分钟，平谷、大兴受灾0.52万亩。6月10日密云、怀柔、平谷、延庆4个县境内出现风雹，最大雹径1.5厘米，最长降雹时间30分钟，密云、怀柔受灾达0.26万亩。1998年6月14日延庆的7个乡镇大风、冰雹，最大雹径4厘米，受灾32194亩。农作物减产，其中玉米232.5万斤、小麦6.3万斤、果品39.5万公斤、蔬菜411.75万公斤，直接经济损失1208.7万元。7月18日延庆旧县、沈家营、香营、大科庄雹灾，并伴有大风，受灾农田3.8万亩、果树290亩。1999年5月23日怀柔5个乡镇大风、暴雨、冰雹，雹径1.5厘米，损失305万元。5月31日大兴大风、冰雹，最大雹径2厘米，持续15分钟，受灾小麦、果树61630亩，经济损失2510万元。2000年5月23日怀柔5个乡镇大风、暴雨、冰雹，最大雹径1.5厘米，损失305万元。8月17日，延庆旧县、香营、永宁等乡镇强烈雷雨、风雹，粮田倒伏4.54万亩，其中绝收4000亩，冲毁村级公路40余公里，经济损失3650万元。香营乡粮库4个粮囤雷击起火、倒塌，导致50万公斤粮食被大水淋泡，经济损失7万元。8月27日延庆张山营、延庆县城、康庄等镇发生风雹灾，经济损失518.5万元。

我们看到，以上记载中有的只记载了风雹，而没有记载雨情，实际上在出现冰雹的时候，不可能不出现大雨，只不过有时不是大暴雨，或者是记载上的疏忽而已。暴雨和大风更加重了冰雹灾害的破坏性。

冰雹发生大多是在局部地区，所谓"冰雹一条线"，但是也有时出现面积广泛的情况。以下举例将北京冰雹灾害的几个特殊情况说明如下。1964年6月10日午后，先后从延庆、怀柔、昌平等县开始，全市13个区县部分乡普遍降冰雹。平谷县等地方并伴有8级大风。雹径从鸡蛋、核桃大小到玉米粒大小，也就是说降雹地区是从重雹灾到中、轻雹灾不等。地面积雹2—10厘米，有的地区还出现人畜伤亡。这是一次范围广、灾情重的降雹过程。特殊的是，第二天全市又有八个区县连续出现雹灾。另外就是几十年来北京居民难以忘怀的1969年8月29日中午北京城区及10几个区县突然发生的雷暴雨、大风和特大雹灾，天色漆黑，耳边一片雷声隆隆，紧接着就是密集的冰雹打碎了窗户的声音。冰雹最大直径16厘米，重2公斤，地面积雹半尺以上。城区的大风尤其罕见，最大风力达11级。北京最主要的街道长安街路灯有2/3被冰雹砸坏。丰台、海淀万余亩大秋作物和果树受灾，减产50%以上。北京城近郊出现这么大的冰雹灾害实属罕见。1984年6月2日下午，平谷县北宅乡发生严重雹灾，长达20分钟，雹径大如鸡蛋，小如栗子，漫山遍野，低洼地方积雹达1米左右，800亩成熟的麦田被砸成平地，果树只剩枝干，损失严重。1997年6月24日通县、顺义、密云、怀柔、平谷、延庆境内出现风雹，最大雹径4厘米，最长降雹时间30分钟。6个县受灾5.95万亩，直接经济损失2796.38万元。其中顺义东部的平原地区张镇、大孙各庄和东北接近山区的龙湾屯镇出现了百年不遇的特大风雹灾害，倒树550棵，损坏房屋2000多间，砸死16.5万只鸡，砸伤5人。

六　北京风灾

/ 一 /

北京历史上的风灾

　　风灾是指大气环流过程中产生的自然灾害，其类型有暴风、台风、龙卷风等。北京地区风灾以暴风为主，有时也发生龙卷风，但不常见。夏季暴风往往是海洋暖湿季风造成的，这时发生的大风往往同时伴有雷暴雨，即暴风雨。春、秋季节的暴风基本上是由大陆性干燥空气造成的，发生的则是旱风。由于暴风雨中的暴风现象和冰雹灾害中的暴风现象在本书暴雨和洪涝灾害，以及冰雹灾害中都已经讨论过，所以这里主要讨论北京地区的旱风。现在气象学把风力分为 12 级，一般来说风力在 7 级以上就具有一定的破坏力。7 级风，人就会行走困难，普通称疾风或劲风。8 级风，大风折毁树枝，称大风。9 级风，房屋可能出现损坏，称烈风。10 级风，往往大风拔树，称狂风。11 级风，往往拔树发屋，称暴风。12 级称台风，损毁巨大，一般发生在东南沿海地区，北方不见。民国《顺义县志》记载："冬季多北风，夏季风向无定。春、秋二季气候转变时，西北风屡起，黄沙蔽天，日光为晦，农人多苦之。"这代表着北京大部分地区的气候特征。

　　北京历史上，西汉时期有关于暴雨大风的记载，但单纯有关风灾即所谓旱风的记载是始于 5 世纪末的北魏年间。《魏书》卷一百一十二上《灵征志上》："孝文帝太和八年（484 年）四月，济、光、幽（治今北京）、肆、雍、齐六州暴风。""宣武帝景明元年（500年）二月癸巳，幽州（治今北京）暴风，杀一百六十一人。"自此以后，风灾就比较常见于史书记载。《金史·章宗纪四》载："泰和四年（1204年）三月丁卯，日昏无光，大风毁宣阳门鸱尾。"金朝在今北京建中都城，宣阳门是皇城正南门。金朝末年卫绍王大安三年（1211年）二月乙亥夜，大风从西北来，发屋折木，吹清夷门（原来通玄门，中都城正北门）关折。东华门（中都皇城东门）重关折。我们可以想一下，城门的门闩应该是用很粗的木料做成的，狂风竟然能把城门的门闩吹折，那应该是多么大的风力！元朝在北京建立大都城，《元史·泰定帝纪二》："泰定三年（1326年）八月，大都昌平大风，坏民居九百家。"

明代北京地区大部分年份是"水旱兼作"，即一年中先后遭到水灾、旱灾的袭击。其规律是春旱、夏秋涝。只有在嘉靖、万历年间以后，单纯干旱的年份才增多。《明武宗实录》载："明武宗正德二年（1507年）闰正月乙丑，是日大风坏奉天门右吻。癸酉，申刻，大风起，黄尘四塞，随雨土霾。三月乙卯，申刻，大风，黄雾四塞。丙寅，申刻，大风扬尘蔽空，日入乃息。""正德五年（1510年）三月甲子，黄雾四塞，大风扬尘蔽空，雨土霾，天色晦冥如是者数日。"嘉靖二年（1523年）二月，通州风霾大作，黄沙蔽天，行人多被压埋。《明世宗实录》："明世宗嘉靖十九年（1540年）三月乙巳，申刻，黄雾四塞，随变为红赤色，暴风从西北起，坏文德坊并西长安街（今北京长安街）牌坊、斗拱、檐瓦，折西长安中门闩木及锁钮皆断，又坏城上旗杆数处，夜分乃息。"嘉靖二十九年（1550年）"密云县黑气亘天，大风发屋瓦[1]"；"怀柔县恶风大作，飘屋瓦，走沙石，次日方息[2]。""明神宗万历十七年（1589年）三月二十六日，北京昌平镇、怀柔诸县，申时分，忽然飓风大作，阴霾蔽日，白昼晦冥，树木吹折，屋瓦尽飞，田野禾苗土沙压没。至二十七日戌时方止。[3]""明神宗万历四十四年（1616年）十月甲子，夜，烈风折正阳桥（今前门桥）坊。""明神宗四十六年（1618年）三月庚午申刻，天气晴朗，忽闻空中有声如波涛汹涌之状随即狂风骤起，黄尘蔽天，日色晦冥，咫尺莫辨；及将昏之时，见东方电流如火，赤色照地，少顷西方亦如之，又雨土濛濛，如雾如霰，气袭人，入夜不止。""明熹宗天启四年（1624年）五月癸亥，乾清宫东丹墀旋风骤作，内官监铁片大如屋顶者，盘旋空中，陨于西墀，铿訇若雷[4]"明熹宗天启七年（1627年），"是岁，风从卢沟桥来，殿廷岌岌摇动，上恐而啼，满院回旋，且跌且行。市廛之屋竟有吹至数十里外者。而风过之处，人之衣履褫剥净尽。妇人在车中者无不裸露，而衣裙皆无踪迹。又有入酒坛或空无屋衣柜者，封锁如故，不知何以得入，且人尽赤身相向。[5]"

"明毅宗崇祯十三年（1640年）京师大风，天黄日眚，浃旬不解。[6]""明毅宗崇祯十六年（1643年）正月丁酉，大风，五凤楼前门闩风断三截，建极殿榱桷俱折。[7]""清圣祖康熙十五年（1676年）五月朔（壬午），钦天监争日食未决，登观象台看验。忽天气晦黑，有大风从西山来，势极猛厉，飞沙拔木，震动

/1/ 光绪《密云县志》卷二之一下《灾祥》。
/2/ 康熙《怀柔县志》卷二《灾祥》。
/3/ （明）钱希言：《狯园·风霾》。
/4/ 《明史·五行志三》。
/5/ （民国）王伯恭：《蜷庐随笔》。
/6/ 《明史·陈龙正传》。
/7/ 《明史·五行志三》。

天地。前门、厚载门（今北京地安门）一带房屋六畜俱被摄去。居人死伤无数。有男妇数人卷入半空，掀翻撞击。赑屃极巨者从空移去数丈。卢沟桥民吸堕前门内。远近奔骇，日食竟未及验而罢。[1]”“有人骑驴过正阳门，御风行空中，至崇文门始附地，人驴俱无恙。又有人在西山皇姑寺前，比风息，身已在京城内。此灾祥之甚者。[2]”“清圣祖康熙五十四年（1715年）六月，顺义县大风，树木尽拔。[3]”“戊寅（嘉庆二十三年，公元1818年）七月九日晡时（申时，15—17时），平谷县大风，有黑云起于天望山，若旋舞之状，自山而西，复折而东。过西阁村，屋皆倒，拔其椽，盘空而舞，屋瓦翩翩如燕子。[4]”“清文宗咸丰十年（1860年）二月昌平州怪风伤人。[5]”“丁亥（光绪十三年，1887年）夏，有龙（按，应是龙卷风的风柱）挂于西直门外城河。左近人家天棚，多有为风卷入云际者。[6]”“辛酉（民国十年）三月六日大风复来，历两昼夜不息。街上行人颇有为风吹堕城河者，可骇也。[7]”

以上都是一些北京地区历史上发生过的级别在7—11级之间的包括龙卷风在内的暴风灾的极端例子。

从历史记载来看，北京地区的春季季风对春旱的影响十分大，3、4月间的大风屡作使得土壤墒情进一步恶化，造成返青的冬小麦枯死，秋粮难以播种。明弘治十七年（1504年）四月以来北京、天津一带，天时尤旱，风霾屡作，夏麦枯死，秋田

/1/ 《三冈识略》卷七《京师异风》。
/2/ 《池北偶谈》卷二十五《谈异六 · 风异》。
/3/ 康熙《顺义县志》卷二《祥异》。
/4/ 《竹叶亭杂记》。
/5/ 《光绪昌平州志》卷六《大事表》。
/6/ 《天咫偶闻》。
/7/ （民国）王伯恭 :《蜷庐随笔》。

未种。明正德十一年（1516 年）三月甲辰，旬日以来旱干如故，风霾益作，农事未兴。冬无瑞雪，春有风霾，今二麦又枯，五谷未种。明嘉靖二年三月亢旱久，风霾不息，二麦未秀，秋种未布。明万历十五年（1587 年）今春徂夏少雨，风霾屡日……二麦无成。万历四十六年（1618 年）是岁，延庆大旱，风霾，伤夏麦。天启元年（1621 年）顺（天）、永（平）、保（定）、河（间）四郡……自去秋苦旱，腊月无雪。河间以北二麦未种，春深不雨，风霾极目。崇祯三年（1630 年）入春以来，晴明之日少，而风霾之日多……兹节已界夏，雨膏犹少，二麦就枯，农事无望。清朝雍正八年（1730 年）今年二月中旬以后，京师一带风多雨少，有微旱之象。乾隆四年（1739 年），自三月望（十五日）以来，弥月不雨，炎风屡作，麦根虽幸无恙，而麦苗已将萎矣，若十日不雨则无麦。乾隆九年（1744 年）三月风刮日晒，麦苗渐致黄萎。

/ 二 /

1949 年以后　北京的风灾

从历史至今，北京地区的风灾都和气候的干旱有着密切关系。例如史书上金章宗泰和三年（1203 年）四月，旱。丁巳，敕有司祈雨，仍颁土龙法。十月戊戌，日将暮，赤如赭。己亥，大风。甲辰，申、酉间（下午三、四时至五、六时）天大赤。夜将旦亦如之。日赤如赭、大赤，这都是气候干旱的景象。明英宗天顺元年（1457 年）正月，连日烈风大作，甘雨不降，尘盖田苗。明孝宗弘治十七年（1504 年）风霾屡作，夏麦枯死，秋田未种。

明世宗嘉靖二十四年（1545年）四月乙未，上谕："今岁以来，天时少顺，连日风沙，若有旱灾之虞。"这说明当时人们早已经把风沙和旱灾现象联系在一起。"风霾时作，旱魃为厉""风霾久旱"是史书中常见的描述。1949年以后这仍然是北京风灾发生的一个规律。

兹将1949年以后北京发生的风灾列表如下[1]。

表 6-1　1949 年以后北京发生的风灾表

年份	月/日	内容
1954	8.3—8.4	全市发生 8 级大风。全市郊区因风雨受灾面积 22 万亩，颗粒不收达 11.68 万亩。门头沟果树受灾 1710 棵
1957	7.13	昌平、通县、密云等地区 8 级大风。西郊瞬时极大风速 20.2m/s。通县玉米倒折 40%
	7.27—7.28	京西矿区河北、黄塔等 99 村风灾，受灾农田 1.9 万亩
1959	4.15—4.16	房山等 6 区县 8—9 级雷雨大风。房山 5000 亩小麦倒伏，房屋掉顶、倒塌 77 间，伤 1 人。房山至丁家洼路旁电线杆 80% 被风刮倒刮歪
	6.11	11 时 30 分房山河北、霞云岭（房山霞云岭）乡共 4 村 7—8 级雷雨大风。河北乡 170 棵果树被连根拔起，370 棵被刮伤
	6.22—6.23	昌平、大兴、延庆、密云、门头沟等地区 8—9 级大风。22 日，西郊瞬时极大风速 20.6m/s。密云西田各庄庄稼被毁，刮倒 20 余间瓦房
	7.20—7.22	全市 12 区县由于风暴雨疾，2 人死亡，13 人受伤，死牲畜 12 头，塌房 69 间
	7.8—8.1	平谷 8 级以上雷雨大风，受灾 1.4 万余亩，倒果树 1878 棵，减产果品 10%—15%。怀柔县桥辛乡农作物受灾 7029 亩，经济损失 10680 元
	8.26	延庆 76 村雷雨大风，受灾 3.3 万亩

/ 1 /　北京市地方志编纂委员会《北京志·自然灾害卷·自然灾害志》北京出版社 2012 年，第 363 页。

年份	月/日	内容
1960	4.30	全市 10 级大风,2 分钟平均最大风速 26.0m/s(相当瞬时极大风速 33.5m/s)。部分建筑物受损
	6.2—6.3	全市 12 区县 8—10 级雷雨大风。2 日,西郊极大风速 25.0m/s。房山 4.7 万亩小麦倒折,4.6 万亩大田作物被风刮倒,81 万多棵果树掉果 15%—50%,倒树 2400 棵,倒草房、圈棚 54 间
	8.19	房山 2 个乡 8 级大风,高秆作物严重倒伏,受灾 7 亩,受灾果树 2.6 万多棵,掉果 7%—15%
1961	7.24	房山大风,作物倒伏,受灾 4.2 万多亩,果树受灾 1 万多棵,落果率 10%—20%
1962	7.4—7.6	怀柔等 11 区县 9 级雷雨大风。怀柔受灾 1 万余亩,倒果树 1584 棵
	7.8	平谷、延庆等区县 8 级雷雨大风。平谷 10 万余亩玉米、高粱倒折 20%—30%。延庆高秆作物倒伏 1.5 万余亩
1963	7.1	密云(上甸子)、通县、大兴 12 级雷雨飑线大风(雷暴大风)。上甸子(密云县高岭镇上甸子村)瞬时极大风速 40.0m/s,摧毁高岭地区房屋 10 余间,倒树 300 余棵
	8.14—8.15	怀柔、顺义等 5 区县 8 级雷雨大风。怀柔受灾 2032 亩,被风折断或连根拔起树木 585 棵。顺义受灾 5 万余,大田作物倒折 20%—30%
1964	6.10—6.11	房山、顺义等 7 区县 8 级雷雨大风。房山直径 33 厘米树刮倒 80 多棵。顺义受灾 8 万亩(含雹灾),平谷刮倒电线杆 4 根,怀柔小麦倒伏 500 亩,其他区县小麦也有不同程度倒伏
	7.15	怀柔、密云、平谷、延庆 10—11 级大风。密云受灾 2 万余亩,倒树 4393 棵,倒房 48 间。平谷县午后 10 级飑线大风(雷暴大风),全县 1500 亩改种,树木被刮倒
1965	5.19	延庆等 5 县 12 级雷雨大风。延庆瞬时风速达 40.0m/s,2 个高压电线杆和 2 根低压电线杆被刮倒,1 人死亡
	6.4	平谷县夏季狂风骤雨,雷电交加,瞬时风速达 40m/s,风力大于 12 级
	7.6	大兴、怀柔、房山、门头沟、延庆、霞云岭(房山霞云岭)、昌平 8 级雷雨大风
	7.13	怀柔、房山、密云(上甸子)、延庆等县区 8 级雷雨大风。延庆大树被刮倒 60 多棵,另外杏树 1400 多棵,农田受灾 200 余亩
	7.22	平谷县东北部、怀柔县 9 级雷雨大风。怀柔县崎峰茶乡农田受灾 2480 亩

年份	月／日	内容
1965	8.11	平谷、延庆、密云 9 级大风，京郊高秆作物被刮断
	8.20	延庆大风，受灾 4600 亩，其中 4309 亩绝收
1966	8.9	大兴、延庆、门头沟 8 级雷雨大风。延庆受风灾 6.9 万亩，其中需毁种 3.3 万亩
1967	7.13—7.16	全市 9 级以上雷雨大风，其中大兴瞬时极大风速 26.1m/s。房山 10 级雷雨大风。海淀区四季青、玉渊潭 2 个公社 4500 多亩蔬菜被刮坏
1969	8.29	19 时，西郊发生几十年未见的雷雨大风，马路两旁的树和电线杆被刮倒。紫竹院西北门门口厚 67 厘米的语录牌及湖周围 50 厘米粗的树，约 2/3 被连根拔起。宣武区许多钢筋水泥灯柱被刮断，卷起 1 幢三层楼的屋顶
1971	7.21	密云（上甸子）、怀柔、平谷、密云、顺义、通县 8 级飑线大风，各地高秆作物被刮倒
	8.6	延庆等 6 县 10 级雷雨大风。延庆 10 级大风持续半小时左右，风雹袭击 12 个乡的 24 万亩耕地
1972	7.18—7.19	大兴、怀柔等 11 区县 12 级大风
	7.27	14—16 时，大兴、旧宫、怀柔、门头沟、顺义、密云、通县 9 级大风。密云瞬时极大风速 21.0m/s，刮倒果树 500 余棵
1973	8.2	怀柔县长城以南 7 个乡 9—11 级大风，持续 20 分钟，倒树 500 余棵，受灾 8 万余亩。昌平 16 万亩受灾，果品损失约 32 万斤
1975	5.31	怀柔等 5 县 8 级大风。怀柔受灾 10 万亩
	7.7	平谷 13 乡受暴风雨和冰雹袭击，风力 8 级，持续 1 小时，倒伏 2 万亩
	7.13	平谷、怀柔大风。平谷大风持续 40 分钟，2.7 万亩春玉米和晚玉米受灾，直径 16 厘米大树倒 1000 多棵。怀柔 6 个乡大风持续 30 分钟，受灾 12000 亩
1976	6.29	昌平、怀柔、大兴 8 级以上大风。怀柔 14 个乡受灾 15 万亩，怀柔公路西侧直径 30 厘米以上大树和电线杆被刮倒。大兴电线杆倒 60 多根，许多房屋被揭顶，作物受灾 1500 多亩，倒树 200 多棵
	7.23	上甸子（密云县高岭镇上甸子村）和怀柔 5 个乡大风。上甸子 10 分钟最大风速 13.0m/s（相当于瞬时极大风速 19.2m/s）。怀柔 5 个乡大风持续 30 分钟左右，6000 亩中茬玉米倒伏
	8.23	18 时，怀柔 3 个乡遭风雹袭击，风力 7—8 级，受灾 2 万亩（含雹灾）

年份	月/日	内容
1977	3.22—3.24	全市9—10级大风，加之冻害，全市小麦减产30%
	6.28	怀柔9个乡受风灾5.7万亩
	8.14—8.15	平谷、延庆等7个区县8—9级大风。平谷21个乡遭灾，10万亩农田受灾，1200多棵大树被折断或连根拔起。延庆受灾严重的1.2万亩。同日下午，怀柔长哨营、碾子降雹时伴有大风。怀柔21个乡倒树40余棵，7000亩倒伏，重灾4200亩
1978	4.27—4.30	顺义、石景山、大兴、门头沟、密云、平谷、怀柔等区县8—10级飑线大风，怀柔县受灾2.1万亩
	6.8—6.9	丰台、顺义、昌平、门头沟（斋堂）、怀柔、平谷、海淀、石景山12级雷雨大风。平谷折断树木2800多棵。平谷、怀柔、顺义倒伏小麦70万亩
	6.29—6.30	房山8—11级雷雨大风刮断树木3800多棵，毁房40多间。刮坏高低压线路42公里，倒杆400多根。朝阳区太阳宫10多棵大树被连根拔起
	7.7—7.9	丰台、大兴、旧宫、昌平、朝阳、延庆、通县、门头沟、密云（上甸子）、怀柔、顺义、房山、汤河口（怀柔汤河口镇）、海淀、石景山9—10级雷雨大风。大兴倒树折树4500多棵，倒房1600多间
1979	7.16	密云、怀柔、平谷9级大风。怀柔受灾2万亩。30厘米粗的大树被刮倒10多棵
1980	7.4	海淀、大兴、怀柔等区县8级大风。怀柔70个村倒伏玉米4.8万亩，折树20%—30%
	8.8	怀柔5个乡8级大风，倒伏玉米4万余亩
1981	1.10—1.11	海淀等7区县8级大风。10日凌晨，西郊鹫峰山山脚下发生罕见局部大风，某研究所大楼屋顶被掀
	5.1—5.3	全市8级寒潮大风。刮坏大棚600多个，中小棚及地膜覆盖损失极为严重，露栽蔬菜损失一至两成
1982	5.2—5.3	全市8—9级大风，京郊定植的蔬菜5%—20%被风吹成光杆。四季青57个大棚被刮坏。房山倒树1700多棵，果品减产600万斤。周口店水泥厂10米烟筒和娄子村1700平方米厂房被刮倒
	7.14	朝阳高碑店8级大风，倒树上百棵，以及部分电线杆。通县路旁大树被刮倒100多棵，高压线杆倒5根，北京焦化厂1座大型龙门吊出轨翻倒
	7.15	通县、房山、朝阳8级以上大风
	8.16	昌平、通县、石景山、怀柔8级大风。怀柔平原地区倒伏1.5万亩

年份	月 / 日	内容
1982	8.17	怀柔、昌平8级以上大风。怀柔县长城以南和部分山区大风达8级，农作物倒伏4.1万亩
1983	6.5	全市大部分地区8级大风，瞬时风速约22.0m/s。全市供电线路约300处被刮坏。门头沟下蔡家峪村果树落果60筐。昌平黑山寨核桃落果10%
	8.3	顺义县大孙各庄发生龙卷风，时间短、范围小、强度大，大树折断。500斤铁门被抛出24米，大型佳木斯脱粒机被刮得翻滚
1984	3.20	全市9—10级大风，京郊3168亩大棚受灾，地膜5619亩。广安门外马连道粮仓被大风揭顶40多个
	6.30	21—22时，延庆、怀柔遭风雹袭击。怀柔15个村遭10级大风，倒果树5.5万余棵，其中1万余棵被连根拔起
	7.8	密云、平谷、密云（上旬子）、怀柔（汤河口）9级雷雨大风。平谷县倒树1020棵
	7.14	怀柔全县发生雷雨大风，受灾4.7万亩
	8.6	海淀、大兴、丰台、朝阳、平谷、石景山等地区8—12级大风，近千间房屋被破坏，倒树8万多棵。平谷21个乡受灾，电线刮断12处，3人触电死亡，连根拔起树木4000多棵。大兴受灾最重，涉及12个乡，受灾22.5万亩，损坏房屋529间，刮倒电线杆2645根，刮塌房屋把1人砸死，伤16人
	8.25	大兴、海淀、朝阳、通县9级飑线大风。朝阳高秆作物、树木、大棚被风毁坏
1985	6.9	怀柔县局部地区8级大风，倒树80多棵。通县10级雷雨大风，倒房57间
	7.2	下午，门头沟、房山、昌平雷雨大风。房山风力8级，34个村受灾，农田受灾3.63万亩。需毁种3800亩，倒树660棵
	7.6	怀柔杨宋各庄乡8—9级雷雨大风，倒伏18000亩，倒树1000多棵
	7.7	通县、顺义等5区县8级大风。通县倒树2500棵，毁房57间，倒电线杆100多根。顺义倒树14000棵，倒伏玉米2万亩
	7.18	16时，平谷县10个乡风灾，风力7—8级，持续半小时，受灾22万余亩
	7.26	城区及部分郊区8级以上大风，供电线路多处中断，4人触电死亡。城区倒树800余棵，砸房44间，伤2人
	8.6	通县、平谷、顺义、密云7—8级大风。顺义、密云路旁倒树420棵。顺义境内8条公路倒树850棵
	8.20	石景山8—9级雷雨大风，古城1座建筑吊塔被刮倒

年份	月/日	内容
1986	1.3—1.4	全市大部分地区 8 级以上大风，多数达 10—11 级。毁坏温室、大棚 14 亩多，其中刮坏温室 442 间、大中蔬菜棚 176 间
	4.18—4.19	全市大部分地区 10 级左右大风，刮坏大棚 155 个。西瓜、蔬菜受冻 25 万余亩，风后受冻小麦 6 万多亩
	7.8	昌平、怀柔、延庆 8—9 级大风。怀柔受灾 9 万余亩，果品损失 170 万斤。八道河村玉米倒伏 550 亩。延庆下屯乡受风雹灾 5000 亩
	7.11	顺义、平谷、密云 8 级以上雷雨大风。密云溪翁庄等 4 个乡受灾 4.5 万亩，树木被连根拔起 2 万余棵；巨各庄 10 里长公路两侧树木全部被刮倒，倒高低压电线杆 288 根。顺义倒树 150 多棵，果品损失 35 万多斤
	7.14	城区和部分郊区 8 级大风。密云县损失粮食、果品 6 万余斤
	7.23	全市大部分地区 8 级以上大风，折断树木电线杆 10 余处，造成 11 人触电死亡
	7.26	密云、房山、大兴、顺义等县 8 级大风。密云和房山倒树 3000 棵，农作物倒伏，果品被大风吹落。大兴县 4000 亩玉米倒伏。顺义作物倒伏 5.4 万亩
	8.10	门头沟、朝阳、通县等 7 区县 8 级大风，受灾 7.3 万亩
	9.11	海淀、门头沟、朝阳、平谷、顺义 8 级大风，受灾 5.6 万亩
1987	3.20	城区和大部分郊区 8 级以上大风，许多菜田薄膜和大棚被刮坏
	6.5	大兴、顺义、通县、密云、平谷 7—8 级大风，倒伏小麦 30 万亩
	6.17	延庆 3 个乡 7—8 级大风，倒伏小麦 5 万亩
	6.18	通县等 5 区县 8 级以上大风。通县南部受灾粮田 1.71 万亩，瓜果棉田 4115 亩
	7.1	通县、大兴 10 个乡 7—8 级大风，倒伏玉米 3725 亩，倒树 531 棵、电线杆 69 根
	7.4	通县 12 个乡遭风雹袭击，部分地区最大风力 9 级。市商业局储运公司 1 台龙门吊车被刮出 10 几米远，倾倒在地
	7.12	平谷县 4 个乡大风 8 级，倒伏玉米 1.8 万余亩。倒直径 30 厘米树 43 棵
	7.20—7.22	门头沟、昌平、海淀 8 级以上大风，倒伏秋粮作物 16.92 万亩
	8.6	门头沟、怀柔 8 级雷雨飑线大风。怀柔受灾 8892 亩，倒果树 70 余棵，折断 520 棵

年份	月/日	内容
1987	8.11	平谷东部 5 个乡 37 个村受暴风雨袭击，受灾 1.3 万余亩
	8.24—8.26	密云、怀柔、昌平、海淀、顺义、门头沟、石景山、平谷、怀柔（汤河口）先后 8 级以上雷雨大风。24 日，顺义倒伏玉米 5000 亩，昌平 4000 亩，损失果品 450 万斤
	12.21	城区大风 8—9 级，发生倒电线杆等供电事故 21 起
1988	1.21—1.23	全市大部分地区 8 级以上大风。22—23 日供电事故 21 起。21 日 8 时—22 日 8 时，火灾报警 30 起。刮坏大棚 192 个。通县徐辛庄 9 个大棚被刮跑，坏西瓜地膜 5600 亩
	4.20—4.22	全市大部分地区 9 级大风。海淀 22 亩大棚受损
	7.15	通县、平谷 8 级大风，倒伏玉米 3.8 万亩
	7.22	门头沟、房山 8 级大风。倒伏秋粮作物 20 余万亩
	8.2	顺义暴风雨，瞬时风力 7—8 级，20 个乡受灾 6 万余亩（含暴雨灾害）
	8.3	延庆 8 级以上大风，受灾 5.23 万亩
	8.4	大兴和房山遭暴风袭击，局部风力 8 级以上，倒伏玉米 10 万余亩
	8.5	通县暴风雨，阵风 8 级以上，倒伏秋粮 7.98 万亩，其中严重倒伏 4.1 万亩
	8.20	海淀、房山 8 级大风，房山 3.94 万亩玉米倒伏、折断
	9.3	下午，延庆东北部大雨并 7 级以上大风。9 个乡受灾，玉米受灾 6.2 万亩，其中受灾达 70% 以上的有 3.5 万亩
	9.10	海淀（北洼路）、昌平 8 级大风。海淀倒伏水稻 1.94 万亩，菜田受灾 2782 亩
1989	5.23	全市大部分地区 8 级以上大风，郊区供电事故 180 多起
	5.31	城区和部分郊区 8 级以上大风。全市倒伏小麦 29 万亩。平谷倒树 313 棵，毁坏 202 个大棚
	6.4—6.5	下午至夜间和 5 日下午，密云东北部山区 19 个村 8 级大风，倒伏小麦 1.6 万余亩，玉米受灾 2324 亩，倒树 532 棵，受灾菜田 680 亩
	7.13	朝阳、房山、房山（霞云岭）、门头沟（斋堂）、顺义、密云 8 级以上大风，倒伏玉米 2.3 万亩，倒树 100 棵
	7.15	密云大风 8 级以上，倒大小树 80 多棵

年份	月/日	内容
1989	7.19	平谷、密云、怀柔出现风雹，秋粮倒伏 7 万余亩，倒树 1200 多棵
	7.20	平谷 10 级雷雨大风，倒直径 20 厘米以上的树 600 余棵，倒伏玉米 6 万余亩
	8.28	密云、顺义、平谷遭风雹袭击，最大风力 9 级，倒伏秋粮作物 13 万亩，成灾 5 万余亩
	9.10	怀柔 3 个乡遭风雹，风力 7—8 级，受灾粮田 1.6 万亩、菜田 1260 亩
	9.17—9.18	城近郊区遭风雹和暴雨，倒伏秋粮 1.5 万
1990	6.8	房山雷雨大风 8 级，倒伏小麦 2.8 万亩
	7.4	密云 12 个乡遭大风袭击，最大风力 7—8 级，持续 20 分钟，倒伏玉米 5.5 余万亩
	7.9	延庆风雹，风力 9 级，玉米倒伏万亩
	7.14	朝阳区高碑店暴风雨，最大风力 8—9 级，倒树 388 棵，砸断高压线 1500 余米，615 亩蔬菜 70% 受损，180 亩葡萄 50% 以上受损。同日，平谷 7 个乡暴风雨，最大风速 22.0m/s，倒树 1 万棵、电线杆 400 多根，损坏房屋 300 余间，砸伤 5 人
	7.24—7.25	城区、丰台、石景山、朝阳、大兴先后发生 8 级大风，倒树 130 多棵，城区 70 余起供电事故，2 行人触电死亡
	8.9	21 时—21 时 30 分，延庆部分地区大风，风力 9 级以上。受灾 5 万亩
	8.20	延庆、怀柔、密云、顺义等县 8 级大风，倒树 685 棵，毁屋 6 间，受灾粮田 28 万亩、果树 5.4 万亩、蔬菜 2.1 万余亩
	8.30	密云、平谷等县 8 级以上大风，倒树 3500 棵，受灾粮田 3.6 万亩、菜田 5550 亩
	9.2	密云西北部山区四和堂乡风灾，最大风力 7—8 级。刮倒大树砸坏供电线路，1 村民触电身亡
	9.4	密云城关等 12 个乡风灾，最大风力 7—8 级，刮 20 分钟，倒伏 5.5 万余亩，其中严重倒伏 1.2 万余亩。新城子乡 18 个村全部受灾
	9.13	密云北部山区 70 个村风雹，最大风力 7—8 级，受灾粮田 1.1 万亩、菜田 3200 亩
	9.30	平谷大风，瞬时风速 22.0m/s，持续 30 分钟。秋粮作物受灾 15 万亩，其中绝收 1 万亩；果树受灾 1 万亩；蔬菜受灾 6000 亩，其中绝收 3000 亩。倒折大树 3500 棵

年份	月 / 日	内容
1991	2.20—2.22	全市 8 级大风，海淀、丰台刮坏大棚 260 个
	4.30	全市 8 级大风，蔬菜受灾 5.9 万亩，绝收 500 多亩
	6.8	海淀、朝阳 8 级大风，海淀瞬时大风 12 级。清河有 4 台 40 多吨塔吊车被刮出轨道，1 台刮翻
	6.29	密云新城子东庄禾降雹并伴有 8 级大风，倒树、折断树 517 棵
	7.1	大兴 7 个乡大风，最大风力 9 级，历时 50 分钟。倒电线杆 727 根，通信杆 727 根，倒围墙 700 米，倒屋 343 间。9000 多亩果树减产 40% 以上，500 亩菜田受灾
	7.9	顺义 9 乡镇大风暴雨，瞬时风力 9—10 级，倒树 5000 余棵、高低压电线杆 301 根，损坏民房 500 余间，倒围墙 700 米
	7.11	大兴 4 个乡镇遭风雹灾害，风力 8 级，倒树 400 棵、电线杆 43 根
	8.8	23—24 时房山 8 个乡镇大风暴雨冰雹。风力 7—8 级，阵风 9 级。倒树 3000 棵，损失果品 111.86 万公斤，供电线路受损
	8.10	密云、朝阳共 4 个乡暴风雨，风力 8 级以上，秋粮倒伏和成灾 1.5 万亩
	8.18	怀柔、密云、平谷等县 11 个乡遭风雹袭击，瞬时风力最大 9 级。倒树 259 棵，大面积果树果品被砸伤。3 万多亩玉米严重倒伏
1993	4.9	全市范围 8 级以上大风，300 多个大棚被刮坏，供电线路受损 100 多处。城区 40 余处广告牌和高楼悬挂物被风刮倒。北京火车站大广告牌连砖墙被刮倒，死 2 人，伤 15 人。建国门瞬时极大风速 27m/s，朝阳门 30m/s。火灾倍增。9 日 0 时—18 时火警 25 起，出动消防车 70 多辆。双桥农场仓库被烧毁 100 平方米
1994	2.8	全市 8 级以上大风。城区刮坏 3 个候车棚、2 棵大树。门头沟潭柘寺区鲁家潭粮库刮散 1 个粮垛
	6.11	丰台 4 个乡遭风雹，瞬时最大风力达 9 级。王佐乡 31 个大棚被卷走，158 个大棚被砸坏
	6.26	平谷 10 个乡风雹，最大阵风 10 级以上，供电停止 16 小时以上
1995	1.8—1.9	城区和部分郊区先后 8 级大风，大棚、农膜被刮坏，损失 47.6 万元。大兴县礼贤乡 100 个日光温室被吹坏，损失 30 万元。石景山部分地区高压线被刮断，长时间、大范围停水、停电
	8.18	17 时—18 时，怀柔部分地区风雨灾害，大风刮倒夏玉米上万亩

年份	月／日	内容
1995	8.19	18时，顺义7个乡镇遭暴风雨袭击，刮倒玉米3.4万亩
	9.10	门头沟雁翅地区大风8级，80%的作物被刮倒，减产40%。树木断枝断干数百棵。延庆大风，阵风8级，成灾8万亩
	10.29—10.31	本市大部分地区8级以上大风，石景山路旁树木、广告牌被刮倒
1996	1.2—1.3	顺义、朝阳、石景山、大兴、丰台、怀柔（汤河口）大风，10分钟平均最大风速12.7m/s（相当于瞬时极大风速18.8m/s）。大兴500亩大棚棚膜被刮坏，冻伤严重，直接经济损失210万元
	2.26	顺义、怀柔（汤河口）、密云、通县、朝阳、门头沟、北洼路、石景山、丰台、大兴大风，10分钟平均最大风速14.2m/s（相当于瞬时极大风速21.1m/s）。丰台区1400亩大棚被掀走，其中416亩受灾最严重，蔬菜被冻死。通县部分乡镇温室、大棚受灾，受灾面积302亩，棚架扭曲、整个被掀翻，直接经济损失300多万元
	4.16—4.17	怀柔（汤河口）、海淀、昌平、门头沟、大兴、石景山、丰台大风，10分钟平均最大风速13.4m/s（相当于瞬时极大风速19.8m/s）。怀柔刮坏大棚90座、地膜500亩，农作物被冻死。直接经济损失115万元。大兴礼贤、安定、榆垡、庞各庄等4乡镇150亩蔬菜保护地膜受灾，蔬菜减产30%，直接经济损失45万元
	4.19	通县8级大风，瞬时极大风速19.6m/s。全县13个乡镇蔬菜受灾11460亩，地膜、大棚被刮坏，蔬菜冻死，直接经济损失110万元
	6.10	16时，平谷峪口、大兴庄、乐政务、王辛庄、山东庄、独东河、韩庄、黄松峪、靠山集等9个乡镇8级以上雷雨大风，小麦倒伏5000余亩，减产250余公斤，部分温室大棚被掀开，损失150余万元。倒树400余棵、电线杆50根
	7.23	20时40分，大兴县礼贤、庞各庄、长子营、凤河营等乡镇雷雨大风，受灾3970亩。大棚倒塌1010亩，露地菜受灾2960亩，直接经济损失465.3万元
1997	3.29	海淀、密云、密云（上甸子）、怀柔、通县、朝阳大风，10分钟平均最大风速12.4m/s（相当于瞬时极大风速18.3m/s），刮倒广告牌、烟筒数个
	5.15—5.16	本市大部分区县大风，10分钟平均最大风速15.0m/s（相当于瞬时极大风速22.3m/s）。通县、海淀800多亩蔬菜受损。15日大风，发生火灾24起
	7.22	夜，房山南尚乐镇雷雨大风，蔡庄倒树1500多棵，高低压线全部被刮坏，倒塌民房10余间，200多亩粮田绝收
	7.30	7时30分，通县马镇10级以上雷雨大风，2200亩夏玉米倒伏，210亩果树蔬菜受灾，倒树200余棵，40间民房损坏，供电线路受损，许多地方停水停电，直接经济损失226万元

年份	月/日	内容
1998	2.7—2.9	顺义、怀柔、平谷、通县、朝阳、旧宫、石景山大风，10 分钟平均最大风速 13.0m/s（相当于瞬时极大风速 19.2m/s），大风危及全市多处高低压供电线路
1999	1.24	21 时，本市西北部地区大风，沙尘弥空，火警频仍。24 日 18 时至 25 日晨 6 时，火警 66 次，大大超出平日接警数
	7.15	17 时 10 分，怀柔汤河口（怀柔汤河口镇）、镇卜营、东黄梁、大黄塘、东帽湾等村雷雨大风，树木被刮断，庄稼受灾 1500 亩，粮食减产 16 万斤
	7.16	16 时，怀柔碾子乡 4 个村雷雨大风，玉米倒伏 850 亩，减产 27.2 万斤，直接经济损失 40.8 万元
	7.17	怀柔碾子乡道德坑等 4 村，九渡河镇九渡至四渡河等 7 村和密云不老屯镇等 9 级雷雨大风，9796 亩玉米倒伏，减产 196.6 万斤。林果受灾 1465 亩，减产 100 万公斤。蔬菜受灾 400 亩，减产 19.5 万公斤。刮倒树木 2050 棵。直接经济损失 157 万元
	7.21	17 时 40 分—18 时 20 分，房山张坊镇下寺村雷雨大风，倒树 200 棵，毁屋 33 间。2000 棵柿子受灾，受灾率 75%。300 棵柿子树绝收。玉米倒伏 260 亩，直接经济损失 27.5 万元
	9.9	0 时 30 分—1 时 30 分，大兴县采育、朱庄等 4 个乡，房山窑上乡大陶、小陶等 8 个村 9 级雷雨大风，15500 亩玉米倒伏，28400 亩果树落果率 30%—40%。800 亩蔬菜受灾。直接经济损失 2293.75 万元
2000	3.22	大兴瀛海乡 8 级以上大风，温室大棚被破坏，蔬菜被冻死，受灾 32 亩，直接经济损失 18.6 万元
	3.26—3.28	怀柔（汤河口）、怀柔、通州、朝阳、门头沟、旧宫、石景山、房山（霞云岭）、密云（上甸子）大风，10 分钟平均最大风速 12.9m/s（相当于瞬时极大风速 19.1m/s）。其中，27 日大风，把健翔桥附近工地楼顶油毡、钢筋连同在上面的 7 位工人卷到地面，3 人死亡，4 人重伤。有的大树被连根拔起。城区内金鱼胡同王府饭店附近的广告箱掉落砸伤路过行人
	4.4—4.6	石景山、怀柔（汤河口）、顺义、延庆、密云（上甸子）、平谷、通州、朝阳、大兴、昌平、门头沟大风，10 分钟平均最大风速 17.1m/s（相当于瞬时极大风速 25.5m/s）。其中，6 日出现沙尘暴天气，最低能见度 300—400 米，首都机场到港飞机或转降天津等地，或返航。地面交通事故比平常增加 20%—30%。大兴大棚严重损坏，蔬果受冻 1800 亩，西瓜占 60%，瓜苗全部被冻死。顺义北务镇 2500 个西瓜大棚刮坏，占全镇大棚的 1/3。直接经济损失近千万元，间接经济损失 400 多万元
	4.7	怀柔、顺义、延庆、通州、朝阳、大兴、昌平及观象台、霞云岭大风，10 分钟平均最大风速 14.1m/s（相当于瞬时极大风速 20.9m/s）。大兴国家储备粮库损坏，粮食外溢，损失 2 万余元。通州徐辛庄、宋庄等 22 村镇部分温室和大棚薄膜被撕裂，露地地膜被卷走，受灾 18423 亩，直接经济损失 4143 万元

1. 暴风

北京地区有 3 个风口，从而形成 3 条风带。第一条风口位于北京西北的康庄、八达岭经昌平南口，顺温榆河河谷而下，称西北风带。第二条是位于北京东北的密云县古北口的风口，顺潮河河谷而下到顺义县天竺与西北风带汇合，经温榆河到东北平原地区，称东北风带。第三条是顺永定河河谷而下经门头沟区东南经石景山、大兴的风带[1]。

根据表 6-1，我们大致统计出北京 1949—2000 年之间，发生 8 级及 7 级大风有 47 次，8 级以上，以至于 11 级狂风有 41 次。7、8 级的大风足以对农业生产造成危害，一般来说，1—4 月发生的风灾会掀坏蔬菜大棚和农田地膜，使得蔬菜和农作物被冻死。例如 1991 年 2 月 20—22 日全市发生 8 级大风，海淀、丰台刮坏大棚 260 个，蔬菜被冻死冻伤。4 月 30 日从黄土高原刮来的 7 级左右大风进入北京市，11 时 26 分，门头沟斋堂地区风速达 26m/s，风力超过 9 级，蔬菜受灾 5.9 万亩，绝收 500 多亩。1993 年据《北京日报》5 月 16 日报道，本市郊区旱情严重，市政府发出紧急通知，要求全力以赴，抗旱保苗，确保粮食生产不受或少受损失。1—3 月，本市郊区平均降水量仅有 2.4 毫米。山区 30 万亩旱地无法出苗，123 处地方的 2.72 万人和 4400 头大牲畜出现饮水困难，30 个地方的 7000 人需要到村外拉水吃。4 月，本市 6 级以上大风日达 15 天，其中 7 级以上大风日 4 天，月降水量为 6.2—17 毫米。春季的旱风使得土壤中水分加速蒸发，更加重了土壤失墒。从历史上看，历来 3、4 月间的大风屡作会使

---

[1] 霍亚贞主编：《北京自然地理》，北京师范学院出版社，1988 年。

得土壤墒情进一步恶化，造成返青的冬小麦枯死，秋粮难以播种。1995年1月8—9日，北京城区和部分郊区先后发生8级大风，大棚、地膜被刮坏，损失47.6万元。大兴县礼贤乡100个日光温室被吹坏，损失30万元。1996年冬季北京城区以北地区发生范围广泛的大旱风。1月2—3日，顺义、朝阳、石景山、大兴、丰台、汤河口（怀柔汤河口镇）发生7级疾风，瞬时极大风速达到8级。大兴500亩大棚棚膜被刮坏，冻伤严重，直接经济损失210万元。2月26日顺义、汤河口（怀柔汤河口镇）、密云、通县、朝阳、门头沟、北洼路、石景山、丰台、大兴大风，发生7级疾风，瞬时极大风速达到9级烈风。丰台区1400亩大棚被掀走，其中416亩受灾最严重，蔬菜被冻死。通县部分乡镇温室、大棚受灾，受灾面积302亩，棚架扭曲、整个被掀翻，直接经济损失300多万元。4月19日通县发生8级大风，瞬时极大风速19.6m/s。全县13个乡镇蔬菜受灾11460亩，地膜、大棚被刮坏，蔬菜被冻死，直接经济损失110万元。6月份发生的风灾造成已经成熟的小麦大面积倒伏。例如1987年6月5日大兴、顺义、通县、密云、平谷7—8级大风，倒伏小麦30万亩。6月17日延庆3个乡7—8级大风，倒伏小麦5万亩。1989年6月4日下午至夜间和5日下午，密云东北部山区19个村8级大风，倒伏小麦1.6万余亩，玉米受灾2324亩，倒树532棵，受灾菜田680亩。从表6-1统计的数据中可以看到，北京的8级大旱风有时发生在7、8月份，这会造成高秆作物玉米、高粱大面积被吹折、倒伏和果树掉果。例如，1960年8月房山2个乡8级大风，高秆作物严重倒伏，受灾7.4万亩，受灾果树2.6万多棵，掉果7%—15%。1976年7月上甸子（密云县高岭镇上甸子村）和怀柔的5个乡大风。上甸子10分钟最大风速13.0m/s，相当于7级大风

（相当于瞬时极大风速 19.2m/s，相当于 8 级大风）。怀柔 5 个乡大风持续 30 分钟左右，6000 亩中茬玉米倒伏。1980 年 7 月海淀、大兴、怀柔等区县 8 级大风。怀柔 70 村倒伏玉米 4.8 万亩，折断树 20%—30%。8 月怀柔 5 乡 8 级大风，倒伏玉米 4 万余亩。1982 年 8 月 16 日昌平、通县、石景山、怀柔 8 级大风。怀柔平原地区倒伏 1.5 万亩。1986 年 7 月 14 日城区和部分郊区 8 级大风。密云县损失粮食、果品 6 万余斤。7 月 26 日密云、房山、大兴、顺义等县 8 级大风。密云和房山倒树 3000 棵，农作物倒伏，果品被大风吹落。大兴县 4000 亩玉米倒伏。顺义作物倒伏 5.4 万亩。1987 年 7 月 1 日通县、大兴 10 个乡 7—8 级大风，倒伏玉米 3725 亩，倒树 531 棵、电线杆 69 根。7 月 12 日平谷县 4 个乡大风 8 级，倒伏玉米 1.8 万余亩。倒直径 30 厘米树 43 棵。1988 年 7 月 15 日通县、平谷 8 级大风，倒伏玉米 3.8 万亩。7 月 22 日门头沟、房山 8 级大风，倒伏秋粮作物 20 余万亩。8 月 20 日海淀、房山 8 级大风，房山 3.94 万亩玉米倒伏、折断。9 月海淀区北洼路、海淀、昌平 8 级大风。海淀倒伏水稻 1.94 万亩，菜田受灾 2782 亩。1990 年 7 月 4 日密云 12 个乡遭大风袭击，最大风力 7—8 级，持续 20 分钟，倒伏玉米 5.5 余万亩。9 月 4 日密云城关等 12 个乡风灾，最大风力 7—8 级，持续 20 分钟，倒伏 5.5 万余亩，其中严重倒伏 1.2 万余亩。新城子乡 18 村全部受灾。1995 年 9 月 10 日门头沟雁翅地区大风 8 级，80% 农作物被刮倒，减产 40%。树木断枝断干数百棵。延庆大风，阵风 8 级，成灾 8 万亩。

至于风灾的时间分布，前面我们已经提到，春、秋、冬季较多，夏季较少。关于一年四季的划分，气象学方面有不同的意见。有的认为按中国传统，农历 1、2、3 月是冬季，4、5、6 月是春季，7、8、9 月是夏季，10、11、12 月是秋季。而现代气象学认为，12、1、2月是冬季，3、4、5月是春季，6、7、8月是夏季，9、10、11月是秋季。如果按物候学的观察来划分的话，北京地区11、12、1、2、3月为冬季，4、5月为春季，6、7、8月为夏季，9、10月为秋季。冬季长达5个多月。为了便于说明，笔者采取一般习惯的现代气象学的划分方法。那么，从表6-1中可以看到北京地区春季（3—5月）发生8级大风7次，但发生8级以上的大风却有14次，显示着北京春季风灾的强势状态。

从北京地区发生的8级大风来看，1月有4次，2月有3次，3月有2次，4月有3次，5月有2次，6月有6次，7月有14次，8月有7次，9月有5次，10月、11月无记载，12月有1次。那么，冬季（12—2月）有8次，春季（3—5月）有7次，夏季（6—8月）有27次，秋季（9—11月）有5次。

华北地区平均一年大风日数一般在20—30天之间，而且大部分地区春季大风多于冬季，夏季是一年中大风日数最少的季节。可是具体到北京地区来说，我们根据以上记载看到，1949—2000年北京地区冬、春、秋三个季节虽然发生8级大风很多，有20次之多，而且风力很大，但是还是少于夏季的27次的记载。笔者认为，这不但和当年的干旱气候有关，而且也和发生风灾的地区的地理环境有密切关系。例如北京夏季发生的27次8级大风中，就有19次发生在密云、怀柔、门头沟、延庆等山区。同时，平原地区，1980年海淀、大兴大风，1982年朝阳区、通县、石景山区大风，1985年通县、顺义、平谷大风，1986年大兴、顺义、朝阳、通县大风，都应该和北京地区1980—1986年的连年干旱有关。1987年7月通县、大兴发生的7—8级大风也应该和当年年降水量只有683.9毫米有一定关系。1990年7月城区、丰台、石景山、朝阳、大兴先后发生8级大风也应该和当年年降水量只有 697.3 毫米有一定关系。减少夏季旱风的方法就是降雨，然而北京地区 1949 年以后五六十年代年降水量较多，但自七八十年代以后，年降水量减少，这应该是北京地区八九十年代夏季旱风较多的重要原因。根据市气象局统计，北京市"夏半年"（3 月 21 日—9 月 23 日）大风日数占了全年的 10%，而且"夏半年"短时大风虽然持续时间比较短，从几分钟到几十分钟不等，但夏大风的破坏力超强[1]。

当我们说到最大风速时，是指在 10 分钟内平均风速的最大值，与此相关的极大风速是指瞬时风速的最大值。瞬时风速比最大风速要高。北京地区发生的 8 级大风，其瞬时风速有时会达到惊人的程度。例如 2000 年 3 月 26 日怀柔、通州、朝阳、门头沟、石景山、房山霞云岭、密云县上甸子大风，最大风速 12.9m/s，达到 6 级强风，瞬时极大风速相当于 8 级大风。3 月 27 日出现罕见大风，瞬时风速达到 8—9 级，把朝阳区健翔桥附近工地楼顶的油毡、钢筋连同上面的 7 位工人卷到地面，3 人死亡，4 人重伤。有的大树被连根拔起。这是 1949 年以后北京风灾造成伤亡最多的一次。同日，丰台区丽泽桥东一家汽配商店被大风掀翻，海淀区某饭馆 5 米高的烟囱被刮成"斜塔"。有人把这次大风归结为龙卷风，笔者认为从暴风的形态来看其实还是属于暴风。

北京地区发生的 8 级以上，以至于 11 级的狂风，1 月有 2 次，2 月有 1 次，3 月有 4 次，4 月有 6 次，5 月有 2 次，6 月有 4 次。7 月有 11 次。8 月有 9 次。9 月有 1 次。10 月有 1 次。11 月、12 月无记载。那么，冬季（12—2 月）有 3 次，春季（3—5 月）有 12

/1/《专家分析称北京未来十年进入沙尘暴活跃期》，《北京晚报》，2014 年 5 月 20 日。

次，夏季（6—8月）有24次，秋季（9—11月）有2次。我们通过比较可以看出，北京地区发生8级以上的大风仍然以夏季最多，冬、春、秋季次之。

北京地区全区发生8级以上大风和发生风灾地区的地理环境有密切关系。夏季发生的24次8级以上大风中有14次是发生在怀柔、密云、延庆、门头沟等山区。例如，1959年6月西郊、昌平、大兴、延庆、密云、门头沟8—9级大风。密云西田各庄庄稼被毁，刮倒20余间瓦房，风力应该达到9级以上。1964年7月怀柔、密云、平谷、延庆10—11级大风。密云受灾2万余亩，倒树4393棵，倒房48间。1965年6月4日平谷县夏季狂风骤雨，雷电交加，瞬时风速达40m/s，风力大于12级。8月平谷、延庆、密云9级大风，京郊高秆作物被刮断。1972年7月大兴、怀柔等11区县12级大风。1972年7月27日14—16时，大兴旧宫、怀柔、门头沟、顺义、密云、通县9级大风。密云瞬时极大风速21.0m/s，相当于9级大风，刮倒果树500余棵。1973年8月，怀柔县长城以南7个乡9—11级大风持续20分钟，倒树500余棵，受灾8万余亩。昌平16万亩农田受灾，果品损失约32万斤。1976年6月怀柔8级以上大风，14个乡受灾15万亩，怀柔公路西侧直径30厘米以上大树和电线杆被刮倒。大兴电线杆倒60多根，许多房屋被揭顶，作物受灾1500多亩，倒树200多棵。1977年8月平谷、延庆等7个区县8—9级大风。平谷21个乡遭灾，10万亩农田受灾，1200多棵大树被折断或连根拔起。延庆受灾严重的达1.2万亩。1979年7月密云、怀柔、平谷9级大风。怀柔受灾2万亩。1尺粗的大树被刮倒10多棵。1982年8月17日怀柔、昌平8级以上大风。怀柔县长城以南和部分山区大风达8级，农作物倒伏4.1万亩。1987年7月20—22日，门头沟、昌平、海淀 8 级以上大风，倒伏秋粮作物 16.92 万亩，1988 年 8 月 3 日延庆 8 级以上大风，受灾 5.23 万亩。1989 年 7 月 13 日房山（霞云岭）、门头沟（斋堂）、密云 8 级以上大风，倒伏玉米 2.3 万亩，倒树 100 棵。1989 年 7 月 15 日密云大风 8 级以上倒大小树 80 多棵。1990 年 8 月 9 日 21—21 时 30 分，延庆部分地区大风，风力 9 级以上。受灾 5 万亩。1990 年 8 月 30 日密云等县 8 级以上大风，倒树 3500 棵，受灾粮田 3.6 万亩、菜田 5550 亩。

其中，1973 年 8 月怀柔县长城以南 7 个乡 9—11 级大风持续 20 分钟，1982 年 8 月 17 日怀柔县长城以南和部分山区大风达 8 级，1988 年 8 月 3 日延庆 8 级以上大风，1989 年 7 月 15 日密云大风 8 级以上，1990 年 8 月 9 日 21 时延庆部分地区大风达 30 分钟，风力 9 级以上，都是夏季北京山区发生 8 级以上大风的典型例子。

我们还注意到，进入 20 世纪 90 年代，北京地区 8 级以上的大风几乎都发生在冬、春、秋三季节。这个季节大风的危害主要还是在于大风刮坏温室及大棚、地膜，造成农作物的冻害。例如，1986 年 4 月全市大部分地区 10 级左右大风，刮坏大棚 155 个。西瓜、蔬菜受冻 25 万余亩，风后受冻小麦 6 万多亩。2000 年 3 月 22 日大兴瀛海乡 8 级以上大风，温室大棚被破坏，蔬菜被冻死，受灾 32 亩，直接经济损失 18.6 万元。2000 年 4 月发生的 8 级大风，瞬间风力达到 10 级，大兴大棚严重损坏，蔬果受冻 1800 亩，西瓜占 60%，瓜苗全部被冻死。顺义刮坏北务镇 2500 个西瓜大棚，被吹毁的大棚占全镇的 1/3。

另外，对于城市来说，还需要特别注意的是大风带来的次生灾害，无论 8 级还是 8 级以上的大风都会造成高层建筑物广告牌等物件的坠落，从而造成行人的伤亡。同时在冬、春、秋比较干燥季节的大风还会由于用火不慎而发生火灾。1988 年 1 月 21—23 日，全市大部分地区 8 级以上大风。21 日 8 时—22 日 8 时，火灾报警 30 起。1993 年 4 月 9 日北京站前 70 米长广告牌被狂风刮倒，砸死 2 人，砸伤 14 人。郊区菜田受灾面积达 90866 亩，全部毁种绝收面积达 41228 亩，经济损失总计超过 1.5 亿元。1993 年 4 月 9 日一场 10 年来罕见的强风袭击北京市，建国门古观象台瞬时风速为 29m/s，相当于 10 级狂风，朝阳地区最大风速达 30m/s，相当于 11 级暴风。300 多个大棚被刮坏，供电线路 100 多起。城区 40 余处广告牌和高楼悬挂物被风刮倒。北京火车站大广告牌连砖墙被刮倒，死 2 人，伤 14 人。火灾倍增。9 日 0—18 时火警 25 起，出动消防车 70 多辆。1997 年 3 月 29 日海淀、密云、怀柔、通县、朝阳大风，10 分钟平均最大风速 12.4m/s，相当于 6 级强风；瞬时极大风速 18.3m/s，相当于 8 级大风，刮倒广告牌、烟筒数起。1997 年 5 月本市大部分区县大风，发生火灾 24 起。1999 年 1 月 24 日 21 时，本市西北部地区大风，沙尘弥空，火警频仍。24 日 18 时至 25 日晨 6 时，火警 66 次，大大超出平日接警数。

2. 龙卷风

龙卷风是大气中最强烈的一种涡旋现象，从外观上看是积雨云底部下垂的一种漏斗状气柱。由于中间气压低，所以旋风过境能把地面的树木、庄稼、建筑物和水面的水和鱼类吸起，移动到数公里之外才落地。历史上不乏这样的记载，例如北魏宣武帝景明元年（500 年）二月癸巳，幽州暴风，杀一百六十一人。景明三年（502 年）九月丙辰，幽、岐、梁、东秦州暴风昏雾，拔树发屋[1]。明宪宗成化十三年（1477年）六月壬子，雨钱于京师[2]。这些都是龙卷风过境的景象。另外，史书中还有"天雨鱼""天雨麦"的记载，这也是龙卷风从农田或水面掠过，到了其他地方以后风势减小，于是吸起的鱼、麦便纷纷落下。至于雨钱，那应是龙卷风从城市上空掠过以后的现象。再如前举清圣祖康熙十五年（1676年）五月朔（壬午），有大风从西山来，势极猛厉，飞沙拔木，震动天地。前门、厚载门（今北京地安门）一带房屋六畜俱被摄去，居人死伤无数，有男妇数人卷入半空，掀翻撞击。飙员极巨者从空移去数丈，卢沟桥民吸堕前门内，远近奔骇。"有人骑驴过正阳门，御风行空中，至崇文门始附地，人驴俱无恙。又有人在西山皇姑寺前，比风息，身已在京城内。此灾祥之甚者。""清圣祖康熙五十四年（1715年）六月，顺义县大风，树木尽拔。""清文宗戊寅（嘉庆二十三年，1818年）七月九日晡时（申时，15—17时），平谷县大风，有黑云起于天望山，若旋舞之状，自山而西，复折而东。过西阁村，屋皆倒，拔其椽，盘空而舞，屋瓦翩翩如燕子。""咸丰十年（1860年）二月昌平州怪风伤人。"清德宗"丁亥（光绪十三年，1887年）夏，有龙（应是龙卷风的风柱）挂于西直门外城河。左近人家天棚，多有为风卷入云际者"。民国十年"辛酉（1921年）三月六日大风复来，历两昼夜不息。街上行人颇有为风吹堕城河者，可骇也"。这些更是龙卷风过境的真实写照。

不过，北京地区由于自然地理环境的原因，发生龙卷风的机会确实很少。据有关研究人员举证，1949年以后至1991年北京

/1/ 《魏书》卷一百一十二上《灵征志上》。
/2/ 《明宪宗实录》卷一百六十七。

地区仅收集到 6 次龙卷风的记载。

1956 年 6 月 15 日晚，北京建国门外观象台观测到两股龙卷风，一股在观象台西南方向的西便门外，造成 7 人受伤，毁坏粮库、食堂各 1 间；一股在观象台东北方，吹倒、吹断直径 30—40 厘米大树 9 棵，另吹倒 1 个 2 米高的石碑。

1963 年 8 月 6 日、7 日分别有两股龙卷风刮过丰台区长辛店、王佐乡，所到之处折倒高粱、玉米各种农作物 550 亩，连根拔断树木 400 多棵。

1983 年 8 月 3 日顺义县大孙各庄发生龙卷风，时间短、范围小、强度大，大树折断。500 斤铁门被抛出 24 米，大型佳木斯脱粒机被刮得翻滚。

1990 年 5 月 28 日晚，延庆县沈家营乡孙庄附近，一股龙卷风从西北方向刮来，夹带冰雹，刮倒大小树木 181 棵。其中直径 40 厘米的大树被连根拔起。草棚屋顶被掀起，平房屋瓦也被掀掉。1000 多亩庄稼受灾。同年 7 月 17 日半夜，北京东部的通县西集乡合和站村，在不足 1 公里的范围刮起龙卷风，最大风力 10 级。刮倒直径 50 厘米大树 32 棵，直径 20 厘米以上小树 180 棵，院墙倒塌，民屋被掀瓦 8000 多块。

1991 年 6 月 8 日晚，海淀区清河镇出现龙卷风，清河北的北京物资局储运公司院内的 9 台 40 吨的龙门吊车，有 7 台被不同程度损坏，其中 1 台被大风刮走，其他或被大风刮脱轨，有的脱轨后腾空滑出 6 米。房顶被大风卷走[1]。

由于北京地区发生龙卷风的概率较小，所以对龙卷风的观察

/ 1 /　刘烽：《北京地区大风的气候分析》，北京市科学技术协会《首都圈自然灾害与减灾对策》，气象出版社，1992 年。

和研究也不太充分。不过，龙卷风的破坏力确实是十分巨大的。1987年据湖南报载："湖南祁阳县黄泥塘一青年被飓风在一小时左右吹送到直线距离260余里以外的郴州而无恙。气象工作者称只有风力达到12级才有可能出现这种情况。"

3. 飑线大风

飑线大风，又称雷暴大风，是受起伏地形和热力分布不均而产生的动力作用与热力作用的综合结果。简单地说，是由若干个雷雨云单体排列而形成的一条狭长的雨带。通常，飑线大风经过的地方，风向急转，风速急剧增大，并伴有雷雨、冰雹等灾害性天气，具有突发性强、破坏力大的特点。有时天空白云朵朵，转眼之间，滚滚乌云便压上头顶，接着雷电交加，大雨倾盆，狂风裹着冰雹袭来，往往令人猝不及防。北京地区飑线大风出现得较少，多数地区平均每年不到1次，北京南部平原地区的大兴县是发生最多的地区，大约平均每年4.3次。1990年以前大兴县飑线大风最多的年份是1965年，曾出现14次之多。

飑线大风经常出现在6、7月份，虽然持续时间很短，但比一般的雷雨大风强烈得多，具有很大的破坏力。

1963年7月1日密云县上甸子（高岭镇上甸子村）、密云、通县、大兴12级雷雨飑线大风。上甸子瞬时极大风速40.0m/s，达到12级以上，摧毁高岭地区房屋10余间，倒树300余棵。

1964年7月15日北京北部山区怀柔、密云、延庆和东北部的平谷县10—11级大风。密云受灾2万余亩，倒树4393棵，倒房48间。平谷县午后10级飑线大风，全县1500亩农田改种，树木被刮倒。

1971年7月21日密云县上甸子（高岭镇上甸子村）、怀柔、平谷、顺义、通县出现8级飑线大风，各地高秆作物被刮倒。

1978年4月27—30日顺义、石景山、大兴、门头沟、密云、平谷、怀柔等区县发生8—10级飑线大风，怀柔县受灾2.1万亩。

1984年8月6日门头沟区出现飑线大风，风力10—11级，最大风力12级，自门头沟向东南移动经石景山区、大兴县至通县，所到之处厂房、仓库、农作物均遭到破坏。大兴县受灾最重，几乎半个县都遭重灾，倒塌房屋529间，1人死亡，伤16人，农作物受灾面积22.5万亩。

1984年8月25日北京大兴县、海淀区、朝阳区、通县发生9级飑线大风。朝阳区高秆作物、树木、大棚被毁坏。

1987年8月6日北京西部山区门头沟区、北部山区怀柔县发生8级雷雨飑线大风。怀柔受灾8892亩，倒果树70余棵，折断520棵。[1]

/1/ 北京市地方志编纂委员会：《北京志·自然灾害卷·自然灾害志》，北京出版社，2012年，第364页。

七　北京地震灾害

/ 一 /

北京地质环境和地震

北京地区的地理环境，三面环山，南向平原，东临渤海。北京东面的太行山脉和北面的燕山山脉在北京西北隅的居庸关交会，在居庸关附近可以看到太行山和燕山山脉地层互相叠压的地貌，犹如一道山坎。由于远古时代燕山山脉的强烈地质活动，北京地区的地质构造比较复杂，存在着众多的地层断裂带，影响着北京地区的地震活动。北京市在地质构造上正处于燕山沉降带的西部。在漫长的地质历史中，既经过大幅度的下降，接受巨厚的沉积；又产生过剧烈的造山运动。特别是中生代，以燕山运动为主的造山运动，构成了北京地区地质构造骨架和地貌的雏形。伴随着地壳运动的发展，褶皱变形和断裂发育广泛，地震也很频繁。北京的平原下面也是起起伏伏的山。只不过这些沟沟壑壑都被潮白河和永定河冲积上来的泥沙填平了。北京地区的地震带在北部山区主要有：怀柔县长哨营—密云县的古北口断裂带，在市界内东西长 33 公里，宽 8 公里；密云县沙厂—墙子路断裂带，市界内长约 30 公里，宽约 20 公里，破碎带最宽达 200—300 米；官厅山峡地区有燕家台至沿河城断裂带和东灵山断层，长数十公里。平原地区凹陷隆起的边缘，都为大断裂所控制，如黄庄—高丽营断裂，永乐店—马房断裂。这些大断层之间往往分布着许多较小的断裂破碎带。活动大断裂带的拐弯、分岔、两端和交会部位，容易产生地震。北京地区的主要活动断裂带有：平谷—三河断裂带；八宝山—顺义区高丽营断裂带；河北省怀来—延庆断裂带；昌平区南口—朝阳区孙河断裂带。在这些地带，历史上都曾发生过较大的地震，是活动较强烈的地带。

据调查，北京地区存在着东西方向、北北和北东方向、南北方向、北西方向的3种地质断裂结构。

1. 东西方向的断裂带：

密云古北口—怀柔长哨营断裂带。

密云沙厂—墙子路断裂带。

三河段甲岭—北京断裂带。该断裂带由河北三河市东的段甲岭—三河市断裂带和北京通州—北京市区断裂带构成。

天津宝坻—廊坊桐柏—河北涿州断裂带。该断裂带从北京南部大兴礼贤、榆垡附近穿过。

2. 北北和北东方向断裂带：

河北易县紫荆关—北京延庆西北大海坨断裂带。该断裂带贯穿北京西部延庆到河北易县山区。

北京门头沟沿河城—昌平南口断裂带。该断裂带呈北东方向，贯穿北京西北部山区的东边缘。

八宝山断裂带。该断裂带由北京房山长沟附近的南大寨—石景山区八宝山断裂带和石景山黄庄—顺义高丽营断裂带构成。后者是北京平原地区主要活动断裂带。

密云—北京断裂带群。该断裂带群包括一系列北东方向的断裂带。其中有城区车公庄—德胜门断裂带，宣武区莲花池—西城白塔寺断裂带，房山良乡城区—前门断裂带，城区崇文门—日坛断裂带等等。这些断裂带大多分布或穿过北京城区，对北京城区影响较大。每当北京周边地区发生较大地震时，连带引起的这些断裂带的活动都会给北京城内的民宅和建筑造成损坏。

大兴南苑—通州断裂带。该断裂带是北京地质凹陷区即北京城区和大兴隆起区的分界线。

通州永乐店—河北大厂夏垫—北京平谷马坊断裂带。该断裂带是大兴隆起区和河北大厂回民自治县凹陷区的分界线，是河北井陉—内蒙古宁城地震活动带的一部分。清朝康熙十八年（1679年）北京地区发生的以平谷、三河交界地区为震中的罕见大地震，主要就是这条断裂带活动的结果。

3. 南北方向断裂带

北京延庆西二道河断裂带。

北京怀柔青石岭断裂带。

北京密云县东北娘子水断裂带。

北京东部天津蓟县北黄崖关断裂带。

4. 北西方向断裂带

北京门头沟三家店永定河断裂带。

北京昌平南口—朝阳区孙河断裂带。这是北京平原地区西北向的最大断裂带。

北京昌平德胜口—小汤山断裂带。北京平谷与密云交界的20里长山断裂带。该断裂带也是密云隆起和北京凹陷的分界线[1]。在清康熙十八年（1679年）三河—平谷大地震中，这条断

/1/ 霍亚贞主编：《北京自然地理》，北京师范学院出版社，1988年。

裂带也有剧烈活动。

北京地区从 20 世纪 70 年代到 90 年代共发现数十处上百条地面裂缝，其中由于地球内部物质运动导致地壳变动而出现的构造裂缝和地震的产生有密切关系。如 1983 年发现的北京房山县和河北涿县交界处的古庄、南营、东仙坡一带的地裂缝，分布在长 10 公里、宽约 1 公里的近东西向的范围，总数达 36 条之多。裂缝穿过道路、房屋、院墙，使 30 余间民房开裂。其中南营村外的一条裂缝长 500 米、宽 10—20 厘米，威胁到京广铁路的安全[1]。2009 年北京的科学技术人员经过 4 年的努力已经完成了北京主要地裂缝位置图，这些较大断裂带在北京平原的走向以北东—南西为多，大的有 7 条，间杂有少量北西—南东走向的，差不多有三四条。断裂带并不可怕，但要关注两条断裂带的交叉点，尤其是活动的断裂带，这些断裂带对建筑工程还是有很大影响的，如黄庄—高丽营断裂带（南起河北涿州，北至怀柔以东）上的土沟村，有些村民的房屋和院墙已经发生了垂直方向几十厘米的错断。顺义高丽营西王路村的一条村级公路上，黄庄—高丽营断裂带正好从公路下方通过，致使村里的路面变形破坏。据当地村民介绍，公路修建约 10 年，断裂带已经让路面形成一个约 10 厘米的小台阶。

[1] 吕庆书、张少泉 :《北京市地面变形的地震地质灾害》，载北京技术协会《首都圈自然灾害与减灾对策》，气象出版社，1992 年。

/ 二 /

北京历史地震灾害

北京地区自古以来就是华北地震多发区之一。如前所述，与北京地区有关的最早地震记载是发生在汉元帝初元元年（前48年）。当时震中在渤海海底，所以引发了大海啸，黄骅、天津、宁河等地都发生了严重海侵。近在附近的北京当然也会受到严重影响。不过，史籍中直接记载北京地区的地震是在西晋惠帝元康四年（294年），"二月，上谷（治今北京延庆东）、上庸（治今湖北竹山西南）、辽东（今辽宁地区）地震。八月，上谷地震，水出，杀百余人。居庸（今北京延庆）地裂，广三十六丈，长八十四丈，出水，大饥。"/1/《晋书·惠帝纪》也记载："元康四年（294年）八月，上谷居庸、上庸并地陷裂，水泉涌出，人有死者。"西晋上庸在今湖北境内，与今北京无关，可置之不论。但上谷的地震却是在今北京延庆和相邻的河北怀来地区。北魏郦道元《水经·垒水注》记载，在今北京延庆境内有地裂沟，故老相传是晋世地震所致。我们看到这些地震都是发生在今北京延庆县山区。历史上今北京平原地区发生地震的记载始于辽、金时期。《辽史》中记载："清宁三年（1057年）七月甲申，南京（今北京）地震，赦其境内。"（宋）李焘《续资治通鉴长编》记载："北宋仁宗嘉祐二年（辽道宗清宁三年，公元1057年）四月丙寅，雄州（治今河北雄县）言：'北界幽州（辽南京，今北京，宋人仍沿用唐代旧称）地大震，大坏城郭，覆压死者数万人。'

/1/《晋书》卷二十九《五行志下》。

诏河北密为备御。/1/" 这次地震的震中在今河北固安，所以死亡数万人不会是辽南京（今北京）一地，但由于地震强烈，而固安在北京南面不远，所以仅北京地区还是受到强烈波及，《元一统志》记载："大悯忠寺（今北京法源寺）有杰阁，奉白衣观音大像，二石塔对峙于前……辽道宗清宁二年（误，当为三年）摧于地震，诏促完之。/2/" 元朝末年，《元史·顺帝纪二》记载："至元三年（1337年）八月壬午（十五日），京师地大震，太庙（在今北京朝阳门内）梁柱裂，各室墙皆坏，压损仪物，文宗神主及御床尽碎；西湖寺（在今北京西北郊玉泉山东）神御殿仆，压损祭器。自是累震，至丁亥（二十日）方止，所损人民甚众。/3/"《元史·五行志二》载："八月辛巳（十四日）夜，京师地震。壬午（十五日），又大地震，损太庙神主；西湖寺神御殿壁仆，祭器皆坏。顺州（治今北京顺义）、龙庆州（治今北京延庆）及怀来县皆以辛巳（十四日）夜地震，坏官民房舍，伤及畜牧。宣德府（治今河北宣化）亦如之，遂改为顺宁府云。/4/" 因此地震学者将这次地震确定为6.5级，烈度为8度，震中在今河北怀来。"明朝初年，明太祖洪武九年（1376年）九月丁卯，北平府宛平、大兴二县地震/5/" 当时明朝定都南京，今北京时称北平府，只是燕王朱棣镇守之地，故史书记载时比较直言不讳。然而，按旧史记载的惯例来说，一般言某地地震，都是以受地震破坏最为严重、震感最为明显的地区为代表。明代，像洪武九年（1376年）那样指明是发生在北京近郊大兴、宛平二县地震的情况绝无仅有。

/1/ 《续资治通鉴长编》卷一百八十五，仁宗嘉祐二年四月丙寅。
/2/ 《元一统志》卷一《古迹》。
/3/ 《元史》卷三十九《顺帝纪二》。
/4/ 《元史》卷五十一《五行志二》。
/5/ 《明太祖实录》卷一百八。

如果这次地震记载准确的话，那么应该是在北京城市内外发生了类似清朝康熙十八年（1679年）或雍正八年（1730年）那样强烈的地震，震中区应该就在北京郊外不远。但是，由于缺少其他的记载以为佐证，《实录》中的记载又仅此一句，所以这也只能是一种推测。此后明成祖、宣宗、英宗、宪宗历朝也都有地震发生，间隔三四年或五六年，而且从叙述的震声"从西北之东南"的情况来看，震源地大多是北部燕山山脉。其中明宪宗成化二十年（1484年）发生的地震比较剧烈，"该年正月庚寅，京师地震。是日，永平等府及宣府、大同、辽东地皆震，有声如雷。宣府因而地裂，涌沙出水。天寿山（今北京十三陵）、密云、古北口、居庸关一带城垣墩台驿堡倒裂者不可胜计，人有压死者[1]。"明代属于今北京境内的地震主要以北京周围及昌平、密云、延庆为主，属于今河北境内的就是河北遵化、宣化、蓟州、怀来等地区比较频繁。清代，据史籍记载，北京地区共计发生地震36次，平均约每7年发生一次，其发生频率明显低于明代。清圣祖康熙十八年（1679年）北京地区发生了百年一遇的大地震，震中在今河北大厂回民自治县夏垫潘各庄，震级为8级，烈度为11度。学术界通常称之为"三河—平谷大地震"。清朝人董含所记："己未（康熙十八年）七月二十八日巳时初刻（约9时许），京师地震，自西北起，飞沙扬尘（地震风），黑气障空，不见天日，人如坐波浪中，莫不倾跌。未几，田野声如霹雳，鸟兽惊窜。是夜连震三次。平地坼开数丈，德胜门下裂一大沟，水如泉涌。官民震伤不计其数，至有全家覆没者。二十九日，午刻（11—13时），又大震。八月初一日，子时（23—凌晨1时），复震如前。自后

/1/ 《明宪宗实录》卷二百四十八。

时时簸荡。十三日震二次。十九日至二十一日，大雨三日，衢巷积水成河，民房尽行冲倒。二十五日晚，又大震二次。内外官民，日则暴处，夜则露宿，不敢入室，昼夜不分，犹如混沌。朝士压死者则有学士王敷治、员外王开运、总河王光裕、通冀道郝炳等。积尸如山，莫可辨识。通州城坍塌更甚，空中有火光，四面焚烧，哭声震天。有李总兵者，携家眷八十七口进都，宿馆驿，俱陷没，只存三口。涿州、良乡等处，街道震裂，黑水涌出，高三四尺。山海关、三河地方平沉为河。环绕帝都连震一月，真亘古未有之变。[1]" 再如身在松江府治（今上海）的清人叶梦珠根据官方的邸报记述说："七月二十八日庚申，京师地震。自巳至酉，声如轰雷，势如涛涌，白昼晦暝，震倒顺承、得胜、海岱、彰仪等门（在今宣武门、德胜门、崇文门、广安门等地），城垣坍毁无数，自宫殿以及官廨、民居，十倒七、八。压伤大学士勒得宏，压死内阁学士王敷政、掌春坊□□（此二空疑为右庶二字）子翰林侍读庄囘生、原任总理河道工部尚书王光裕一家四十三口，其他文武职官、命妇死者甚众，士民不可胜记。二十九，三十日，复大震。通州、良乡等城俱陷，裂地成渠，流出黄黑水及黑气蔽天。有总兵官眷经通州，宿于公馆，眷属八十七口大多被压死，只存三口。直至八月初二方安。朝廷驻跸煤山（今北京景山公园）凡三昼夜。臣民生者露外枵腹，死者晦气熏蒸。诏求直言，严饬百僚，同加修省，发帑金量给百姓，修理房屋。自是以后，地时微震。惟初八、十二三日复大震如初。近京三百里内，压死人民无算。十九至二十一日，大雨，九门街道，积水成渠。二十五日晚，

---

[1]《三冈识略》卷八《京师地震》。

又复大震。下诏切责大臣，引躬自咎，备见邸报。[1]"这次大地震的波及面非常广，北至锦州，南至河南彰德（今河南安阳），东至山东威海，西至山西汾阳和陕西乾州（今陕西乾县），纵横数千里。若以地震灾情程度而论，数省中当首推震中所在地的河北省。震中区通州、三河、平谷遭到了毁灭性打击，城垣、庙宇、住舍等建筑物几乎全部倒塌，全境夷为平地，死亡人口约占原有总数的50%，人数在5000—10000人不等。（法）杜赫德在其著作中记述："北京内外城埋葬在废墟内有四百多人，邻县通州有三万多人压死[2]。"

除以上3县极震区外，包括北京及自北京东至丰润、蓟县、滦县，西至房山、涞水，北至延庆、密云等19州县均属重震区，出现地裂、黑水涌出、城垣房屋大量倒塌、压死人口众多等情形。如北京城内"平地圻开数丈，德胜门下裂一大沟，水如泉涌"。又如顺义县地震，"民居尽圮，地裂尺许，中出黑水"。密云县地震，"坏民居无数。延庆州地大震，河水荡动几竭"。

自此核心地区向四方外周延伸：涞水、固安以南的文安、新城、蠡县、定州（今河北定县）等地；香河、武清以东的天津、静海、沧州等地和遵化、蓟州以东的乐亭、昌黎等地，相对来说均属较重震区，虽有房屋倒塌和伤人的记载，但尚无地裂涌水现象。这些地区的边缘地带和轻震区交错，根据当地地质情况而有轻重不同的反应[3]。康熙五十九年（1720年）六月癸卯（初八

/1/ 《阅世编》卷一《灾祥》。
/2/ [法]杜赫德：《中华帝国全志》，转引自北京市文物工作队编：《北京地震考古》，文物出版社，1984年。
/3/ 康熙《顺义县志》卷二《灾祥》；光绪《密云县志》卷二之一下《灾祥》；乾隆《延庆县志》卷一《星野·附灾祥》；北京市文物工作队编：《北京地震考古》，文物出版社1984年。

日）北京地区再次发生强地震。这次地震的震中在北京西北约100公里的怀来县沙城（今河北怀来县城），震级为6.75级，烈度为9度。这次强地震是燕山地震活动带的地层断裂带的活动造成的。具体来说，主要是河北易县紫荆关—北京延庆西北大海坨断裂带的活动造成的。同时，在这次地震中，密云—北京地层断裂带、古北口—长哨营地层断裂带、延庆西二道河断裂带等北京北部、西北部山区的断裂带也都有程度不同的活动。《清实录》中说"京师地微震"，其实远非如此。据居住在北京天主教蚕池口堂（在今中南海内中海西岸）的法国传教士殷洪绪记述：初七日早7时许，北京地震约两分钟。第二天初八日下午7点半开始大震，达6分钟之久。"天色阴黯时发亮光，不时有雷声发出（地震时出现的地光、地声）……墙垣屋顶时有倒塌压人的危险。""我从屋中跳出，立即被邻屋倒塌的灰尘蒙住，差不多被埋在土中了……我看到教堂的墙东倒西歪，心中十分害怕。钟楼的大钟摇摆不定，发出杂乱声响。全城听到的是呼号惨叫的声音……夜间还有十次震动，但威力远不及上面说的凶狠。天破晓时，一切都安静下来，大家一看，灾害没有想象的厉害。在北京有一千人压死……随后的二十天，时常仍有轻微的震动发生。离北京一百多里的地方，情形相似。[1]"清代，与康熙十八年（1679年）地震破坏力相似的就是清世宗雍正八年的北京地震。雍正八年（1730年）八月乙卯（十九日）巳刻（9—11时），北京地区突发强地震。震级为6.5级，烈度为8度，震中在北京西山[2]。由于这次地震的震中距北京城比通州到北京还近，所

---

[1]　《北京天主教堂北堂藏法文资料》，转引自北京市文物工作队编：《北京地震考古》，文物出版社，1984年。

[2]　楼宝棠主编：《中国古今地震总汇》，地震出版社，1996年，第54页。

以北京城内遭到的破坏十分严重，大致与康熙十八年（1679年）相似。8月20日即地震发生的第二天，雍正皇帝对内阁群臣说："昨日地震，兵民房室墙垣必有颓塌者。八旗兵丁已降谕旨，每旗赏银三万两。/1/"随后又增加三万两。京城八旗，每旗6万两，总计48万两，其赈济力量是康熙朝的4倍有余，可见京城遭受损失的程度比康熙十八年（1679年）三河—平谷大地震时似乎还要严重得多。保和殿大学士张廷玉记述说："京师地动，儿辈恐惧忧煎，觉宇宙间无可置身处。"我们可以想象一下，这是一种什么样的绝望心情。这种恐怖感绝不是雍正皇帝口中的"轻微地动"所能造成的。张廷玉还记述说：地震发生的当天晚上，全家人不敢到屋里睡觉，只能露宿于外。第二天，雍正皇帝派人赏赐蒙古包一座，安置于院中；并赏修葺房屋白金一万两/2/。可见地震之剧烈，连大学士的豪宅也被破坏得如此严重。至于雍正皇帝本人也不敢在乾清宫内居住，"身居帐幕之中"达一个月之久/3/。清人刘寿眉《闻见录》记述亲身经历说："八月十九日，早餐，赴友人约，路经狭巷，觉足下如登舟，摇摆不定，两壁从身后合倒，急踉跄奔出，而巷口已迷，墙屋皆倾，复头目眩晕，身不自主，坐地，地掀动，街市房宇东歪西仆，方知地震。"刘氏形容的这种情况，这次地震波及北京城至少相当于5—6级的地震灾害。据学者统计，这年北京城内及宛平、大兴县居民住宅总计倒塌16435间，墙壁颓塌12622堵，压死男、妇457口。此外，还倒塌石板屋206间、石墙397堵/4/。

/1/ 《清世宗宪皇帝实录》卷九十七。
/2/ 《澄怀园集》《澄怀主人自定年谱》，转引自北京市文物工作队编：《北京地震考古》，文物出版社，1984年。
/3/ 《雍正上谕内阁》雍正八年九月二十一日。
/4/ 北京市文物工作队编：《北京地震考古》，文物出版社，1984年。

至于民国时期，则以民国七年（1918年）广东、福建沿海发生的地震最为严重。据翁文灏在《近十五年中国重要地震记》中记载："民国七年（1918年）二月十三日，福建、广东沿海地震。其震中区域在福建泉州至广东汕头一带，地裂土崩，海水腾涌，房舍倾覆，死亡者数以百计。受震范围及于闽、粤、湘、赣、浙、苏、皖、鄂八省，面积五十余万平方公里。"报载民国七年（1918年）二月十三日，广东南澳发生强烈地震，波及甚广。又据报"厦门、汕头……及江西之赣州等处，亦觉地维震动，其势颇烈"。这次地震甚至向北波及今北京地区。当时一访函云，13日发生地震，"不独粤省为然，即京、津、日本各地亦同时震动甚剧"[1]。1918年2月13日14时07分，南澳旧县城—深澳发生7.25级地震，位东北约10公里的海底，南澳岛上繁华的深澳城遭到摧毁，遂荒废。深澳城曾被1600年和1918年的两次大地震所毁。南澳是广东省内最大的也是唯一的海岛县，隶属于广东汕头。据其他记载：三国时期在苏州城北保恩寺前建造的九级佛塔，是苏州城唯一的高塔。地震时塔尖倒下半截。南京市明孝陵的石像被地震倾倒。整个广州城房屋倒塌甚多。广东汕头地震受灾至烈，城镇各屋宇几致尽行倒塌，估计死者将近千人，而受伤甚众。广东南澳地处福建长乐诏安断裂带南端，该断裂带是福建省内最活跃的地质断裂带。也就是说，这次大地震是福建长乐—诏安断裂带的活动造成的。福州地区虽然距离震中较远，但是因为地处长乐—诏安断裂带北端，所以也受到破坏。据福州市志记载，连江县多处地开裂，温泉喷涌而出。

/1/ 谢毓寿等编：《中国地震历史资料汇编》（以下简称《地震资料汇编》），科学出版社，1985年，第四卷（上），第81页；顾功叙主编：《中国地震目录》（以下简称《地震目录》），科学出版社，1983年，第213页；《申报》1918年2月23日。

1920 年 12 月 16 日 20 时宁夏的海原发生强烈地震。这不仅是中国历史上最大的地震之一，而且也是世界上最大的地震之一，当时的震级是 8.5 级，地震波及 17 个省市，有感面积达到251 万平方公里，约占中国面积的 1/4，是中国历史上波及范围最广的一次大地震。这次地震将 200 公里外的兰州震倒了 3/10的房屋，使距震中 400 公里外的西安毁坏房屋约百户。北京地区据报道，12 月 16 日 20 时左右，北京忽然地震，电灯摇动，令人头晕目眩，旋得中央观象台方面报告，谓 16 日晚地震，自 20 点12 分起，约震 1 分钟，其势非常剧烈。以北城为最，东南城次之，为民国元年（1912 年）十月（误，当为 1911 年 1 月）以来未有者[1]。震级大约 4.9 级，烈度 6 度。更远的上海"时钟停摆，悬灯摇晃"，广州则是"掉绘泥片"，甚至在香港都是"大多数人感觉地震"，其有感范围覆盖大半个中国，甚至在越南的观象台上，也有"时钟停摆"的现象。

民国十一年（1922 年）四月二十六日 10 时半，北京发生大地震，"花瓶人物倒坏不少，藏书楼墙大裂"[2]。震级大约 4.9 级，烈度 6 度。

民国十二年（1923 年）九月十四日，河北新城高碑店发生5.5 级（烈度 7 度）地震，"房屋倾倒多所。徐水地震，起大火，伤人颇多。易县、安次（今河北廊坊）有感"。据报道，北京在10 月 5 日 18 时感觉到地微震，"仅三四秒钟，震力甚微，不觉者甚多"[3]，或是这次地震的余震。（1923 年)10 月 5 日 7 分，北

---

[1] 《地震资料汇编》第四卷（上），第 146 页。此为宁夏海原东六盘山地区强地震所波及，见《地震目录》第 226 页。
[2] 《地震资料编》第四卷（上），第 268 页。
[3] 《地震资料汇编》第四卷（上）第 293 页。

京地微动。震级大约 3.1 级，烈度 3 度。

民国十三年（1924 年）一月十九日 20 时余，"京城方面突然发生地震，为时约 5 秒钟而息。当甫震时，似一阵风鸣，而门窗玻璃被摇动发响，事后始悟为地震所致，逾时街市人乃相骇传云"[1]。震级大约 4.3 级，烈度 5 度。

民国十七年（1928 年）顺义县农历七月某日 15 点，"有声如巨炮，自西北起向东南"[2]。

按：这种现象俗称"地炮"，是地层中含有的水和气由于地壳活动受到挤压而产生的地面爆炸。

民国二十九年（1940 年）二月一日 11 时 40 分北京发生地震，"历时约 40 秒，由东往西，震度极微，屋中电灯出现摆动，轰轰之声可以听闻云"[3]。震级大约 3.7 级，烈度 4 度。

民国三十四年（1945 年）九月二十三日河北滦县发生 6.25级地震（烈度 8 度），"唐山、昌黎、卢龙、迁安、乐亭等地建筑遭破坏。北京、怀来、宣化、沧县等地均有感。小震继续至1946 年 3 月仍未止"[4]。1945 年 9 月 23 日至 1947 年 2 月的一年半时间里，河北滦县发生地震。主震震级为 6.3 级。地震造成了较大的人员伤亡和财产及经济损失。大震突然暴发，相继两次，共约 30 秒钟，中间相隔约 1 分钟。震时声如巨雷。极震区面积

/1/ 《地震资料汇编》第四卷（上）第 299 页。
/2/ 《地震资料汇编》第四卷（上）第 380 页；又见民国《顺义县志》卷十六
   《杂事记》。
/3/ 《地震资料汇编》第四卷（上）第 605 页。
   《中国地震年表》上册第 177 页，转引自北京市文物工作队编：《北京地震考
   古》，文物出版社，1984 年，第 88 页（以下简称《地震考古》);《地震汇编》第
   四卷（上）第 67 页。
/4/ 《中国地震年表》上册第 177 页，转引自北京市文物工作队编：《北京地震考
   古》，文物出版社，1984 年，第 88 页（以下简称《地震考古》);《地震汇编》第
   四卷（上）第 67 页。

约为 600 余平方公里，遭破坏的房屋最多达 50%。仅滦县受灾村庄即 700 余处，受灾近 50 万人，死亡者逾 600 人，房屋倒塌 40 万间。唐山开滦煤矿内水流量受地震影响极大，地面也产生了很多裂缝。地震的有感范围极大，远至千里，共有 50 万间房屋受损，死伤 9000 余人。

通过对历史地震的分析我们可以看到，地震的发生存在活跃期和稳定期的规律。《辽史》中关于北京地区（时称南京、燕京）地震的记载计有 5 个年份，平均起来大约每 25 年发生一次，其高峰期是在辽道宗清宁三年至大康二年（1057—1076 年）之际。其他在辽穆宗应历二年（952 年）和辽圣宗统和九年（991 年），分别在十一月和九月发生地震，但记载得十分简略，仅言"地震"二字。金朝时期，北京地区（时称中都）地震比辽代频繁，计有 11 个年份，平均每 8 年一次，充分说明当时的地震更为活跃。其高峰期是在金圣宗和章宗之世，地震或连年发生，或相隔仅一二年，普遍低于 8 年，只有一次是相隔 12 年。北京地区从辽代最后一次地震到金代的第一次地震，其间隔期为 45 年；而从金代的最后一次地震到元代北京地区（时称大都）的第一次地震，其间隔期为 73 年。这反映出整个辽、金时期北京地区地震活跃期可分为两个峰期和一个低谷期，即辽道宗之世和金圣宗、章宗之世分别是两个峰期，其间隔的 45 年为低谷期。由此可见，辽、金北京地震活跃期是经历了一个由缓趋急，又趋缓，再趋更急的曲线过程。北京地区的地震高峰期在金代比辽代更为持久且猛烈。而且，即使仅就金代北京地区地震而言，其前 3 次间隔15—17 年，后 8 次间隔时间基本是 2—4 年，有的仅隔 1 年，甚至连年发生。这说明即使仅仅观察金代一朝，北京地区的地震活动也是经历了由缓趋急，又趋缓，再趋更急，最后趋于与元代地震活跃期间隔 73 年的相对稳定。这一规律告诫人们，北京地区在经历了几十年或者上百年的相对稳定期后，如果突然有较强烈的地震发生，就要警惕过几年还会有地震复发，可能一个历时数十年的地震活跃期就要到来了。明、清北京地震活跃期始于明成祖永乐元年（1403 年），止于清高宗乾隆十一年（1746 年），长达 344 年。

/ 三 /

1949 年以后 北京地区的地震灾害

自 1949—2000 年的 52 年间，北京地区共发生 42 次等级不同的地震。由于 1—3 级地震是无感或极少数敏感人群才能感觉到的轻微地震，所以，忽略不计。北京地区发生的 3 级以上地震如表 7–1。

从表 7–1 中可以看到，北京地区的大地震是 1967 年 7 月 28 日发生在北京西北山区延庆县的 5.4 级地震和 1976 年 9 月 28 日发生在北京通县的 4.2 级地震。北京地区主要地震区是西北延庆山区和东南平原地区，这主要是由于地层断裂带的分布决定的。

当我们说到地震时常常接触到震级这个概念。震级的大小与地震释放的能量有关，地震释放的能量越大，震级就越大。震级每相差 2 级，其能量相差 1000 倍。一般来说，震级越大，其破坏性越大。但实际上震级相同的地震其造成的破坏并不尽相同，它还和其他因素有关，例如震源距离地面的深浅、所观察地区距离地震中心的远近等等。这样就有了地震烈度的概念。震级和烈度是两把不同的"尺子"，一次地震只有一个震级，但同一个地震在不同地区的烈度却很不一样。震级和烈度既有联系，又有区别。地面上的各点中，震中附近离震源最近，烈度自然最高。震中地区的烈度叫震中烈度。我国多数地震的震源深度在 10—30 千米，对于这类地震，震级为 3 级时，震中烈度为 3 度，震级 5 级时，震中烈度一般 6—7 度，震级为 7 级时，震中烈度为 9—10 度。地震烈度随震中距的增加而衰减的现象在任何一次地震发生时都存在。例如，一次七八级的地震，其在震中地区的烈度可以是造成毁灭性的 11 度，可是在 40 公里以外的地区则降为 9 度，90 公里以外则降为 8 度，150 公里以外还可以降为 6 度，这时的破坏程度就要轻得多。

一般来说，4.5 级以上的地震才会造成破坏，所以从表 7–1 来看，北京地区发生破坏性地震的概率还是比较小的，说明北京地区的地震活动目前是处于相对稳定期。不过由于地震灾害发生的突然性和破坏力的巨大，我们不能因此就放松对地震活动的监测。同时，北京周边地区的强震有时也会对北京地区产生影响，甚至引起北京地区地层断裂带的活动。1960—2000 年北京周边发生的强震有 1957 年 1 月北京—涿鹿地震，1966 年 3 月 22 日河北邢台 7.2 级地震，1967 年 3 月 27 日河北河间—大城地震，1967 年北京延庆西部 5.4 级地震，1969 年 7 月 18 日渤海 7.4 级地震，1972 年 10 月 12 日河北沙河地震，1973 年 12 月 31 日河北河间—大城地震，1974 年 6 月 6 日河北宁晋地震，1976 年 7 月 28 日河北唐山 7.8 级地震，1989 年 10 月 19 日山西大同 6.1 级地震，1991 年 3 月 26 日山西大同 5.8 级地震，1998 年 1 月 10 日河北张北 6.2 级地震[1]。这些地震中对北京影响最强烈的就是 1966 年的邢台地

/1/　北京市地方志编纂委员会：《北京志·自然灾害卷·地震志》，北京出版社，2012 年，第 29 页。

表 7-1　1949—2000 年的 52 年间北京地区发生的 3 级以上地震

年份	北京市内最大地震	周围强震
1961	7 月 30 日平谷	—
1962	5 月 12 日昌平	—
1963	9 月 14 日海淀	—
1964	3 月 30 日房山	—
1965	6 月 30 日通县 3.0 级	—
1966	3 月 20 日房山	3 月 22 日邢台宁晋 7.2 级
1967	7 月 28 日延庆西	—
1968	4 月 14 日延庆	—
1969	5 月 6 日平谷	—
1972	3 月 25 日怀柔	—
1976	9 月 28 日通县 4.2 级	7 月 28 日唐山 7.8 级
1978	5 月 19 日怀柔 4.0 级 10 月 3 日东三旗 4.0 级	—
1982	12 月 10 日怀柔	—
1983	9 月 9 日怀柔 3.4 级	—
1984	3 月 28 日昌平	—
1985	11 月 21 日门头沟	—
1986	11 月 10 日顺义	—
1987	5 月 22 日通州	—
1990	9 月 22 日昌平 4.0 级	—
1991	9 月 28 日平谷	—
1996	12 月 16 日顺义	—
1997	10 月 29 日海淀北安河	—
1999	5 月 8 日延庆	—

震和 1976 年的唐山大地震。

1966 年 3 月 8 日 5 时 29 分，在河北省邢台地区隆尧县东，发生了 6.8 级强烈地震，震源深度 10 公里，震中烈度为 9 度强。继这次地震之后，3 月 22 日在宁晋县东南分别发生了 6.7 级和 7.2 级地震各一次，3 月 26 日在老震区以北的束鹿南发生了 6.2 级地震，3 月 29 日在老震区以东的巨鹿北发生了 6 级地震。仅 3 月 8 日和 3 月 22 日两次地震，就死亡 8064 人，伤 38000 人。这是一次久旱之后的大震。地震发生后，漫天飘雪。邢台地震波及北京，当时中南海的坚固房屋也发生了严重动摇。笔者记得当时所在的位于北京城西南隅的 3 层教学楼也发生了严重摇晃，屋角的三条垂直线也发生严重扭曲，人坐在椅子上止不住地摇晃。所幸时间不长，人们也没有往外跑。

1967 年 7 月 28 日延庆海坨山地区发生 5.5 级地震，震中在延庆西部山区，因人口稀少，所以没有造成伤亡和损失。

1976 年 7 月 28 日唐山的 7.8 级大地震对北京影响最大。1976 年 7 月 28 日 3 时 42 分 54 点 2 秒，中国河北省唐山市发生震级为 7.8 级的大地震。此次地震，震中烈度 11 度，震源深度 11 公里，死亡 24.2 万人，重伤 16 万人，唐山市毁于一旦，经济损失 100 亿元以上，为 20 世纪世界上人员伤亡最大的地震。这次地震波及北京，并引发了北京部分地区地层断裂带的活动。9 月 28 日通县发生 4.2 级地震。在唐山大地震的波及下北京通县、大兴等地区灾情严重。全市共死亡 900 多人（包括茶淀等在市区以外的单位和外出死亡的 700 多人），伤 7000 多人。郊区农村房屋损坏 50 多万间，城市房屋损坏 800 多万平方米，其中倒塌平房 3 万多间，水利、交通等设施受到一些破坏。密云水库白河主坝 500 米范围内发生滑坡，北京市成立了抗震救灾指挥部，抢修密云水库滑坡的白河大坝的工作。1977年9月26日密云水库白河主坝抗震加固工程竣工。北京市的文物和古建筑共有41处遭到不同程度破坏，故宫砖墙、瓦顶、门楼倒塌、倾斜、开裂。北海白塔受损，颐和园的建筑也受到轻微损坏。人民大会堂顶部的一扇墙震裂，北京展览馆上的红星震掉，王府井百货大楼一角震塌。从遭受破坏的程度来看，相当于北京遭受了一次5—6级地震。

地震灾害的突发性和巨大的破坏力对人类社会是严重的威胁，但是千百年来，自东汉张衡发明候风地动仪至今，人类还是没有能够真正掌握地震发生的规律，对地震灾害的预测和预报能力也十分有限，因此在地震发生前后采取的防御措施和减少灾害损失的应对措施就成为十分重要的了。如前所述，无论是北京八宝山地层断裂带，还是密云地层断裂带，都贯穿北京城区的许多地方。此外，北京城区还有一些小的断裂带。在历史上，这些断裂带或者自主发震，或者在其他大地震中有活跃的表现，从而造成北京城区的城墙、建筑倒塌，人民生命财产受到严重损失。因此，对于北京城市防御地震问题绝不能掉以轻心。例如，在大的工程建筑项目选址时，应该充分考虑到地层断裂带的分布，避免在地层断裂带上修建建筑物特别是大型建筑物。例如，位于北京玉渊潭公园西边的中央电视台电视塔就正处于八宝山大断裂带上，显然在施工前缺乏考虑。当然，在一场大地震中，距地震带100米或200米所受的损失可能没有什么区别；但从历史经验来看，地层断裂带上的活动肯定比其他地方剧烈。康熙十八年（1679年）大地震中，三河县震中潘各庄地面低陷一丈许，平谷县之四境也较过去低陷，最多深达一丈，两县其他发生低陷的地方则只有2尺到5尺不等。那些地陷深达一丈的地方都正是地层断裂带经过的地方。因此，大型建筑物的选址最好还是避开地层断裂带所经地域为好。

在目前科学技术水平还无法预测地震灾害的情况下，加强建筑物本身的坚固性，提高建筑物的抗震能力，是相对减少地震灾害损失的最切实可行的重要办法。在经过邢台地震之后，北京在建筑设计上都特别强调抗震性能要达到抗8级地震以上。例如1973年3月1日北京市召开地震工作会议。会议强调，近期要特别注意防震工作，要加强监视预报，旧房要在雨季前抢修好；今后房屋建筑设计要考虑防震方面的问题。不过，那还是建筑业进入市场化以前的事情，自20世纪90年代以来，建筑业大规模进行市场化操作，众多建筑开发商的出现如雨后春笋；建筑工程公司也纷纷改制，大大小小的包工头林立，北京自城中心区到郊外，高楼大厦鳞次栉比，大有见缝插针之势。在各种售房广告中，都只是强调环境幽雅，似乎没有人再关心建筑物的抗震能力。更有甚者，有些房地产开发商为了牟取不正当高额利润，竟强使设计人员在设计时就减少使用钢筋的数量，百姓称之"抽筋楼"。在市场化的环境里，似乎没有人再关心建筑物的抗震能力。在建筑工程中忽视建筑物的抗震能力，甚至有意降低抗震标准，无异于埋下巨大的安全隐患，是一种犯罪行为。这在地震灾害发生时，将使无数居民付出生命的代价。对此，笔者深感担忧。近来，日本发生的9级地震中，东京的高楼大厦尽管像天线一样摇来晃去却没有倒塌，我们目前的建筑能够达到这样的水平吗？这虽然是一个有待验证的问题，但当人们听到有关部门负责人说中国近年盖的大楼的保质期只有20—30年的时候，不能不对目前建筑的安全性感到担忧。伪劣建筑无异于杀人凶器。

如今，北京城市到处都是高层建筑，房地产开发商为了尽可能地获得利润，除了加高楼层之外，还尽量缩短楼距，这样除了会产生强气流对行人的意外伤害外，还会在地震发生时大大增加居民的伤亡率，使正在户外的居民没有避身之处。

在建筑物的设计上，有很多专家已经指出广泛使用玻璃墙体会造成光污染，同时在发生地震灾害时会像一颗颗炸弹一样飞出无数玻璃碎片，加大伤亡。但是，我们看到，受利润的驱动，大批玻璃墙体的高楼大厦仍然在拔地而起，从而为城市的安全埋下了隐患。

我们的很多公共活动场所缺少发生意外时的有效疏散通道和出口。特别是在大商厦和超市中，大商厦为了尽可能地扩大经营面积，超市为了防止货物丢失，都是有意减少疏散通道宽度或者尽量压缩出口的宽度，一旦发生意外，由于不能及时逃离现场造成的生命损失势必十分惨重。更何况地震发生都很突然，在救生通道梗阻及出口狭窄的情况下，惨祸几乎是不可避免的。因此，有关部门应该制定法规，根据商厦和超市等公共场所的容纳面积，规定出必须具有的通道和出口宽度，以保证人民的生命安全。

关于农村防御地震灾害：我国农村传统上就是有钱就用来盖房。过去，农村盖房都是采用传统工艺，用多年积攒下来的木材建好房架，然后砌墙铺瓦。现在，农民随着生活水平的提高，纷纷盖起了水泥板材的房屋，甚至小楼。首先，这些水泥构件的建筑在施工上就违反要求，各个构件之间缺少必要的拉固钢筋，承重墙也由于为了节省材料而过于单薄，若发生地震确实不堪一击。水泥构件倒塌下来，其杀伤力比砖瓦房更大。事实证明，砖木结构建筑比水泥板材结构建筑的抗震能力更强，但合格的木材价格昂贵，且费时费力，单薄的水泥构件房还是遍于农村各地，这是严重的隐患。智利是世界上地震最频繁、震级最强的国家，世界全部地震能量的 1/4 在智利释放，但是，智利地震遇难人数不多。2007 年，智利 7.7 级地震，死亡仅 2 人；2005 年智利 7.8 级大地震，死亡也仅 11 人；1995 年，智利 8 级大地震，死亡仅 3 人；1985 年，智利首都圣地亚哥 8 级大地震，死亡也不过 177 人。智利历史上地震死亡人数最多的一次，是 1939 年发生的 7.8 级地震，死亡 3 万人，但那已经是 80 多年前的事了。可能正是那次地震让智利人意识到防震的重要性。智利大地震伤亡很少的原因是什么？有人说是因为智利人口稀少，但这完全不符合事实：圣地亚哥市区人口达 670 万，城区人口密度为每平方公里 8964 人，远大于北京的每平方公里 2199 人和上海的每平方公里 2978 人，连人口极为稠密的香港也不过每平方公里 6460 人！所以，智利历次大地震死亡人数很少的原因只有一个，那就是智利的建筑物抗震能力强，智利没有豆腐渣工程。地震灾害造成的伤亡基本上都是被建筑物倒塌压死或者砸死，智利大地震伤亡人数少，说明他们的房子抗震能力好。

加强防震意识：据报道，我国目前的地震预报水平，具有重要防灾意义的短期预报最高可以达到 2% 的准确率，这实际表明目前还无法做到地震灾害的有效预报。因此，加强全民的预防地震灾害的意识，经常不懈地进行有关地震灾害的科普知识教育，使全民都掌握在地震发生时尽量减少损失的能力，这是目前我们唯一可选择的有效的防御地震灾害的方法。重要的是，防震减灾的教育要持之以恒，使之深入人心，不可一日荒废，这才是最困难的事情。因为地震活跃周期的间隔期很长，对于某一地区来说可能一代人也遇不到一次，人们很容易产生麻痹思想。然而，中国虽不是像日本那样的地震频发国，但我国幅员广阔，在不同的时间段总会有不同的地区处于地震活跃周期内，鉴于地震灾害的巨大破坏力和目前尚缺少准确的预测手段，为了人民生命财产的安全和社会主义建设事业的顺利进行，加强防震意识的教育确实是十分必要的，绝非杞人忧天之论。

附录 北京的传染病

北京历史上的重大瘟疫

"瘟疫"是历史上对烈性传染病的通称。瘟疫的特点是传染性特别强，发病迅速，死亡率极高。历史上的大瘟疫，其传播范围可以达数千里，死亡人数达数十百万。持续的时间，短则数月、半年，多则2年乃至10年左右。当然，持续的时间越长，其对人类社会的打击越大，死亡人数越多。有关北京地区瘟疫的明确记载始于女真贵族建立的金朝。天德三年（1151年）诏令把都城从今东北的黑龙江阿城，南迁到燕京（今北京）。当年三月，海陵王"诏广燕京城，建宫室"；四月，"诏迁都燕京"。这项建筑新都城的工程，自天德三年（1151年）至贞元元年（1153年）完工，历时3年时间。当时，海陵王急于摆脱女真宗室旧贵族政变的威胁，限定的工期非常紧急，而实际需要完成的建造宫室园囿等工程量又非常浩大。监督工程的金朝官员便不顾百万民工的死活，不分寒暑，日夜劳作。服役的民工在这样无止无休的摧残下，体质衰弱，再加之居住环境恶劣，于是在工程进行当中暴发了大瘟疫，病亡者众多。《金史·张浩传》记述说："既而暑月，工役多疾疫，诏发燕京五百里内医者，使治疗，官给药物。全活多者给官，其次给赏。"负责监督工程的金朝官员，由于担心大批民工倒毙会影响工期而获罪，也拿出救治民工的姿态。如时任内监督的贾恂就"出己俸市医药，有物故者，又为买棺以葬之"。

元朝中、后期，由于水旱蝗饥等灾害连年不断，瘟疫也比元朝初年严重。就今北京地区（时称大都）而言，元代发生瘟疫的记载计有4次，即元仁宗皇庆二年（1313年）、延祐七年（1320年）、元顺帝至正十四年（1354年）及十八年（1358年），其中尤以至正十八年（1358年）到十九年（1359年）的瘟疫最为惨重。这年瘟疫发生的主要原因在于：一是当时黄河以北连年旱蝗，饥荒成灾，饿殍遍野，人相食的惨剧处处发生；二是农民起义遍于大江南北，至正十八年（1358年）山东、河南农民起义风起云涌，数以十万计的大批难民为避战乱而逃亡到大都（今北京）地区。这些难民本身或体质衰弱，或带有传染病菌、病毒，而元朝政权已是穷途末路，根本没有能力妥为安置，从而为瘟疫的暴发酝酿了条件。难民乞食于京城内外，加速了瘟疫的流行，死亡者日以千计。瘟疫如此凶猛地在京城流行，也威胁到包括蒙古皇室贵族自身的安全。为了避免疾疫的进一步传播，也是为了缓和京师的社会矛盾，以宦官朴不花及皇后奇氏等皇室贵族为首的一批人物纷纷出财，招募民夫在今北京西部的广安门外直到卢沟桥下，沿途挖掘深坑以葬死者。两年之间共达10万—20万，这还是就埋葬人数统计的。无力埋葬者应当还不在少数。明、清时代中国境内瘟疫流行比前代更加频繁。有学者统计，有明一代统治276年间，计有64个发生瘟疫的年份；有清一代统治266年间，计有74个发生瘟疫的年份。明、清两代，北京内城的规模比元代缩小了近1/3，但人口却大为增加。明世宗嘉靖年间虽然围筑了外城，但也只是就外城现存的人口居住区加筑了城墙，并没有起到把内城人口疏散到外城的作用。城市人口密度的集中，卫生环境的恶劣，使得明、清时期北京城市内外发生瘟疫的机会更多。

笔者根据实录和方志记载统计，明代北京地区发生瘟疫计有

12个年份，大致分布在京城、京畿、顺义、通州、延庆、良乡、昌平、密云等地。实际上，当时北京城内每年都有恶性传染病出现，只不过没有大规模流行，所以史书不载。凡是记载下来的，都是波及面较大、后果严重的瘟疫。明神宗万历十年鼠疫（黑死病）、明毅宗崇祯十四年至十六年鼠疫。

清代，北京地区瘟疫发生的情况一如明代，并没有好转。据笔者统计，实录和方志中记载的清北京地区发生瘟疫计有17个年份，大致分布在京城、通州、延庆、平谷、昌平等地。特别是清朝初年，满洲贵族和八旗官兵从寒冷的东北地区进入北京以后，对于北京地区流行的"痘疹"（天花）缺少免疫力，每逢春、夏季节高发期常染病而死，即使皇室贵族也不能免。例如，清朝的顺治皇帝和豫亲王多铎就都是死于痘疹。在清初，痘疹一病曾在满洲官兵中引起极大的恐慌。除了一般与季节有关的所谓瘟疫之外，还有例如清世祖顺治十一年至十二年痘疹、清高宗乾隆五十八年鼠疫、清宣宗道光元年霍乱、清穆宗同治元年痘疹、清德宗光绪二十六年至二十七年霍乱、清宣统二年鼠疫等恶性传染病。其中霍乱是清代传入我国的新病种。

民国时期最初规定的法定传染病是9种：伤寒、斑疹伤寒、赤痢、天花、霍乱、鼠疫、白喉、脑膜炎、猩红热，以后又加上回归热，计有10种。民国四年（1915年）北京开始有关于猩红热传染病的正式记录。民国九年（1920年）北方大旱灾，山东、河南、直隶地区的重灾区计有340县，其中包括京兆（大致旧顺天府辖境）17县。秋季，三省灾民沿铁路线纷纷北上逃荒，沿路乞讨，十百成群，络绎不绝。京汉铁路自保定到北京房山琉璃河一线，霍乱盛行，铁路两侧，病亡者比比皆是，旅客为之心惊[1]。除了外来病源之外，今北京顺义县也发生了严重传染病，其范围遍及全县，死亡无数[2]。民国十二年（1923年）由于春季乍寒乍热，气候异常，以至于传染病流行，死者已属不少。流行病的种类较多，其中猩红热最多，白喉次之，也有少数回归热、霍乱、赤痢患者。民国十四年（1925年）由于去年大水成灾，水源污染和生活环境骤然恶劣，民国十五年（1926年）霍乱、伤寒传染病流行十分凶猛。民国十六年（1927年）北京地区天花、流行性感冒、霍乱、伤寒先后相继，可以说自春至深秋，北京城内外全年瘟疫不断[3]。民国十九年（1930年）北京地区开始有了关于痢疾、脊髓灰质炎的正式医学报告。民国二十一年（1932年）北京地区发生的霍乱带有全国性暴发的性质，疫区包括河北、江苏、河南、山西、山东、安徽、陕西、湖北数省，内有城市306座，患者10余万人，死亡3万余人。其中，北京、绥远、福建、广西、湖北、安徽、江西、广东等省市霍乱病人的死亡率最高。这段时间，北京地区的传染病以霍乱、痢疾等肠道传染病为主，主要是生活环境恶劣，水灾之年人民饮用的井水受到污染所致[4]。民国二十六年（1937年）仍是北京各种传染病的流行年，大兴县南各庄甚至发现6名炭疽病人[5]。日本帝国主义侵占北京的8年期间，北京地区的各种传染病并不见减少。全市每年因病死亡人数一直保持在28000余人的

/1/ 《晨报》1920年8月22日《保琉一带霍乱盛行》。
/2/ 民国《顺义县志》卷十六《杂事记》。
/3/ 王康久、刘国柱：《北京卫生大事记·补遗》，北京科学技术出版社，1996年，第494、495页。
/4/ 王康久、刘国柱：《北京卫生大事记·补遗》，北京科学技术出版社，1996年，第495、496页。
/5/ 王康久、刘国柱：《北京卫生大事记·补遗》，北京科学技术出版社，1996年，第499页。

高位上 [1]。民国二十八年（1939 年）北京虽然没有单项传染病的突出暴发，但令人吃惊的是在城区和郊区都出现了绝迹多年的鼠疫疫情。城区鼠疫病人达 30 人，南郊大兴农村也有发现。最值得注意的是，自这年以后北京城郊就开始奇怪地频繁出现鼠疫报告，如民国三十年（1941 年）北京有鼠疫报告。民国三十一年（1942 年）北京城区和西郊海淀均有鼠疫流行，其中城区鼠疫患者竟达 130 例。患者以儿童居多。而在民国三十四年（1945 年）在北京南郊大兴县又发现罕见的炭疽病人 50 余例，而且该病在前述民国二十六年（1937 年）也曾在大兴县发生过。这一时期鼠疫和炭疽病在北京地区的出现带有以下明显特征：一是没有明显的外来病源传入迹象，也没有形成疫情大暴发的局面。二是被传染的对象有时是特定人群，如民国三十一年（1942 年）的鼠疫患者就是儿童居多。三是同一地区反复发生其他地区没有发生过的传染病，如大兴县发生的炭疽病。众所周知，日本侵略者在侵华战争中曾惨无人道地广泛进行细菌战的研制开发和人体实验。北京正是其在华北的据点之一。在多种细菌战实验中，鼠疫和炭疽病——这两种令世人谈之色变的烈性传染病——正是其重点研究的项目。因此，我们完全有理由怀疑，北京在被其侵占期间反复奇怪出现的鼠疫、炭疽病，可能和日本帝国主义者的细菌战实验有关 [2]。然而，如果说以上判断是根据疫情的种种可疑现象而做出的一种推测的话，民国三十二年（1943 年）北京地区暴发的霍乱传染病，却是有确凿的证据证明是日本侵略者有意散播霍

---

[1] 在日本帝国主义侵占北京期间，每年因病死亡人数在 28000 人左右，但在民国三十五年（1946 年）即日本投降后的第一年，北京因病死亡人数即降为 14000 余人。由此可见，日本帝国主义侵占北京期间北京居民的因病死亡率高于平常水平。

[2] 王康久、刘国柱：《北京卫生人事记·补遗》，北京科学技术出版社，1996 年，第 481—483 页、495—499 页。

乱病菌造成的大规模传染病。在日本侵略者野蛮进行的这场细菌战中，北京居民至少有 2000 人以上因被传染霍乱病菌而丧命。民国三十四年（1945 年）北京南郊的大兴县在时隔 7 年之后再次发生炭疽传染病，染疫者 50 余人，全部死亡[1]。

/二/
1949 年以后　北京的传染病

1. 环境卫生

我国古代先民千百年来对疾病的防御就十分重视，祖国的中医学就是在和瘟疫作斗争过程中不断发展的，历史上曾出现战国时期的扁鹊、汉代的张机（字仲景）、三国时期的华佗、晋代的葛洪、唐代的孙思邈、明代的李时珍等一批医学家和药学家。他们流传下来的著作如《伤寒论》《中藏经》《肘后备急方》《千金方》《本草纲目》等医书是中华民族医学宝库中的珍贵财富。中医学是世界医学的重要组成部分。亚洲地区日本、朝鲜等国的传统医学都受到过我国中医学的影响。中国的"人浆接种术"在 18 世纪初传播到欧洲之后，直接导致了天花疫苗的诞生。这是中国医学对人类做出的重大贡献。在中华民族和瘟疫的长期斗争中，中国医学也在不断发展。《伤寒论》《霍乱论》等重要中医学典籍都是在大瘟疫暴发过程中中医学者不断总结出来的经验、成

/1/　中国第二历史档案馆等编：《细菌战与毒气战》，中华书局，1989 年 9 月，第 224 页。

果。在瘟疫发生时进行预防和治疗，是比单纯隔离更为积极的干预措施。金、元、明、清时代，北京地区在发生重大疫情时，都不乏由政府组织医生进行诊治的例子。金、元时期的卫生机构有惠民药局，明、清时期的卫生机构有太医院。太医院虽然是专门为皇室设立的机构，但在大疫之年也被责令承担京师的灭疫任务，为五城百姓患者诊治和散发药物。早在先秦时期，我国居民就已具有比较先进的卫生知识，有所谓"改水""改火"之说。《管子·禁藏》云："当春三月，萩室熯造。"（唐）房玄龄注云："熯，谓以火干也。三月之时，阳气盛发，易生瘟疫。楸木郁臭，以辟毒气，故烧之于新造之室。"《禁藏》篇又云："钻燧易火，抒水易井，所以去兹毒也。"注云："四时易火，至春，则取榆柳之火。春时之井，又当复抒之，以易其水。此皆去时滋长之毒。"据上所说，所谓改火，就是用火烘干新盖的屋子，以去湿毒。所谓改水，就是现代人们所说的淘井，淘尽井中的脏水，让井中充满重新从井底涌出的泉水。《后汉书·礼仪志》云："至立秋，如故事。是日浚井改水，日冬至，钻燧改火云。"而早在此之前的《周易·井卦》中说："井泥不食，旧井无禽。"（唐）孔颖达《周易正义》中解释说："是井之下，泥污不堪食也，故曰井泥不食也。井泥而不可食，即是久井不见浚治，禽所不向，而况人乎！故曰旧井无禽也……禽之与人皆共弃舍也。"该卦辞又说："井，改邑不改井。"意思是说，村邑可迁而井却不可迁。那么，当井水因污秽而不可饮用时，则只能是舍弃旧井，开凿新井。在北京地区的考古实践中，曾在蔡公庄、象来街（今长椿街）、和平门一线发现密集的战国至两汉时期的古瓦井，最密集的地方1平方米之内就有4口井，这大概就是当一口井"井泥不食"后改凿新井的结果。中国古代，中华民族在居住、饮食等方面都有着很先进的卫生观念和卫生习惯。只是自 18 世纪欧洲进入现代资本主义阶段以后，中国却仍然滞留在封建社会阶段，整体社会实力包括人们的生活环境、卫生观念和习惯，才落后于西方社会。虽然预防天花的"人浆接种术"是 18 世纪初由中国传入欧洲的，但真正研究成功安全有效的天花预防疫苗，还是 18 世纪末的英国医生爱德华·詹纳。在 19 世纪到 20 世纪初人类取得的这些制服瘟疫的成就中，有英国、德国、挪威、日本、美国等国学者做出的贡献，却不见中国学者的优异表现。因此，在这 100 余年来，中国社会经常受到各种瘟疫的袭击，并对之束手无策也就不足为怪了。近代社会以来，社会观念发生了一些改变，清末北京也成立了官方的清洁队，隶属于警察部门之下。民国时期北京还成立了公共卫生委员会和清道事务所、清洁处理委员会、运出垃圾运动委员会，以及召开卫生运动大会，开展灭蝇活动。这些虽然体现了当时社会观念的更新，但由于难以持之以恒，所以见效有限。从清光绪三十一年（1905 年）实行新法设立卫生处以后，直到民国二十六年（1937 年），北京内、外城仅有公厕 627 处，这对于 170 余万人口的一座城市来说，平均每 2711 人使用 1 座公厕，实属奇缺。更何况这些厕所大多建于内城，所以直至 1949 年以前北京街巷随地便溺是很普遍的现象。20 世纪 50 年代，经过大力推行全民爱国卫生运动，才彻底改变了这种现象。1949—1951 年北京城市新增建、改建公共厕所 746 处，达 34 万个。1949 年以前，北京城市排污能力差、缺少公共卫生设施、缺少科学卫生知识和现代化的医疗技术、平民生活的贫困化是造成疫病流行的主要原因。另外，城市人口稠密且流动频繁也是疾疫流行的重要原因。1949 年 6 月 3 日北平市人民防疫委员会成立。10 月 28 日北京市政府召开临时政务会议，讨论本市防疫工作。为了预防察北鼠疫侵入首都，决定在永定门、朝阳门、西直门三处实施检疫。11月10日北平市防疫委员会决定在全市开展清洁运动和捕鼠灭蚤运动。1950年2月21日北京市公共卫生局为预防天花、白喉、麻疹、脑膜炎等传染病，到各区进行防疫注射。贯彻预防为主卫生工作方针，继续开展群众性卫生运动。1952年春，美帝国主义在侵朝战争中，对朝鲜和我国发动了细菌战争。在保家卫国的浪潮中，推动了群众性卫生运动的深入发展。人民群众把这项伟大的运动称为"爱国卫生运动"。党中央肯定了这个名称并指示各级领导机构，以后统称为"爱国卫生委员会"。北京市爱国卫生运动委员会在北京的防疫工作中几十年来坚持不懈，发挥了重要作用，在1952年的爱国卫生运动中共清除了近27万立方米垃圾。1950年3月22日政务院批准成立疏浚"三海"（北海、中海和南海）工程指导委员会，4月动工，仅用77天，共挖运淤泥34万立方米，新建和改建进退水闸8座，建码头31处，砌筑护岸近11公里。1950年3月30日，北京市6个下水道系统：南北河沿、北新华街、大石桥、安定门、棋盘街、崇文门—朝阳门的疏浚工程全部完工，大大改善了城市排污条件。4月，前门外的排污臭沟龙须沟改建暗沟工程开工，10月完成，改善了前门外广大劳动人民的生活卫生条件。至1951年3月16日北京市开展第三次大规模清洁运动，并建立了街道清扫保洁责任制和基层群众卫生小组。1956年7月25日北京城内最后一条臭水沟——御河，改建为地下水道。至此，北京城内原有的100多条臭水沟全部消除。卫生条件的极大改善，大大提高了北京城市抵御疫病的能力。

为了有效地消灭传染性疾病的扩散途径，1949年春季当接到输入性鼠疫的疫情报告以后，北京市政府除了加强交通检疫以外，还发动广大市民捕鼠，并且将这一工作常态化，1952—1956

年全市灭鼠从近 20 万只到 161 万只。1988 年经过中央爱国卫生运动委员组织专家验收，北京成为无鼠害城市。1952 年提出"灭四害"（苍蝇、蚊子、老鼠、麻雀）。苍蝇是肠道传染病的重要媒介，1952 年北京全市开展灭蝇活动，并推广春季挖苍蝇蛹的方法，消灭苍蝇数以亿计。还对苍蝇容易滋生的污水池、粪坑、垃圾堆喷洒药水，灭蝇工作也成为市民生活中常态化的一项工作。1990 年北京市政府为迎接亚洲运动会发起创建国家卫生城市活动，做到运动会场馆无蚊蝇，全市 90% 以上地区基本无苍蝇。蚊虫是夏季常出现的飞虫，雌性蚊虫以血液作为食物，是传染病的重要媒介，所以灭蚊和灭蝇一样是保障人民身体健康的重要任务。1952 年在灭蝇运动中就打捞蚊虫的幼子子了 15 万余斤。1953 年、1954 年、1955 年北京市连续发动群众采取处理蚊虫的滋生地（如杂草野地、积水坑洼）、扑打、撒药等 20 余种方法消灭蚊虫，取得很好的效果。1958 年 9 月 11—26 日，北京全市在同一时间内统一点燃"六六六粉"，用烟熏的方法使蚊虫无处可逃，极大地减少了蚊虫的数量。1959 年北京全市在"十一"国庆节前连续进行 10 次灭蚊蝇活动，做到城区基本无蚊虫。可以说，1949 年以后北京市的灭蚊蝇工作一直没有停止。1989 年，为了迎接亚洲运动会的召开，除灭绝蚊虫滋生地之外，还采取飞机撒药、烟熏、扑打等方法，全市 90% 的地区基本无蚊蝇。亚洲运动会场馆基本无蚊蝇。以笔者的亲身体会来说，近几年北京的蚊蝇确实少多了。过去吃饭的时候还要不时地驱赶苍蝇，现在这种情况基本绝迹。过去夏天不但在户外会经常遭到蚊蝇的叮咬，就是在室内睡觉时也不时会受到蚊蝇的骚扰，有时甚至要使用蚊帐，现在这种情况也比较少见了。就是在户外蚊虫也比过去少得多。"灭四害"运动中最初提出的消灭麻雀，后来因这样做对林木不利，所以

1960年不再打麻雀，改为灭臭虫。臭虫因其有一对能分泌臭味的腺体，在其爬行过的地方，留下难闻异味所以人称臭虫。它们一般在狭窄的缝隙中栖息，具群栖性，成虫、若虫和卵多见于床板、褥垫、箱缝、墙隙或墙纸的褶缝中，在卫生条件差的交通工具以及公共场所的桌椅缝隙中亦有滋生。臭虫的危害主要是吸血骚扰，主要在夜间活动，吸血贪婪，尤其是若虫（臭虫的幼虫），吸血量可超过其体重的1—2倍，人被叮咬后，严重时可导致皮肤红肿发炎、痒痛难忍，有些人可发生丘疹样麻疹，以小儿为多见。如果长期被较多的臭虫寄生，可引起失眠、虚弱等症状。此外，臭虫还被怀疑是某些疾病的传播媒介。自1956年北京开展大规模消灭臭虫以来，经过历年的努力，终于到1980年全市基本消灭臭虫。可是，2013年8月28日晚，北京到上海的高铁车厢里，旅客一早起来发现床铺上有七八只吸血臭虫。被消灭多年的臭虫2003年夏天再度复出，除了居民家里，还登上了京沪高铁。9月23日，北京市疾控中心证实此事。可能是经过3—4年的沉寂以后，臭虫出现开始扩散或者其危害要逐步扩大的一种趋势。京沪等地臭虫重现可能有两个途径：一是国外传播进入；二是农村地区进入。目前尚未发现臭虫能够传播其他疾病的确凿证据，它的危害主要局限在叮咬、吸血、骚扰等方面。

2. 防疫

清朝末年推行新政，设立了防疫机构。民国时期，1919年成立中央防疫处。1949年以后从中央卫生部到各市区县都成立了各级防疫机构。1953年北京市成立市防疫站与下属各区县防疫站形成了严密的防疫体系。民国时期北京流行的是伤寒、斑疹伤寒、赤痢、天花、霍乱、鼠疫、白喉、脑膜炎、猩红热，以后又加上回归热，计有 10 种。1949 年以后，自 1950 年 5 月以后就不见天花流行，1980 年 5 月 8 日宣布彻底消灭了天花传染病。由于卫生环境的大大改善，加之加强了对流行性传染病的防治和采取注射疫苗等措施，在 1949—1955 年北京市成人死因顺位中占第一位的传染病，到 1956 年以后下降到第二位，并从 1960 年以后下降到第三位，1962 年以后下降到第五位，1970 年以后退出前八位之列，1990 年降到第十位，这是千百年来中国人民遏制传染性疾病从没有取得过的光辉成就。不过，形势也不容乐观。例如，20 世纪 50 年代随着娼妓被取消而被消灭的性病，在 90 年代随着社会的开放和西方腐败性观念的传入又有死灰复燃之势。同时，1985 年北京也发现了中国首例传入性艾滋病。因此，预防流行性传染病仍然是一项长期的任务。另外，世界范围的流行性感冒一直呈周期性的反复肆虐。就北京地区来说，自秋季至次年春初的各种类型的流行性感冒一直是防疫重点。

对于抵御流行性疾病的最有效的办法就是注射疫苗。中国医学比较早地认识天花疾病，而且也很早就采取了"人浆接种术"，在 18 世纪初传播到欧洲之后，直接导致了天花疫苗的诞生。所以在预防天花方面人们对于接种疫苗尚容易接受，民国时期春、秋季节接种疫苗的人数最多，达到 10 余万人。可是对于其他疫苗就不是这样了，例如接受伤寒、霍乱、白喉疫苗注射的仅有数千人而已。例如 1936 年是北京地区的大灾之年，气候干旱，禾稼无收；同时，瘟疫猖獗，防不胜防。虽然这年北京居民的防疫意识比往年有所提高，注射霍乱、伤寒疫苗的人数是往年的 5 倍，但也仅有 17000 余人，"惟以事属创举，观望者多""市民自动请求者仍甚少"。1949 年在各级卫生组织的大力宣传下，人民的卫生意识有了很大提高，1950 年按照政务院（今国务院）和卫生部的指示，北京全市开展免费接种天花疫苗，接种者达 71 万人，在北京彻底消灭了天花传染病的传播。

1950 年北京市确定了麻疹等 14 项疾病为法定传染性疾病。1955 年国家卫生部规定传染病分甲、乙两类共 25 种。北京市据此规定了发现后必须报告的传染性疾病 14 种。1956 年北京市又根据卫生部规定，将血吸虫、钩虫病、疟疾、丝虫病、黑热病、恙虫病（丛林斑疹伤寒）、出血热等 7 种疾病列入乙类传染性疾病。1959 年北京市将传染性肝炎列入暂行管理的传染性疾病。1963 年北京市将暂行管理的传染性疾病分甲、乙两类计 28 种，加上需报告的丙类疾病肠炎 1 种，总计 29 种。1978 年卫生部宣布不再将血吸虫、钩虫病、丝虫病列为法定传染病，而将流行性感冒补充为法定传染病。北京市也据此作了相应修改。目前，北京执行的是国家卫生部统一的标准法定传染病共计 39 种，其中甲类传染病 2 种，乙类传染病 26 种，丙类传染病 11 种。

1949 年以后，由于有组织地大规模灭鼠，北京没有再出现流行性鼠疫。1950 年 6 月以后天花传染病也从北京绝迹。1954 年回归热传染性疾病也从北京绝迹。流行性乙型脑炎的发病率从 1965 年平均每 10 万人中大约发病 43.8 人，至 1972 年下降到平均每 10 万人中发病 3 人。对儿童威胁严重的脊髓灰质炎流行性疾病在 1956—1964 年曾一度在北京流行肆虐，发病率达平均每 10 万人中 17.4—23.3 人。但是从 1961 年开始使用减毒活疫苗（糖丸）以后，3 年时间发病率下降到平均每 10 万人中只有 1 人。1980 年下降到平均每 10 万人中只有 0.03 人。1993 年 12 月 5 日北京市开展消灭脊髓灰质炎强化免疫活动，共为 83 万名适龄儿童喂服脊髓灰质炎疫苗，服苗率在 96% 以上。2000 年中国已达到无脊髓灰质炎目标。但周边国家仍然存在不少脊灰野毒株病例。

中国局部地区由于防疫工作存在许多薄弱环节，而周边 3 个存在脊灰野毒株的邻国对我国也构成输入性威胁，因此我国的防治脊髓灰质炎工作面临严峻挑战。目前，中国的脊灰疫苗已列入儿童免疫程序，儿童免费接种。

兹将北京防治各种传染性疾病的经过分述于下。

（1）霍乱

"霍乱"的病名早在汉代张仲景《伤寒论》中就已经作为一种肠胃道疾病提了出来。现代医学所谓的"霍乱"传染病是由霍乱病菌通过饮食、饮水、粪便等途径传播，也是病菌作用于肠道的疾病，因此中国医学界就借用了传统的"霍乱"病名。其实，现代医学所谓的霍乱和中国古代所谓的霍乱并不是同种疾病。该病的英文发音是"虎列拉"，日本人用"片假名"的方式音译为外来语应用，又通过留学生传入中国。所以，霍乱在中国又称为虎列拉。清嘉庆二十二年（1817 年）霍乱在欧洲大流行，死人无数，随后传至东方。据罗尔纲先生考证，霍乱病最早在嘉庆二十五年（1820 年）由广州传入中国，并很快蔓延到福建、浙江、江苏等地，发展成为当地常见的传染病。民国时期，霍乱曾在北京地区流行，并以 1938 年最为严重，发现 150 例。1949 年以后，通过严格管理北京饮用水源、加强饮食卫生，霍乱病得到有效遏制，只有 1965 年发现输入性副霍乱[1]病人 1 例。不过在北京地区的水体和粪便中曾存在霍乱病原体，所以对于霍乱病的防治还是不能懈怠。

（2）细菌性痢疾

细菌性痢疾简称菌痢，是志贺菌属的痢疾杆菌引起的肠道传

/1/　霍乱与副霍乱是由霍乱弧菌的两个不同生物型所引起的烈性肠道传染病。

染病。传播途径为食物传播、水传播、日常生活接触传播、苍蝇传播。痢疾虽然一年四季都有发生，但有明显的季节性，20世纪50年代大多在每年的7、8、9月三个月，可是从70年代则提前为6、7、8月三个月，而且高峰期也从8月提前到7月。过去细菌性痢疾的发病原因主要是生吃被污染的瓜果、蔬菜，但现在随着北京城乡交界处大量无照经营摊贩的泛滥，食品卫生成了肠道疾病的主要致病原因。同时，在北京每年数十百万进城农民工的生活环境一般都比较低下，甚至恶劣，这也应当是发生肠道疾病的原因之一。

（3）伤寒、副伤寒

这是由伤寒杆菌和副伤寒杆菌引起的肠道传染性疾病，传染途径主要是通过水源和食物污染。北京的伤寒传染病主要是由水媒介渠道传播。1949年以后，伤寒传染病在北京各区县都有发现，只是在分布地域上有些变化。20世纪50年代是市区发病率高于远郊区县，60年代则是远郊区县高于近郊区县，近郊区县高于市区。这应该是和城市加强了自来水的推广使用有关。伤寒和痢疾一样，其发作期也有明显的季节性，20世纪60年代为每年的6—10月，70年代则提前一个月为5—9月。这种变化或许和气候变暖的大环境有关。1972年7月在北京市政府向中央递交的报告中就指出，由于气候久旱，饮食卫生环境条件下降，苍蝇密度增加，伤寒的发病人数比去年同期增长2.8倍，是十几年来所没有过的现象。

（4）病毒性肝炎

病毒性肝炎是分别由甲、乙、丙、丁、戊五种肝炎病毒引起的以肝脏病变为主的一种传染病。乙、丙肝炎传染途径是"病从血入"，即肝炎病人或慢性带毒者可通过化验采血、针刺、注射、手术、皮肤湿疹、月经、分娩、输血等形式把病毒排出体外传染给他人。甲型和戊型传染方式是粪—口途径，即通过消化道传播，病毒从肝炎病人粪便排出体外，污染了水源、食物及各种用具，当人们接触了这些被污染的物品之后，病毒就通过口腔进入人体内，发生感染。生活中最常见的病毒性肝炎是乙肝和丙肝。

我国是出现肝炎患者的大国，1959 年发病率是每 10 万人有 198.49 人，到 1977 年是平均每 10 万人有 133.68 人，并没有太大的差别。虽然 1961 年、1968 年、1969 年一度得到遏制，发病率控制在平均每 10 万人在 60—80 人之间，但其他年份仍然在 120—300 人之间。

发病数位居法定管理传染病的第一位。病毒性肝炎按照病情发展的阶段不同分为急性肝炎、慢性肝炎、肝硬化、肝癌等，对人体健康有很大威胁。病毒性肝炎不仅仅对肝脏造成一定程度上的损害，病毒性肝炎常见的并发症有关节炎、肾小球肾炎等。

（5）脊髓灰质炎

脊髓灰质炎又称小儿麻痹症，是由脊髓灰质炎病毒引起的小儿急性传染病，多发生在 5 岁以下小儿尤其是婴幼儿。病毒侵犯脊髓前角运动神经元，造成弛缓性肌肉麻痹，病情轻重不一，轻者无瘫痪出现，严重者累及生命中枢而死亡。大部分病例可治愈，仅小部分留下瘫痪后遗症。严重者受累肌肉出现萎缩，神经功能不能恢复，造成受累肢体畸形。由于脊髓灰质炎传染病对儿童的身体健康和成长有严重威胁，所以我国对该病的防治一直非常重视，国家领导人也参加到防疫的队伍中去。1949 年以后，北京市自 1955 年开始疫情报告，脊髓灰质炎在 1956 年、1959 年、1964 年出现三次流行高峰，但是从 1961 年开始使用减毒活疫苗（糖丸）以后，1965 年发病率大幅度下降，1980 年下降到平均每 10 万人中只有 0.03 人。1983—1990 年发病率几乎为零。不过，1995—1996 年及 1999 年，我国云南和青海省发生了分别由缅甸和印度输入的脊髓灰质炎野毒株病例，经当地疾病预防控制部门采取紧急措施后，才没有发生二代病例。

（6）**流行性腹泻**

流行性腹泻又称急性病毒性胃肠炎、非菌性腹泻，是在世界各地分布很广的一种传染病，传染途径是肠道传染。该病可由多种病毒引起但以轮状病毒为主要致病因子，轮状病毒还是造成婴幼儿秋季腹泻的主要病因。1982 年 12 月中旬到 1983 年 1 月，南票邱皮沟矿区发生一次成人流行性腹泻的严重疫情，发病率为 18.4%，后经证明本病病原为新轮状病毒。1949 年以后，北京地区于 1971 年 5 月在北部的昌平县首先暴发流行，患病者 588 人。同年 8 月，在海淀区和怀柔县也有流行。1973 年、1975 年、1977 年在北京城区、远近郊区的工厂、机关、学校、部队、幼儿园都曾先后出现局部流行。据有关部门统计，1971—1977 年共发现病人 8459 例，暴发流行 20 起。由于病人大多集中在 20—30 岁之间，占 70% 以上，所以笔者推测大约和饮食卫生有密切关系。

（7）**肝吸虫病**

肝吸虫病又称华支睾吸虫病，该病由肝吸虫成虫寄生肝内胆管所引起。虫卵随胆汁入肠，由粪便排出体外，落入池塘，被淡水螺吞食，在螺体内发育形成尾蚴而出螺体，再侵入淡水鱼或小虾肌肉内，即成囊蚴。人或其他肉食或杂食动物吞食带囊蚴的鱼虾，即被感染。1957 年发现北京海淀区六里屯为流行区。1965 年、1972 年分别发现北京朝阳区三间房和通县郑庄也曾流行肝吸虫病。在 1975 年的普查中发现北京东起平谷县、朝阳区，西至房山县、海淀区，北起怀柔县、昌平县，南至丰台区、大兴县的所有平原地区都是肝吸虫病的流行区。其中以昌平县、朝阳区为甚。

北京地区肝吸虫的保虫宿主[1]主要是猫、狗、猪等，第一中间宿主是纹沼螺、赤豆螺，第二中间宿主[2]是淡水鱼。感染途径主要是食用了半生不熟的鱼虾。

（8）钩虫病

钩虫病是由钩虫寄生在人体小肠所引起的疾病。临床上以贫血、营养不良、胃肠功能失调为主要表现，重者可致发育障碍及心功能不全。钩虫寄生在人体中可使人长期慢性失血，从而呈现贫血和与贫血有关的症状。钩虫病在全世界都有分布，尤其热带和亚热带地区。北京地区在1963年和1964年曾暴发钩虫病，发病率达到平均每10万人中有9.99人和平均每10万人中有12.47人。但自1971年以后大幅度减少，1972年、1977年发病率都是平均每10万人中只有2人。

（9）鼠疫

鼠疫又称黑死病，是鼠疫杆菌借鼠蚤传播为主的烈性传染病，是广泛流行于野生啮齿动物间的一种自然疫源性疾病。临床上表现为发热、严重毒血症症状、淋巴结肿大、肺炎、出血倾向等。鼠疫在世界历史上曾有多次大流行，死亡者数以千万计，我国在明、清、民国时期也曾多次流行，病死率极高。北京地区从1919年以后未再发现鼠疫。不过，由于鼠疫虽然也由飞沫、伤口感染、消化道等途径感染，但鼠蚤叮咬是主要的传播途径，啮齿动物—蚤—人是腺鼠疫的主要传播方式，北方又是多鼠地区，

---

[1] 保虫宿主又称储蓄宿主、储存宿主。有些蠕虫成虫或原虫某一阶段既可寄生于人，也可寄生于脊椎动物，在一定条件下可通过感染的脊椎动物传给人，在流行病学上，称这些脊椎动物为保虫宿主。

[2] 中间宿主是指寄生虫的幼虫或无性生殖阶段所寄生的宿主。有两个以上宿主的可分为第一、第二宿主。

所以防治鼠疫的工作还是不能放松。1976年对北京8个郊区、县进行监测，发现普遍有褐家鼠存在。为此，从1977年开始，北京市在延庆、怀柔、密云选择5个地区，定点、定期进行监测。

预防鼠疫应该做到发现疑似或确诊患者，立即通过紧急电话和网络报告疫情，不得延误。同时将患者严密隔离，禁止探视。患者排泄物应彻底消毒，患者死亡应火葬或深埋。对自然疫源地的鼠间鼠疫进行疫情监测，控制鼠间鼠疫，广泛开展灭鼠爱国卫生运动。对患者身上及衣物都要喷撒安全有效的杀虫剂杀灭跳蚤，灭蚤必须彻底。对猫、狗，家畜等也要喷药。加强交通及国境检疫以避免输入性鼠疫。鼠间鼠疫开始流行时，对疫区及其周围的居民、进入疫区的工作人员，均应进行预防接种。进入疫区的工作人员，必须接种菌苗，工作时必须着防护服，戴口罩、帽子、手套、眼镜，穿胶鞋。

（10）斑疹伤寒

斑疹伤寒是由斑疹伤寒立克次体引起的一种急性传染病。立克次体是介于细菌与病毒之间的微生物，以虱、蚤、蜱、螨等吸血节肢动物为主要传播媒介。鼠类是主要的传染源，以恙螨幼虫为媒介将斑疹伤寒传播给人。斑疹伤寒包括流行性斑疹伤寒和地方性斑疹伤寒两个病种，是由两种不同的立克次体引起的传染性疾病。流行性斑疹经体虱传播，以冬春季为多。地方性斑疹是以鼠蚤为媒介，以夏秋季为多。流行性斑疹伤寒属于人—虱—人传播的疾病，人是唯一的宿主，体虱是传播媒介。地方性斑疹伤寒是一种自然疫源性疾病，鼠类是储存宿主，蚤是传播媒介，人是受害者。呈鼠—蚤—人传播循环。地方性斑疹伤寒是全世界性的，凡是有老鼠和跳蚤的地方都可能有地方性斑疹伤寒疫源地的存在。我国在1949年以后有三次流行高峰：第一次是1950—1952

年，为流行性和地方性混合流行，以云南最严重。第二次流行高峰除台湾外，28个省、市、自治区均有发病。第三次流行高峰自1980—1984年，80年代初发病率呈下降趋势，1997年开始又有回升。

北京地区在民国时期出现的斑疹伤寒既有流行性斑疹伤寒，也有地方性斑疹伤寒，1949年以后，据北京市防疫站1961年对45位患者检测，全部是流行性斑疹伤寒。1963年对顺义县木林乡11位患者检查，也全部是流行性斑疹伤寒。1976年在北京丰台看守所发现的15例斑疹伤寒，经过检查仍然全部是流行性斑疹伤寒。因此看来，北京目前的斑疹伤寒传染病是以流行性为主。我们前面已经说到，流行性斑疹伤寒的传播方式是人—虱—人，所以其防御办法除了灭鼠之外，加强个人卫生就是十分必要的。目前，随着全球卫生环境的改善，这类疾病发病率逐年降低，病死率也明显下降，近年来已经罕有死亡病例报告。

（11）黑热病

黑热病也是一种寄生虫疾病，是黑热病原虫所引起的慢性地方性传染病。过去经常流行于长江以北地区。传染源是患者和病犬（癞皮狗），中华白蛉是传播媒介。每年5—8月是白蛉活动季节，中华白蛉吸吮黑热病患者的血液时，黑热病原虫便进入中华白蛉体内，发育繁殖成鞭毛体，7天后中华白蛉再次叮蛟人体时，将鞭毛体注入受体体内，即可引起黑热病感染。黑热病原虫主要寄生在患者的血液、肝、脾、骨髓和淋巴结中，引起脏器的肿大，严重损害患者健康。黑热病患者主要是儿童，成年人较少。黑热病原虫的宿主是病犬，传播媒介是中华白蛉，发病的高峰期在每年的3—5月，这也正是中华白蛉活动的高峰期。寄生虫学家钟惠澜通过对北京密云县等黑热病流行区进行的调查，确认患者主要是自然感染，所以消灭病犬、扑杀中华白蛉是主要防治途径。20世纪30年代后期，北平郊区和城内均有不少病例，有的因此而死亡。寄生虫学家钟惠澜与其他专家合作，证实中华白蛉是北平附近传播黑热病的主要媒介，并肯定了病犬在黑热病传播中的作用，为防治黑热病、基本控制黑热病的流行做出了重要贡献。

北京地区1950—1954年黑热病高发，平均每10万人中有患者100—400人。1955年以后大幅度减少，平均每10万人中只有数十人，但1958年时将延庆、门头沟、密云、怀柔、房山、昌平、顺义、平谷、通县等9县划归北京，这些县的黑热病发病率较高，于是1958年北京黑热病患者的统计数字猛蹿至平均每10万人中有患者339人。而且第二年还高达72人。经过大规模防治，1960年以后复归于一二十例。1967年以后仅有一二例。1976年以后不再见发生的病例。

（12）疟疾

疟疾是经雌按蚊叮咬人体，将其体内寄生的疟原虫传入人体或输入带疟原虫者的血液而引起的寄生虫病。疟疾病在夏、秋季节容易发生，有地方性特点。这和它的传染媒介雌按蚊的生存周期有关。疟疾病主要表现为周期性的寒战、发热、大量出汗及浑身乏力、贫血，以及脑、肝、肾、心、肠、胃等受损引起的各种综合征。预防疟疾的最简便有效的方法是防蚊虫叮咬。我国诺贝尔奖获得者屠呦呦的研究团队发现的青蒿素是治疗疟疾传染病的有效药物。

北京地区在清初和清末曾有疟疾流行，民国时期1947年市属医院收治的疟疾病人885人。1949年以后，初期北京地区疟疾病的发病率平均每10万人中有20—40人。1954年为高峰期，平均每10万人中有82.30人，以后下降到平均每10万人中有5人以下。但1961—1965年又有抬升，上升到平均每10万人中有30—50人，以后下降到平均每10万人中有2人左右。1971—1972年复出现疟疾病的高峰期，平均每10万人中有20—30人，以后则下降到平均每10万人中有1—2人。疟疾传染病的分布也时有变化，1958—1963年近郊区高于远郊区，远郊区高于市区；1964—1969年远郊区最高，市区最低。1970—1977年的大多数年份近郊区最高，远郊区最低。这应该和雌按蚊的分布有关。疟疾传染病在北京地区一年四季都有发生，6—8月是高峰期。据1962年北京海淀区和大兴县的材料分析，疟疾传播的重要媒介雌按蚊占当地蚊虫的85.12%，所以对于疟疾的预防仍然不能忽视。

（13）流行性乙型脑炎

流行性乙型脑炎就是我们通常说的大脑炎，是一种由乙脑病毒感染的传染病。猪与马等家畜和家禽是重要的传染源，主要通过蚊虫叮咬传播。当人体被带病毒的蚊虫叮咬后，病毒即进入血循环中。如人体抵抗力降低，而感染病毒量大，毒力强时，病毒经血循环可突破血－脑屏障侵入中枢神经系统，并在内复制增殖，导致中枢神经系统广泛病变。病后免疫力强而持久，很少有二次发病者。北京地区流行性乙型脑炎在民国十年（1921年）开始发现疑似病例，民国二十七年（1938年）发现确诊病例，此后患者日益增多，至民国三十七年（1948年）北京发生流行性乙型脑炎131例，死亡71例，死亡率高达52.4%。1949年以后，流行性乙型脑炎持续肆虐，1949—1956年发病率平均每10万人中有11—30人，1957—1962年发病率大幅度下降，发病率平均每10万人中有3—5人。1964—1966年出现流行高峰，发病率平均每10万人中有20—50人。1971年以后，接种预防疫苗的人群从10岁以下扩大到13岁以下，从而使发病率降低到平均每10万人中有 2—5 人。由于预防措施大大加强，治疗技术比过去有很大完善，所以死亡率逐年降低，从 1949 年的平均每 10 万人死亡 5.85 人到 1977 年的 0.54 人。流行性乙型脑炎的地域分布，1958 年以前由于市区人口密集，所以市区发病高于郊区。1958—1969 年一般是近郊区发病最高，市区最低。1970—1977 年则是远郊区最高，市区最低。笔者认为，1969 年以前，流行性乙型脑炎的发病原因和人口的密集程度有密切关系。1970 年以后则和预防措施的强弱有密切关系。流行性乙型脑炎的流行时间和传播媒介蚊虫的生存期有密切关系，高峰期在每年夏季的 7—8 月，11 月底趋于消失，均与蚊虫密度变化相一致。

（14）钩端螺旋体病

钩端螺旋体病（简称钩体病）是由各种不同型别的致病性钩端螺旋体（简称钩体）所引起的一种急性全身性感染性疾病，属自然疫源性疾病，鼠类和猪是两大主要传染源。致病性钩体为本病的病原。传播途径和方式如下：（1）鼠类、鸟类等野生动物把病原体传染给家畜，家畜再传染给人。（2）人吃了被带菌鼠的尿液污染的食品，钩体就容易经消化道黏膜侵入体内。也就是经消化道、呼吸道或黏膜侵入。（3）受到致病性钩体病原感染的蜱、螨等吸血节肢动物通过吸血传播给人。家庭饲养的宠物也可以感染。钩体病常见致死原因是肺弥漫性出血、心肌炎、溶血性贫血等与肝、肾衰竭。钩体病的预防和管理需采取综合措施，这些措施应包括动物宿主鼠、猪等的消灭和管理，疫水的管理、消毒和个人防护等方面。还可以使用钩端螺旋体疫苗进行预防。

北京地区在民国二十八年（1939 年）寄生虫学家钟惠澜首先报告了 2 例钩体病。1949 年以后，1965 年 7 月驻京某部士兵因在密云水库游泳训练而染病，引起暴发流行。459 人中发病 83 例，发病率达 16.77%。1966 年海淀区也有发现。1970 年 7 月怀柔县西流水乡河防口村和范各庄村在连续大雨之后发病 102 例。同年，昌平、密云也有病例报告。1971 年 7—8 月，密云县梨树沟、北白岩村，延庆县大榆树村等地相继暴发流行钩体病，梨树沟发病率为 11.3%。同年，密云县石城、溪翁庄等 10 多个乡发病 114 例。1972 年顺义县也有发现。

钩体病在北京的自然疫区有密云县、怀柔县、昌平县、延庆县 4 个县的 14 个乡 26 个村，其主要传染源是猪及驴、骡，另外，在猪肾中也发现了钩体病原体。由此可见，北京地区钩体病的传染途径主要属于前述的第一种。往往是大雨过后，或者在家畜动物污染后的死水坑、水库中游泳后发病。

（15）布鲁氏菌病

布鲁氏菌病是由布鲁氏菌引起的人畜共患性疾病，其临床特点为长期发热、多汗、关节痛等。中国流行的主要是羊、牛、猪三种最为多见，其次是牛种布鲁氏菌。该病进入慢性期可能引发多器官和系统损害，是一种细胞内寄生小球杆状菌，可感染人畜，主要感染牛、羊、猪、狗以及骆驼、鹿等动物。传播方式主要是通过接触感染的动物或者吃被感染的食物以及实验室接触等方式传播给人类。能引起人和多种动物的急性和慢性疾病，被感染的人和动物表现为流产等症状。具有高度传染性。预防布鲁氏菌病，首先要在旅行当中避免食用或饮用未经消毒的奶、奶酪或雪糕。如果不确定奶制品是否经过消毒，那么就不要食用。此外，在处理动物内脏时应戴上橡胶手套。

北京地区在民国十九年（1930 年）开始发现布鲁氏菌病人，1932 年、1936 年、1949 年也都有发现。1949 年以后自 1956—1966 年每年都有发病的病例。科学研究人员在北京的大兴县旧宫牛场、房山县城关乡牧场及延庆县进行调查，发现奶牛和羊的流产率都相当高，并在其中发现布鲁氏菌感染的证据，并且外来羊比当地羊的感染率为高。寄生虫学家钟惠澜1955年对北京郊区的5个牧场的职工进行身体检查，发现感染率14.5%。北京市防疫站1961年对延庆、通县、怀柔县的3个牧场的104名职工进行身体检查，1962—1963年又对7个牧场的314名职工进行身体检查，其中前者感染率为27.88%，后者感染率为28.03%，几乎比1955年的统计数字高出1倍，这说明感染者还是比较多的。北京地区布鲁氏菌病的地域性和季节性比较明显，远郊区占62%以上，近郊区、市区依次减少，这大概和北京牧区的分布有关。发现的病例从每年1月开始增多，3、4月份达到高峰。

（16）狂犬病

狂犬病是狂犬病毒所致的动物源性急性传染病，人兽共患，多见于犬、狼、猫等肉食动物，人多因被病兽咬伤而感染。临床表现为特有的恐水、怕风、咽肌痉挛、进行性瘫痪等。因恐水症状比较突出，故本病又名恐水症。虽然狂犬病毒的宿主动物包括食肉目动物和翼手目动物，但狂犬病易感动物主要包括犬科、猫科及翼手目动物，全球范围内99%的人间狂犬病是由犬引起。我国的狂犬病主要由犬传播，大多数人间狂犬病病例是由于被患狂犬病的犬咬伤所致，少数是由于被抓挠或伤口、黏膜被污染所致。家犬可能成为无症状携带者，所以表面"健康"的犬实际上对人的健康危害很大。中国人间狂犬病发病仅次于印度，2007年疫情高峰时，年报告病例数达3300例。2004—2014年，狂犬病死亡人数一直高居我国传染病死亡数的前3位。有关部门发布的2015年全国法定传染病统计，狂犬病死亡人数为744人，居当年报告死亡数传染病第三位，前两位是艾滋病和肺结核。此外，调查显示，部分地区狂犬病漏报率可能高达 35%，提示我国狂犬病的疾病负担可能存在被低估的现象。

1949 年以后我国狂犬病先后出现了 3 次流行高峰。第一次高峰出现在 20 世纪 50 年代中期，年报告死亡数曾超过 1900 人。第二次高峰出现在 20 世纪 80 年代初期，1981 年全国狂犬病报告死亡 7037 人，是 1949 年以来报告死亡人数最高的年份。整个 20 世纪 80 年代，全国狂犬病疫情在高位波动，年报告死亡数均在 4000 人以上，年均报告死亡数达 5537 人。第三次高峰出现在本世纪初期，狂犬病疫情在连续 8 年快速下降后，重新出现快速增长趋势，至 2007 年达到高峰，当年全国报告死亡数达 3300 人。自 2008 年至 2015 年开始出现持续回落，2015 年报告发病人数降至 801 人。

目前，对于狂犬病尚缺乏有效的治疗手段，人患狂犬病后的病死率几近 100%，所以加强预防是最有效的办法。近年来，狂犬病报告死亡数一直位居我国法定报告传染病前列，给人民群众生命健康带来严重威胁。狂犬是人类狂犬病的主要传染源。因此，对犬进行免疫注射，或者扑杀狂犬、野犬，是预防狂犬病的最有效措施。患狂犬病的猫也是传染源之一，有条件的地方也可对猫进行免疫。凡是发现患狂犬病的动物，都应立即扑杀。对患狂犬病动物的尸体应焚烧或远离水源深埋（2 米以下），不得剥皮和食肉。在被狂犬咬伤时，除了马上清理和消毒以外，更重要的是接种狂犬疫苗和抗狂犬病血清。

民国时期为了预防狂犬病，对于养犬实行管制措施，养犬者必须呈报警察警署登记、领牌。1949 年以后，笔者记得幼时北京的胡同里还经常有野犬蹿来蹿去。1950 年 2 月 1 日北京成立卫生工程局，属下的环境卫生处接替了以前的北京清洁队。为了整治环境，环境卫生处以原来的清洁队队员组织了捕狗队。一张张布告出现在各处，要求住户限期内交出自家养的狗，手执捕狗杆的捕狗队同时扫荡城里的野狗。打狗行动雷厉风行地进行，不到两年时间，市区内狗叫声基本绝迹，环境卫生大为改观。小孩走在胡同里再也不用担心。但是在20世纪八九十年代，随着环境的宽松、人们生活水平的改善，以及城市居民精神生活多方面的需求，北京城内又出现了养犬现象。最初只是"京巴"之类小型犬，后来大型犬也越来越多。虽然政府也有城市内禁止养大型犬和所有养犬者都要登记的规定，但实际执行上却往往流于形式。更何况这些大型或小型的宠物群很少有定期接种预防疫苗的。进入本世纪以后街头开始出现流浪犬，这些流浪犬除了少部分属于走失外，大多是遭主人遗弃，即所谓野狗，于是咬人的事件不时发生，狂犬病又成为人们生活中的现实威胁。

1949年以后，北京海淀区在1956年首先发现狂犬病，至1965年在海淀区、朝阳区、平谷县、通县、怀柔县共有10人被狂犬咬伤，其中1人死亡。1973年和1977年与北京比邻的河北三河县境内的狂犬两次窜入县城，咬伤423人，其中发病8例，全部死亡。这些死亡病例都没有注射狂犬疫苗。北京市近年养犬数量愈来愈多，然而犬的免疫接种率很低，所以北京仍然是狂犬病传播的高风险区。2014年北京市动物致伤人数登记的有15万余人，2015年仅前8个月就有12万余人，比上年同期增加了11.4%。北京地区的狂犬病例多发生在成年男性，职业多为农民或农民工，主要是对狂犬病不重视，受伤以后没有及时注射狂犬疫苗所致。病例中近一半为流浪犬咬伤，另一半发病和家犬关系密切。据报道，截至8月份，2015年全市报告本地狂犬病8例，病死率100%，比2014年的3例上升了1.6倍。发病分布区域有延庆县、通州、平谷县、丰台区、海淀区、昌平县、朝阳区。海淀区致伤者人数最多，其次是朝阳区和昌平县。动物致伤的高峰期是5—8月，主要是犬，其次是猫。2016年9月一只白色中型犬在北京市朝阳区永安里、双井、劲松一带咬人，据北京市朝阳区疾控中心初步统计，大约30名市民被咬伤，包括1名4岁儿童。另据北京市疾控中心消息，在今年中秋小长假期间，北京市犬致伤人数已经超过2000人。流浪犬咬人事件多次发生，已经转化成一个社会问题，需要各地政府及社会公众给予高度关注，对流浪犬进行集中管理。

（17）流行性感冒

流行性感冒（简称流感）是流行性感冒病毒（简称流感病毒）引起的急性呼吸道感染，也是一种传染性强、传播速度快的疾病。流感病毒可分为甲（A）、乙（B）、丙（C）三型，甲型病毒经常发生抗原变异，产生变种，而且在同一变种中还可以发生改变，变异过程中往往引起流感的大流行。流感传染性大，传播迅速，防治的难度大，极易发生大范围流行。流感主要通过空气中的飞沫、人与人之间的接触或与被污染物品的接触传播。预防流感，首先是加强有关的卫生宣传，例如保持室内空气流通，流行高峰期避免去人群聚集场所。咳嗽、打喷嚏时应使用纸巾等，避免飞沫传播。经常彻底洗手，避免脏手接触口、眼、鼻。流行期间如出现流感样症状应及时就医，并减少接触他人，尽量居家休息。患者用具及分泌物要彻底消毒。平时加强户外体育锻炼，提高身体抗病能力。秋冬时节气候多变，也是流感的高发期，要注意加减衣服。机构内暴发流感的防控，搞好个人卫生，尽量避免、减少与他人接触。接种流感疫苗是其他方法不可替代的最有效预防流感及其并发症的手段。

北京地区从 1957 年开始有暴发甲型流感的病例报告，短短的 3—4 月间患者达 30 余万人。1959 年再次在远郊区县流行。1964—1965 年甲 2 型病毒发生第二阶段变种，引起流感在北京的再一次流行。1968 年 7 月出现甲 3 型流感病毒，于是引起疾病在北京地区持续流行，先是城区和近郊区，1969 年到达远郊区，1970 年发病达到高峰。1972 年、1973 年秋冬，1974 年冬，1975 年冬，北京地区都发生过流感的局部流行。这段时间内流感之所以频繁地广泛流行，就是因为 1957—1975 年北京甲型流感病毒发生 7 次抗原性改变，即 2 次亚型变更，5 次在同一亚型内改变。然而，这虽然导致了流感的较大规模的流行，但是每次流行之后人群获得一定的免疫力，当 80% 以上的人群获得保护性抗体以后，该毒株的流行即告结束，直至新亚型的产生。

1977 年 6 月北京海淀区首先发现甲 1 型流感然后很快波及石景山、宣武、西城等 12 个区县。这次流感的特点是同时发现了甲 1、甲 3 两种流感病毒，而且流行的季节在罕见的夏秋季节。

北京地区发生的流感以甲型为主，乙型流感比较少。1977 年甲型流感暴发时，易感人群主要是儿童和青少年，这主要是由于他们普遍出生于 1957 年以后，没有经历过甲 1 型流感感染，从而身体中缺少保护性抗体。

（18）流行性脑脊髓膜炎

流行性脑脊髓膜炎简称流脑，是一种特殊类型的由双球菌引起的化脓性脑膜炎。致病菌由鼻咽部侵入血循环，最后局限于脑膜及脊髓膜，形成化脓性脑脊髓膜病变。一般多流行于冬春季节。本病的主要传染源为患者和带菌者，其次是鼠、猪、犬。传播途径为经呼吸道吸入病原菌。该病在儿童中发病率高，危险性大，是严重危害儿童健康的疾病。

1984 年以前，流脑每隔 8—10 年出现一次全国性大流行，1967 年流行最严重，全国的发病率为 403/10 万。从 1984 年起全国各地连年给儿童注射了大量的 A 群 Nm 荚膜多糖菌苗以后，流脑的流行才得到了控制，全国的发病率还不到 1/10 万。1967 年为历史发病高峰，在 1977 年出现的另一个小高峰（60.1/10 万）后，疫情持续下降，至 20 世纪 90 年代，疫情维持在 1/10 万以下水平，至 2000 年，疫情维持在 0.2/10 万以下水平，2004 年疫情略有上升，年报告发病率为 0.2001/10 万。

流脑预防方法是早期发现病人，早确诊，早报告，就地隔离、治疗。流脑病菌对日光、干燥、寒冷、湿热及消毒剂耐受力很差，所以要注意个人和环境卫生，保持室内清洁，勤洗勤晒衣服和被褥；保持室内空气流通、新鲜。流行期间做好卫生宣传，不要带孩子到病人家去串门，尽量不带孩子去公共场所如商店、影剧院、公园等游玩，出门应戴上口罩。在流行病高峰季节里，如果发现孩子有发病症状应及时去医院诊治。注意保暖。感冒时病人抵抗力会降低，容易受到流脑病菌的袭击而发病。在每顿进餐时，可吃上几瓣生大蒜，这样可以杀死口腔中的病菌。饭后盐水漱口，也有利于预防流脑的发生。

目前的新情况是，我国过去 90% 以上的病例是 A 群 Nm 致病，然而现在 B 群或 C 群 Nm 有时亦引起流脑暴发。A 群菌苗对 B 群和 C 群 Nm 感染皆无预防作用，有效的 B 群 Nm 菌苗尚在研究。我国仅有 A 群和 C 群菌苗，这两种菌苗对幼儿免疫效果差，在我国注射流脑菌苗尚有空白区，易出现局部暴发。

北京地区自民国二十六年（1937 年）开始有报告病例，以后每年都有发生。流脑的流行有周期性，在北京地区每 10 年左右暴发一次。从 1949 年以后，先后于 1955—1957 年、1965—

1967 年、1975—1977 年出现 3 次流行高峰。1965 年发病率最高，达到平均每 10 万人中有 130.87—279.61 人。经过了第二个高峰之后，1980 年发病率下降到平均每 10 万人中有 2.15 人，1990 年为平均每 10 万人中有 0.27 人。

（19）天花

天花是最古老也是死亡率最高的烈性传染病之一，传染性强，病情重，没有患过天花或没有接种过天花疫苗的人，都可能被感染。不过，天花痊愈后可获终生免疫。天花是感染上天花病毒而患病。天花病毒是痘病毒的一种，人被感染后无特效药可治，患者在痊愈后脸上会留有麻子，"天花"由此得名。天花病毒繁殖速度快，而且是通过空气传播，传播速度惊人。带病毒者在感染后 1 周内最具传染性，因其唾液中含有最大量的天花病毒。但是直到病人结疤剥离后，天花还是可能通过病人传染给他人。天花刚开始也许只是家畜身上一种相对无害的痘病毒，经过逐渐进化和适应后才形成了天花这种人类疾病。而在后来，人们逐渐发现了类似牛痘感染人类的偶然情况。天花这种致命的适应过程可能发生在人类进入农业时代之后，人们开始驯养新的动物，并和动物生活在一起，而且常常就在同一所房间。天花也可能起源于人类与野生动物的接触，这就像今天中非地区的少数人被猴痘感染一样。

天花传染的途径是飞沫吸入或者直接接触，经呼吸道黏膜侵入人体，通过飞沫吸入或直接接触而传染。天花病毒有毒力不同的两型病毒株，毒力强的引起正型天花，即典型天花；弱者引起轻型天花，即类天花。从天花传染病被人类认识到它被人类消灭，人类对天花传染病始终没有一个确定有效的治疗方法，感染天花的患者只能是严格隔离直至痊愈。在天花大规模流行的时候暴发性感染患者通常在3—5天内就会死亡，其致死原因一般为无法控制的毒血症，或大出血。天花病以预防为主，接种天花疫苗（种痘）是有效的方法。不过，天花虽然是一种烈性传染病，但也是到目前为止在世界范围被人类消灭的唯——一个传染病。18世纪70年代，英国医生爱德华·詹纳发明疫苗，人类终于能够抵御天花病毒。19世纪20年代，英国发明了预防天花病的牛痘疫苗。

天花传染病在北京从清代开始有明确记载，而且传染范围之广难以想象，虽贵族皇室也不能免，康熙皇帝幼时得过天花，同治皇帝死于天花。民国时期，民国二十二年（1937年）北京地区天花传染病大流行，发病140人，40人死于天花。自1948—1950年，北京地区每年都有天花传染病流行。发病高峰期是从头一年的11月到第二年的5月。儿童占患者的大多数。由于严格执行儿童接种天花疫苗的制度，1950年天花传染病在北京绝迹。1967年开始，全国进行最后一次大规模消灭天花的活动。1980年5月，世界卫生组织宣布根除天花。现在，天花病的病毒样本仅被合法储存在美国和俄罗斯的两个实验室中，以供研究之用。

（20）猩红热

猩红热为化脓性链球菌（又称A组溶血性链球菌）感染引起的急性呼吸道传染病。中医称之为"烂喉痧"。其临床特征为发热、咽峡炎、全身弥漫性鲜红色皮疹和疹退后明显的脱屑。少数患者患病后由于变态反应而出现心、肾、关节的损害。本病一年四季都有发生，但尤以冬春季节发病最多。不过，猩红热感染痊愈后会产生免疫力，以后一般不再得。猩红热的传播途径主要是经呼吸道飞沫传播；也可经被污染物品，如书籍、玩具、衣物等传播，被污染牛奶及奶制品亦能发生传播；偶然可经擦伤皮肤感染。但是经被污染物品、牛奶及经破损皮肤发生传播是少见的，主要是通过呼吸道传播。

患者和带菌者是猩红热的主要传染源，人群普遍容易受到感染，但发病多见于儿童，以5—15岁居多。所以疾病流行期间，尤其是儿童应避免到拥挤的公共场所。对症杀菌是治疗猩红热的原则，没有疫苗可注射。

北京地区自民国四年（1915年）开始有猩红热的正式记录[1]。1936—1937年是北京猩红热传染病大流行的年份，1936年仅北京内城东南隅内一区就有254人死于猩红热，在各种传染病中高居首位。1937年猩红热患者仍有逐月增加之势，1937—1938年猩红热发病904例，1937年死亡139人，1938年死亡73人。以后逐年减少。1949年以后，被接纳各地区猩红热传染病曾有过3次流行的高峰，即1956—1959年平均每10万人中有患者200—400人，1963—1966年平均每10万人中有患者130—500人，1970—1975年平均每10万人中有患者102—300人。在各高峰期之间呈下降趋势。

（21）麻疹

麻疹是麻疹病毒（又称副黏液病毒）引起的儿童最常见的急性呼吸道传染病之一，传染性很强，在人口密集而未普种疫苗的地区易发生流行，2—3年一次大流行。麻疹的传播途径是通过呼吸道分泌物飞沫传播，目前尚无特效药物治疗。感染痊愈后人体可获得终生免疫力，主要包括体液免疫和细胞免疫，细胞免疫起

/1/　王康久、刘国柱主编：《北京卫生人事记·补遗》，北京科学技术出版社，1996年，第499页。

主要作用。少数人患第二次麻疹，多见于发生第一次麻疹后的两年内。

麻疹病毒大量存在于发病初期病人的鼻、眼、咽分泌物及痰、尿、血中，麻疹传染病是通过病人打喷嚏、咳嗽等途径将病毒排出体外，并悬浮于空气中，易感者吸入后即可形成呼吸道感染，也可伴随眼结膜感染。除主要经空气飞沫直接传播外，麻疹病毒也可经接触被污染的生活用品，作为机械携带工具，在短时间短距离起到传播作用，引起感染。

接种麻疹减毒活疫苗是预防麻疹的重要措施，其预防效果可达90%。

预防的主要措施是加强体育锻炼，提高抗病能力，隔离患者。麻疹流行期间尽量少带孩子去公共场所（尤其是医院），少串门，以减少感染和传播机会。注意个人及环境卫生，不挑剔食物，多喝凉白开。对儿童进行人工主动免疫，提高机体免疫力。目前国内外普遍实行麻疹减毒活疫苗接种，使麻疹发病率大幅度下降。我国自1965年开始普种麻疹减毒活疫苗后，已控制了大流行。但多年观察发现，麻疹疫苗并不十分完美，它所产生的免疫力并不能持续终生，而人类对疫苗的使用也很不规范。

根据统计，1949年以后北京的麻疹传染病有过三次发病高峰，即1951—1959年平均每10万人中有患者500—2000人，1961—1965年平均每10万人中有患者2000—3000人，1969—1974年平均每10万人中有患者200—400人。每次高峰的间隔期为1—3年。1988年北京麻疹传染病的发病率已经降低到平均每10万人中有患者1.6人，1990年为平均每10万人中有患者0.51人。

据1971—1977年的统计，麻疹传染病发病率一般以近郊区为最高，远郊区次之，市区最少。麻疹传染病患者过去以低年龄儿童为主，1965 年推广麻疹疫苗接种以后高年龄组儿童患者相对增加。2016 年 2 月，北京市报告 80 例麻疹病例，上升较为明显。在 2 月报告的麻疹病例中以 20 岁以上成人为主，占 86.3%。根据北京市麻疹的流行特征显示，每年从 1 月开始发病人数逐渐上升，4—5 月发病将达到季节性高峰。由此看来，对于麻疹传染病的预防还需要高度重视，不可松懈。

（22）百日咳

百日咳是一种由百日咳杆菌（百日咳鲍特杆菌）引起的急性呼吸道传染病，由于病程长达 2—3 个月，所以有百日咳之称。百日咳患者、隐性感染者及带菌者为传染源。百日咳的传播途径：咳嗽时病原菌随飞沫传播，易感者吸入带菌的飞沫而被感染。人群对百日咳普遍易感，5 岁以下小儿易感性最高。无论菌苗全程免疫者或自然感染者，均不能提供终生免疫。近年来青少年和成人百日咳有增多趋势，本人虽无多大痛苦，但可作为传染源，威胁到幼儿，所以也应该重视。百日咳全年均可发病。但冬、春两季是高发期。百日咳是传染性较强、病情顽固及并发症较严重的疾病，必须采取有效的措施进行预防。隔离患者是预防百日咳流行的重要措施，发现百日咳患者应立即对其进行隔离和治疗，这是防止本病传播的关键。疫苗按适量比例配制而成，用于预防百日咳、白喉、破伤风三种疾病。1981 年，中国响应世界卫生组织号召，实行计划免疫，目前国内已经普及百白破三联疫苗计划免疫。接种菌苗后一般可获数年免疫力。自从广泛实施百日咳菌苗免疫接种后本病的发生率已经大为减少。不过，虽然在完成百白破疫苗基础免疫 1 个月后，血清中的凝集素抗体可比免疫前增长 20 倍以上，其保护率可达到 80% 左右，但还是有 20% 的儿童会发生百日咳。

北京地区在1949年以前缺少关于百日咳传染病的记载。1949年以后，在1954年、1958年、1962年、1966年、1968年、1973年这六年中曾发生大规模的流行，一般是5—7月达到发病高峰，患者在14岁以下的婴幼儿和少年中，其中6岁以下的婴幼儿占87.22%。

（23）白喉

白喉是由感染所引起的一种急性呼吸道传染病。传染途径是白喉杆菌入侵呼吸道系统而感染发病。白喉杆菌存在于病儿或带菌者的咽喉部，当咳嗽时，通过飞沫传播，亦可通过被污染的手、玩具、食具和食品传播。健康的儿童通过以上途径接触了白喉杆菌，就有可能得病。在我国，白喉在1949年以前是一种流行较广、病死率高的呼吸道传染病。

白喉传染病具有较强的传染性，潜伏期短，传播较快。我国医学对白喉病很早就有认识，中医文献中的"喉痹""喉风""锁喉风""白蚁疮""白缠喉""白喉风"等就包括白喉病。白喉传染病四季均可发病，但秋、冬季是发病高峰期。民国二十三年（1934年）春季，市内白喉流行，传染甚速。自1月25日至3月24日，两个月间检查及注射白喉类毒素计24287人次。1949年以后我国大量生产并广泛推行白喉疫苗（白喉类毒素）接种，发病率、死亡率显著降低。目前仅在免疫不完全的人群中偶然散发。目前，我国是使用百白破三联疫苗，用于预防百日咳、白喉、破伤风三种疾病。统计表明，自实施白喉疫苗接种以来，尤其是1978年开始实施计划免疫以后，白喉发病率和死亡率大幅度下降，年发病率由20世纪50—60年代的10—20人/10万人降低到目前的0.01人/10万人，流行范围逐步缩小，1997年仅有20多个县报告白喉病例。目前，我国对学龄前儿童预防接种百白破三联疫苗，可产生良好免疫力。

对于白喉传染病的防治措施是一旦发现疑似患者就严格控制传染源，严格隔离，给予抗菌素治疗。同时切断传播途径，对患者接触过的物品严格消毒。平时锻炼身体，提高身体免疫力，对幼儿和学龄前儿童预防接种百白破。

北京地区民国时期，每年接受白喉预防疫苗注射的只有几千人，最多的时候也不过是一两万人，所以自1934年以后每年白喉患者持续增加。1946年、1947年仅收治的病人就达200余人，死亡数十人。1949年以后，在1966年以前北京地区白喉传染病发病率平均每10万人中有0.7—15.4人。1967年以后下降到平均每10万人中0.33人以下。患者中80%以上是幼儿和少年。

（24）结核病

结核病是一个很古老的疾病，而且是在世界范围内广泛流行的传染病，至今已有几千年的历史。结核病是由结核杆菌感染引起的慢性传染病。结核菌可能侵入人体全身各个器官，但主要侵犯肺脏，称为肺结核病。通称肺病。经消化道初次侵入人体的结核菌，常在肠壁形成原发病灶，引发肠结核病。

自20世纪初以来，1908年发现结核菌素试验方法，结核菌素试验对青少年儿童及老年人结核病的诊断和鉴别有重要作用，是普遍运用的辅助检查手段。又由于陆续发现卡介苗等有效的抗结核药物，由此使结核病流行得到了一定的控制。然而近些年由于各种原因，肺结核病患者的数量又有所回升。1993年国际卫生组织宣布"全球结核病紧急状态"，确定每年3月24日为"世界防治结核病日"。肺结核的发病主要取决于结核菌和个人两个方面。如果结核菌进入人体后，人体自身会调动一切防御机能进行斗争，如战胜了则不发病，如战败了则会发生肺结核，所以并不是每个感染上肺结核的人都发病。机体抵抗力低下的人群均是结核病的易感人群。如婴幼儿、老年人等等。发生结核病的概率是10%左右。这就为治疗肺结核指出了一条道路，即增强自身抵抗力。过去一些肺结核患者往往到森林、海边这些空气新鲜的地方疗养，就是这个原因。结核病的传染源主要是痰，肺结核病人通过咳嗽或打喷嚏、大笑或大声说话等方式把含有结核菌的飞沫散播于空气中，健康人吸入含有结核菌的飞沫就会受到结核菌的感染。经皮肤、泌尿道感染极少见。因此预防肺结核首先要控制传染源，及时发现及时治疗。切断传播途径，注意开窗通风，注意消毒。保护易感人群，接种卡介苗，注意锻炼身体，提高自身抵抗力，尽量减少发病机会。应该做到自觉养成不随地吐痰和咳嗽或打喷嚏时用手帕捂口的卫生习惯。另外，洗漱用具专人专用，勤洗手，勤换衣，定期消毒等；加强体育锻炼，生活要有规律，增强机体抵抗力。

民国时期，据陈邦贤《中国医学史》介绍，民国以来，据北平、上海、香港等地调查，中国每年每10万人口中约有300人患结核病，较欧、美各国高出数倍。解放前结核病的患病率和死亡率很高，有"十病九痨"的说法。根据北平第一卫生事务所1926—1931年的统计肺结核位列死因榜第一位。1945年以来由于链霉素、异烟肼、利福平等有效抗菌药物的广泛应用以及卡介苗等预防措施的逐渐推广，结核病的流行状况发生了显著的改变，患病率和死亡率大幅下降。1949年时北京职工肺结核病患者占职工总数的6%，市区肺结核患者死亡率达到平均每10万人中有230人，这个比例是相当高的。通过全社会的大力宣传、督促，1岁以下接种卡介苗疫苗的人数比率从1950年的21.6%，上升到1956年的91.2%，1974年是97.6%，因而患病率大为下降，

1977年患病率0.48%。但自20世纪80年代中期，特别是90年代，由于耐多药结核病的出现，造成全球结核病疫情升高。另外，艾滋病的问题，艾滋病本身并不会引起死亡，其致人死亡的原因是免疫缺陷导致其他疾病引起的死亡。据国外统计，1/3的艾滋病患者是因为结核病死亡。据媒体报道：中国感染结核杆菌的带菌者人数大约为5亿；估计发病人数为450万，即每10万人中有122人发病，这个数字大大超过了世卫组织的估计数；每年新发传染性病人150万，约有13万人死于结核病。因此，中国被世卫组织列为世界上22个结核病"高负担国家"之一。2000年全国结核病流行病学调查显示，我国活动性肺结核的患病率达到367人/10万人，换而言之，当时中国的活动性肺结核患者达到451万人，这一水平，不仅远高于结核病控制良好的国家或地区，也远高于全世界平均水平。中国结核病患者数仅低于印度，位居全球第二。在中国，结核病并没有消失，在相当长的一段时间，结核病控制依然任重道远。调查还发现中国结核菌感染率高达44.5%，感染者高达5.5亿人。尽管感染结核菌并不意味着结核病，但约1/10的感染者可能发展为活动性结核病。

北京地区1980年具有传染性的活动性肺结核患者达到平均每10万人中有237.1人，1983年、1986年虽然略有下降，但也在100人上下，1990年更是急剧上升到平均每10万人中有3179人。全市各地肺结核感染率差异不大，但是具有传染性的活动性肺结核患者数目市区远远高于郊区，而且商业职工高于其他行业的职工，这可能和人口的密集程度有关。由于中国耐药结核病传播方式是直接感染耐药菌为主，所以这种情况值得注意。有人说肺结核肆虐卷土重来，这一说法并不过分，相比之下我们的肺结核病的防病机构还不够完善。[1]

（25）性病

性病是指通过性交行为传染的疾病，包括梅毒、淋病等等。性病是在世界范围内广泛流行的一组常见传染病，并且目前呈现流行范围扩大、发病年龄降低、耐药菌株增多的趋势，尤其是艾滋病的大幅增加，已成为严重的公共健康问题。1949年以前，性病在我国是一种常见的传染病，当时全国性病人数达1000多万，中国第一大城市上海市当年的性病患病率高达10%。1964年以后，人民政府立即取缔关闭妓院等淫乱场所，对性病患者进行积极治疗，成立皮肤性病防治机构，组建专业队伍，加强防治。经过十余年的努力，1964年北京医学院院长兼北京皮肤性病研究所所长胡传揆教授郑重宣布：中国基本消灭了性病！

可是自20世纪80年代性病在我国又死灰复燃，并在短时间内发病率急剧上升，成为艾滋病滋生的温床。原因是60年代初期我国基本消灭了性病，但并未绝迹，个别边远地区仍然绵延不断，到70年代末期沉渣泛起，死灰复燃。另外，随着国家改革开放，中外人员流动接触非常频繁，从境外输入的机会大大增加。据估算，我国性病从国外输入的时间应是80年代初。1982—1987年，我国性病发病人数每年以成倍的速度增加，估计1995年和1996年每年订正的发病人数应是60万左右。更有人估计1995年和1996年我国每年实际发生的性病新病人数应在180万以上，他们将是各地预防艾滋病的重点人群[2]。性病的防治工作将是一

---

[1] 本章内容主要参考北京市地方志编纂委员会：《北京志·卫生卷·卫生志》，北京出版社，2003年。

[2] 王声湧：《性病在中国基本控制的经验和再出现的原因》，载于《中华流行病学》1999年第1期第20卷。

个十分艰巨而长期的任务。1975年，世界卫生组织把性病的范围从过去的5种疾病扩展到各种通过性接触、类似性行为及间接接触传播的疾病，统称为性传播疾病。性病传播途径，主要是性行为传播，间接接触传播，血源性传播（除输血外，吸毒者共用一个注射器，也可以发生血源性传递性感染），母婴传播和医源性传播。预防性病传播的措施，一方面是政府要严厉取缔卖淫嫖娼、吸毒贩毒等违法犯罪行为，加强对群众进行健康教育，提高其道德意识，使人们对性病和性行为有正确的认识，提倡洁身自爱。另一方面，个人应提高文化素养，洁身自好，拒绝不洁性行为；采取安全性行为。拒绝毒品。

性病在我国死灰复燃，除了社会原因外，还有传染病其自身的生物学规律。性病的病原体种类繁多，人群普遍易感，既无先天免疫，也无持久的获得性免疫，因而可反复感染，也可以同时感染多种性传播疾病病原体。况且至今尚无人工免疫方法，也无化学预防办法，这是性病难以根绝的原因之一。此外，我国经济建设的发展使得社会出现高密度的人口和大量流动人口，从而为性病传播提供了机会。嫖娼卖淫和吸毒禁而不止是性病蔓延的主要社会条件，而且随着年青一代性成熟生理年龄提前，以及近20多年来西方的性乱、性犯罪观念对我国青年的影响，社会观念的变化使得原来社会价值体系的控制作用被削弱，人们的性观念、性心理及对性的态度和性行为发生了变化，同性恋、嫖娼卖淫和性犯罪是这种变化的突出表现；性乱交、非婚性生活、未成年人的性体验和毫无防护的不安全性行为都是性传播疾病的潜在危险因素。据中国性学研究中心20世纪90年代调查，70%的大学生认为婚前性行为是正常的。广州市80%的大学生认为与恋人有性生活"不一定是不道德的"。

北京市在 1949 年 11 月 21 日一夜之间封闭了全市 224 家妓院，收容了 1303 名妓女，根除了性病的传染源地。妓女中的性病主要是梅毒和淋病，经过悉心治疗，到 60 年代基本消灭了性病。但是由于前面已述的各种原因，1987 年北京市又发现新的性病病例。1988 年 3 月开设了北京市首家性病专科门诊。1989 年 6 月，市卫生局为了进一步加强本市的性病防治工作，决定将北京市皮肤病防治研究中心改名为北京市性病防治所，隶属于北京市卫生防疫站，原有各项性病防治任务均由北京市性病防治所继续承担。1990 年 12 月 30 日经市卫生局决定，将北京市性病防治所隶属于北京佑安医院。我国对性传播疾病很少见到公开报道，对于北京市目前的性病患者的数目也很难有准确的统计，但很明显的是，我国的性病传播的严峻形势肯定包括北京在内。前些年来北京街头以发廊、洗浴中心、高档夜总会为招牌的卖淫嫖娼场所已经是社会中公开的秘密。这些三五步一个的发廊之类，在城乡接合部和某些繁华地段特别触目，经常有人出出进进。当时北京大街小巷的电线杆上经常贴满了私人治花柳病、梅毒、淋病的小广告。黑医生用过期的青霉素治死人的消息也时有所闻。这些年来，经过屡次打击，色情行业虽然不再如旧日猖狂，但变得更加隐蔽，现在在居民区中也还存在着一些不挂任何招牌的卖淫场所。违法分子更多的是通过互联网联络，性病患者除了过去的性职业者之外，已向普通人群中传播并扩大。由于我们对防治性病的宣传力度还远远不够，所以社会人群特别是低层次的群体对性病的认识严重不足，现在全国的形势是高收入阶层下降，普通收入阶层发病率增加；大城市人口感染率逐渐下降，中小城市人口感染率上升；性病感染患者从城市走向农村，农村患者增加。调查表明，1991—2000 年全国 8 种报告性病发病呈增长趋势，由 1991 年的 175528 例增至 2000 年的 859040 例，年均增长 19.30%。京津地区是性病发病较高的地区之一，2001 年才出现首次下降。近些年来第二代性病兴起，病原体以病毒、衣原体等微小病原体为主，目前缺乏有效的治疗药物。所以，不论从其传播上、防治上均无上策，给控制性病流行带来了难以克服的障碍。病毒性第二代性传播疾病将成为 21 世纪人类的大敌。由于现代性病的症状表现较轻，患者往往不自知，所以会通过母婴传播的途径使得新生儿患病，成为无辜的性病患者。

据调查，北京怀柔县 2005—2009 年共报告性病病例 1007 例，其中男性 542 例，女性 465 例，男女比例为 1.17∶1；年龄最大的 72 岁，最小的 13 岁，其中 20—40 岁年龄组占 63.65%。调查表明：2005—2009 年怀柔区性病年报告发病率呈逐年下降趋势，以淋病下降趋势明显，但梅毒报告发病率升高趋势明显[1]。北京丰台区 2002—2007 年共报告丰台辖区性病病例 14125 例，其中男性 9427 例，女性 4698 例，男女比例为 2.01∶1。年龄最大的 92 岁，最小的 4 天（显然是母婴传染），年龄主要集中在 20—40 岁年龄组，占 72.16%。调查表明，2002—2007 年丰台区性病总发病率呈逐年下降趋势，但艾滋病及梅毒发病率升高，尤其是艾滋病升高趋势明显[2]。因此，防治性病不但是我国当前需要面对的首要任务，而且也是北京这样的大都市在城市发展中需要重视的重大课题。

[1] 蒋贵英：《北京市怀柔区 2005—2009 年性病流行趋势》，载《职业与健康》2010 年第 24 期。

[2] 白俊梅：《北京市丰台区 2002 2007 年性传播疾病趋势分析》，载《中国性科学》2008 年第 4 期。

（26）艾滋病

艾滋病的全称是获得性免疫缺陷综合征，是由于感染艾滋病毒引起的。艾滋病毒是一种能攻击人体免疫系统的病毒，它通过大量破坏人体免疫系统中最重要的 CD4T 淋巴细胞，使人体丧失免疫功能。由此，人体易于感染各种疾病，并可发生恶性肿瘤，病死率较高。1981 年美国发表了 5 例艾滋病病例，这是世界首次关于艾滋病的记载。1985 年，一位到中国旅游的美籍阿根廷人因严重肺部感染、呼吸衰竭入住北京协和医院后很快死亡，后来被证实死于艾滋病，这是我国第一次发现艾滋病病例。也就是说，中国的第一例艾滋病病例是输入性传染病，而且输入地就在北京。艾滋病已被我国列入乙类法定传染病，并被列为国境卫生监测传染病之一。目前在全世界范围内仍缺乏根治艾滋病毒感染的有效药物。因此预防工作就是十分重要的。由于艾滋病最初是由于性滥交和血液污染引起的，所以艾滋病的预防措施首先是坚持洁身自爱，不卖淫、嫖娼，避免婚前、婚外性行为。严禁吸毒并与他人共用注射器。尽量避免和使用血制品。不要借用或共用他人的清洁用品。使用安全套是性生活中最有效的预防艾滋病的措施之一。要绝对避免与艾滋病患者的血液、精液、乳汁和尿液接触，切断传播途径。

艾滋病在我国的流行经历了三个阶段：第一阶段为 1985 年 6 月至 1989 年 9 月，可称为流行前期。这一阶段的特点是，感染者主要是传入性的，多数为外国人或海外华人。第二阶段为 1989 年 10 月至 1994 年秋，可称为流行初期。这一阶段的特点为，感染者主要集中在我国西南边境的吸毒人群及性病患者、暗娼、归国人员。吸毒人员大多数是由于共用注射器交叉感染造成患病。第三阶段以 1994 年冬为起点，可称为快速扩散期。这一阶段在我国中部和东部的流动有偿献血员等人群中发现大量感染者。20世纪90年代艾滋病在中国流行具有以下特征，首先输血是艾滋病毒传播与流行的主要途径，但很快就得到了控制。然而吸毒导致艾滋病毒的感染病例依旧保持稳定的增长，同时性行为导致感染艾滋病毒的病例也越来越多。专家推测经性传播将成为未来中国艾滋病传播最主要的途径，且应该还会持续上升。从本世纪初的调查情况来看，性传播，尤其是同性恋中男男性行为传播导致艾滋病毒感染的比率也在逐步升高。特别危险的是，在校学生人群的艾滋病毒感染率有不断上升趋势。以1989年在云南吸毒人群中发现感染为标志，中国大陆的艾滋病开始大面积高速度传播开来，尤其是近几年，呈倍增趋势。

北京市自1985年报告全国首例艾滋病病例以来，截至2013年10月31日，累计报告艾滋病毒感染者及患者15183例，其中北京户籍有3164例，占全部病例的20.8%。尤其值得注意的是，北京男男性行为人群艾滋病毒感染率较高，近几年连续超过了5%的高流行水平，2013年已经达到10%。这大概和北京社会对同性恋行为的态度比较宽容有关。在经性行为传播的艾滋病患者中，男男性行为人群艾滋病毒感染率从2006年的22.8%增至2013年（截至10月底）的69.1%，明显高于27.5%的异性传播所占的比例。此外，北京地区60岁及以上老年人艾滋病毒感染者及病人报告数近年呈增多趋势，从2007年的17例，增加到2013年的80例（1—10月份）。这大概和老年人的生活内容贫乏、缺少社会和家庭的关心有关。现在老年人寿命在延长，空巢或者与妻子关系不好等，确实存在嫖娼等高危婚外性行为的情况。据世界卫生组织报告显示：中国的艾滋病人群感染的趋势正逐渐从高危人群转向普通人群。近年来艾滋病感染者中，女性艾滋病毒感染者的比例也逐年增加。男男性行为人群由于其性行为的特殊性而成为各种性病感染的高危人群，近几年北京市新报告艾滋病毒感染者绝大部分来自这个人群。据北京市 2012 年艾滋病哨点监测，对 600 例男男性行为人群进行检测，发现 49 例艾滋病毒感染者及 4 例可疑患者，艾滋病毒阳性率达 8.17%。明显高于北京市 2008—2009 年同样人群 4.9%—5.9% 的艾滋病毒感染率。分析发现，将近 80% 的艾滋病毒感染者集中在 20—39 岁，尤其是 50% 以上年龄在 20—29 岁之间，再次说明性活跃人群仍旧是艾滋病性病防治的重点对象。男男性行为人群艾滋病毒感染者还有两个明显特征，一个是外地户籍比重大（80% 以上），另一个是学历层次相对较高（大专及以上学历者接近 60%），这也是北京作为多元文化特大城市对各地不同人群吸引的结果 /1/。北京市哨点监测男男性行为人群发现艾滋病毒感染率及发病率与梅毒感染率均维持在较高水平；艾滋病毒感染与梅毒感染有显著相关性。特别令人触目惊心的是中国疾控中心性病艾滋病预防控制中心的数据显示，在青年学生艾滋病疫情当中，2008—2010 年，男男性行为传播所占据比例为 59%—67%，然而 2014 年至 2015 年 1 月到 10 月却均高达 82%。北京佑安医院感染科医生介绍，从感染中心近几年接待检测的人群中可以发现，14—20 岁之间的年轻人占比越来越高，十四五岁的少年前来检测已不算稀奇。中国疾控中心性病艾滋病预防控制中心报告，截至 2014 年 10 月，全国已有北京等 10 个地区报告学生艾滋病感染者超过百人。2014 年上半年北京新增加的艾滋病毒感染者超过 1000 人，其中外省流动

/1/　陈强、李桂英等：《北京市 2012 年男男性行为者 HIV 及梅毒感染状况调查》，《中国皮肤科杂志》2014 年 5 月第 47 卷第 5 期。

人群所占比例仍然居高不下。

另据 2016 年 12 月 2 日《北京晚报》报道：北京市卫计委通报 2016 年北京市艾滋病疫情增幅比去年有所减少，2016 年 1—10 月，本市报告艾滋病毒感染者及病人 3135 位，较去年同期的 3181 位下降了 1.45%。目前全市现生存的感染者及病人共 15668 人，主要分布在朝阳、海淀、丰台 3 个区，占全市报告数的 50% 以上。然而，虽然自 2013 年以来北京市整体艾滋病疫情趋缓，但是 2016 年的统计数字中，外省户籍占 75% 左右，患者中外省流动人群所占比例仍居高不下；而且男男性行为人群始终呈现高流行态势，感染率连续超过 5% 的高流行水平；艾滋病传染的首要途径仍然是性传播，这些基本特点并没有扭转。同时，令人忧心的是 15—24 岁感染者和病人数增幅扩大，疫情有向年轻化发展的趋势。所以北京地区防治艾滋病传染的任务依然任重道远。

（27）红眼病

红眼病是眼睛的急性传染性结膜炎，又称流行性角膜炎、流行性出血性角膜炎。因为患病以后眼结膜通红，除了瞳孔部分之外整个眼球都充血变红，所以俗称红眼病。红眼病通过病菌或病毒传染，传染性很强，全年都可能发生，但以春、夏季节或夏、秋季节为高发期。因为这时天气炎热，细菌容易生长繁殖，非常容易造成大流行。目前，医学上还没有针对红眼病的特效疗法。红眼病是通过接触传染的眼病，如接触过患者用过的毛巾、洗脸用具、水龙头、门把手、游泳池的水、公用的玩具等。因此，该病常在幼儿园、学校、医院、工厂等集体单位广泛传播，造成暴发流行。患过红眼病的人对此病也没有免疫力，会重复感染，所以痊愈以后也必须继续注意预防。如果发现红眼病病人，应及时隔离，所有用具应单独使用，最好能洗净晒干后再用。要注意手的卫生，不要用脏手揉眼睛。不去或少去公共泳池游泳。患红眼病时除积极治疗外，应少到公共场所活动，不使用公用毛巾、脸盆等。红眼病需要重视的地方在于流行快，患红眼病后，常常是一人得病，在1—2周内造成全家、幼儿园、学校、工厂等广泛传播，对社会生活影响很大。

北京地区红眼病大暴发最初是在1972年夏季。1972年7月8日北京市革命委员会向中共中央、国务院呈送《关于当前在北京市发生几种传染病的情况报告》中说，入夏以来，气候干旱，饮食不卫生，特别是农村的饮水卫生不好，苍蝇密度比往年增高，痢疾、肝炎、伤寒、疟疾、红眼病（急性眼角膜炎）等几种传染病在城乡都比往年增多。红眼病还有发展的趋势。北京市已发出紧急通知，采取措施控制，扑灭疫情。1988年夏季，北京再次发生红眼病的大流行，给市民的正常生活和社会秩序造成了严重危害。8月11日为防止红眼病蔓延，北京市政府决定从这天起关闭全市所有游泳场馆。当时为了限制红眼病病人的广泛接触、传染，市卫生局规定："凡患上红眼病的职工，即使不请假，没上班，也一律不能算作旷工。"2007年4月25日春、夏交替，由于不注意用眼卫生，红眼病在京城部分单位或学校里出现了局部流行。各大医院虽然红眼病患者没有明显增加，但根据分析，当时已经进入红眼病高发期，虽然前来医院就诊的红眼病患者没有明显增加，这主要是大多数病人感染后在家自行用药和休息，一般不上医院。根据以往经验，每年春末夏初时都是北京红眼病的高发期，特别容易在单位或学校出现小范围流行。统计结果表明，2007年北京市6月至9月份共报告红眼病病例278例，占全年的48.69%。2008年6月19日市卫生局新闻发言人邓小虹在上午发布的健康播报中说，截至 6 月 15 日，北京市今年共报告红眼病病例 151 例，比去年同期下降 33.48%。但红眼病具有很强的传染性和群发性，预防工作已不容忽视。

2010 年 9 月 20 日，我国多个省市暴发红眼病疫情。但是由于北京市各级相关部门对红眼病加强了防御措施，群众对红眼病也有了认识，生活中自觉采取预防措施，所以 1—9 月，报告红眼病不足 200 例，尚无聚集性发病趋势。2011 年 7 月 25 日虽然北京已进入红眼病高发季节。但截至目前，累计报告红眼病只有 47 例。2012 年全市共报告红眼病 158 例。2013 年从 1 月 1 日到 7 月 29 日，全市共报告红眼病 73 例。从总体上看是呈下降趋势。

（28）"非典"传染病的暴发和遏制

"非典"，又称传染性非典型肺炎、非典型肺炎、重症急性呼吸综合征，是一种因 SARS 冠状病毒引起的新的呼吸系统传染性疾病。传染性强，病死率高，社会危害大。2003 年 4 月 16 日，"非典"暴发后，世界卫生组织宣布，这是一种传染性非典型肺炎的病原，并将其命名为 SARS 冠状病毒。该病毒很可能来源于动物，由于外界环境的改变和病毒适应性的增加而跨越种系屏障传染给人类，并实现了人与人之间的传播。正因为它是一种新的传染病，所以社会对它的认识和防治曾经历了一段艰难的摸索过程。患者是"非典"的重要传染源，主要是急性期患者，此时患者呼吸道分泌物、血液里病毒含量十分高，并有明显症状，易播撒病毒。SARS 主要通过近距离飞沫传播、接触患者的分泌物及密切接触传播，是一种新出现的病毒，人群不具有免疫力，普遍易感。"非典"的首发病例，也是全球首例，于 2002 年 11 月出现在广东佛山，并迅速形成流行态势，广东成为重灾区。国内出现"非典"病例并开始大范围流行，大致可以分为两个阶段：

2002年11月至2003年3月，疫情主要发生在粤港两地；2003年3月以后，疫情向全国扩散，其中尤以北京为烈。

为了有效遏制"非典"传染病凶猛扩散势头，我国将"非典"列入《中华人民共和国传染病防治法》2004年12月1日施行的法定传染病乙类首位，并规定按甲类传染病进行报告、隔离治疗和管理；发现或怀疑本病时，尽快向卫生防疫机构报告。做到早发现、早隔离、早治疗；在尚无有效治疗方法的时候，首先果断隔离治疗患者，对临床诊断病例和疑似诊断病例都在指定的医院按呼吸道传染病分别进行隔离观察和治疗；同时为了避免疫情扩散，对密切接触者进行为期14天的隔离观察；坚决切断传播途径，减少大型群众性集会或活动，保持公共场所通风换气、空气流通，进行社区综合性预防；大力宣传加强个人卫生习惯，不随地吐痰，避免在人前打喷嚏、咳嗽；避免去人多或相对密闭的地方，外出时应戴口罩；医院设立发热门诊，建立本病的专门通道避免交叉感染。

2003年3月6日，北京接报第一例输入性"非典"病例。病人是山西27岁女性，2月18日，去广东出差。23日回到山西后发病。应该说因为当时医疗机构对"非典"还不了解，所以一直当肺炎治疗，因而辗转数所医院均不见好转。3月1日凌晨1时由山西省人民医院呼吸科主任魏东光陪同转至北京301医院，3月4日被告知这种病与广东的"非典"情况符合，赶紧分隔病房。陪同前来的山西省人民医院呼吸科主任魏东光回到太原后也被发现感染了"非典"病毒，同时该病人的家人全部发病。3月6日该病人及其家属全部被转入解放军302医院。其后，301医院和302医院也都出现医护人员被感染的现象。最终，该病人父母由于病重不治，该病人经过22天的抢救治疗终于痊愈。4月9

日北京成立防治"非典"专家组。4月10日，北京组建防治非典型肺炎卫生防病队。4月16日，世界卫生组织宣布，这是一种传染性非典型肺炎的病原，并将其命名为SARS冠状病毒。4月17日，北京防治非典型肺炎联合工作小组成立，负责北京地区非典型肺炎防治工作。4月17日，北京防控"非典"工作小组正式成立"流调大队指挥部"，来自市及各区县疾控中心、卫生监督所等单位的2622名公共卫生人员分为市直属大队、19个分队和铁路防病队，组成了424个防病小组，在全市织就了一张疏而不漏的"非典"防控网。这对于防御"非典"是非常重要而且必需的。至此，北京防治"非典"的工作才算走上正轨。4月21日，北京高校开始率先采取了校园封闭管理的紧急措施。4月20日国务院决定从4月21日起"非典"数字一日一报，北京被确诊和疑似"非典"病例从个位数急剧攀升到百位数，全市仅有的两家传染病医院——地坛医院和佑安医院迅速爆满。4月21日，北京确定首批6家"非典"定点医院。4月21日至4月底，北京"非典"疫情处于较高水平，连续十几天每天都有90—100个病例，最高一天达到150多人。4月22日北京最新疫情为"非典"病例588例，死亡28例，疑似666例。4月23日，北京市政府发布了《对"非典"疫情重点区域采取隔离控制措施的通告》。从发布开始，所有受"非典"污染的医院、工厂、工地、饭店、写字楼、居民区、学校都采取了隔离措施。截至6月20日，北京市累计隔离30173人。4月24日，我国政府宣布将"非典"列入《传染病防治法》法定传染病进行管理。为了有效控制"非典"疫情的扩散，4月24日，西城区决定于4月24日0时对已经整体被病毒污染的人民医院实行整体隔离，这是全市第一家实行整体隔离措施的单位。同时为了断绝传染途径，决定自本日起北京170万中小学师生暂时停课。4月25日，发现"非典"患者的北方交大、中财大学生宿舍楼也实行隔离控制措施。4月26日起暂停全市歌舞娱乐场所、"网吧"、电子游戏厅、剧场、影院、录像厅等公众聚集的文化娱乐场所的经营活动。4月26日，北京市委、市政府发布《关于保障医务人员全力以赴做好防治非典型肺炎工作的若干决定》，要求各地方要保证医务人员的休息和身体健康，各种防护措施和物资要及时到位，一线人员必须配齐防护用品；医院可租用社会宾馆、饭店、度假村、培训中心，供医务人员休息；各级政府部门要切实帮助医务人员解决其家属及子女学习、工作和生活中的困难，解除医务人员的后顾之忧；要大力、及时表彰医务人员中涌现的先进典型。截至4月28日10时，北京累计收治"非典"病例2474人，其中确诊病例1199人，疑似病例1275人，治愈出院78人，死亡59人。5月初开始，疫情出现小幅回落，但仍处于高发平台期。5月6日，北京宣武医院集中收治"非典"患者。5月8日，中日友好医院集中收治"非典"患者。5月7日，全市累计2163名"非典"患者被成功地从全市各区县90多家非定点医院平安转移到16家收治"非典"患者的定点医院。早在4月下旬，北京市政府决定建设小汤山"非典"定点收治医院。5月1日，经过4000多名建设者7天7夜昼夜鏖战，一座拥有1000张床位的全国最大的传染病院正式竣工。从5月1日收治第一批"非典"病人至6月20日最后一个病人出院的50天里，小汤山医院先后收治了680名"非典"患者，死亡仅8例，病死率不到1.2%，为世界最低。5月9日，北京新增病例数首次跌破50例。5月19日，北京通报的新增"非典"确诊病例首次降至个位数，总数为7例。5月22日起，北京8万名高三年级学生开始返校进行考前复习，其他年级的中小学生也陆续分期、分批、分区域复课。5月29日，北京新收治"非典"确诊病例首次为0。5月31日，北京定点医院数量从16家减少到7家。6月2日，北京"非典"疫情出现三个"零的突破"：当日新收治确诊病例、疑似病例转确诊病例、"非典"病例死亡人数均为0。6月8日，北京首次迎来新增"非典"病例零纪录。

6月9日，被封闭的人民医院重新向社会开放。6月19日，北京绝大多数医院恢复正常医疗秩序。6月24日，世界卫生组织宣布撤销对北京的旅行警告，并将北京从"非典"疫区名单中删除。"非典"是一种新的传染病，开展科学研究是人类战胜"非典"的必要手段。目前我国"非典"科研已在病原学、实验室诊断和临床治疗等方面取得相当进展。7月28日，在全国防治"非典"工作会议上，胡锦涛总书记讲话时谈道："一个聪明的民族，从灾害和错误中学到的东西会比平时多得多。反思我国'非典'疫情发生和我们防治'非典'的过程，既有成功经验，也有深刻教训。"他具体列出了通过抗击"非典"认识到的四大问题。其一，我国经济发展和社会发展，城市发展和农村发展还不够协调。其二，公共卫生事业发展滞后，公共卫生体系存在缺陷。其三，突发事件应急机制不健全，处理和管理危机能力不强。其四，一些地方和部门缺乏应对突发事件的准备和能力，极少数党员、干部作风不实，在紧急情况下工作不力、举措失当。

统计表明，在"非典"肆虐期间，中国内地累计病例5327例，死亡349人；中国香港1755例，死亡300人。

在这场殊死斗争中，我国800多万医务工作者在第一时间，义无反顾地冲上抗击"非典"抢救生命的战场。我们国家在与"非典"病魔进行殊死斗争中付出了很大代价，其中卫生系统受到的伤害最大，包括救护车司机在内，全国有33位医务人员献出了宝贵的生命。北京地区殉职的医务人员包括在京的武警总医院医务人员在内，共有 11 位。他们分别是北京武警总医院的李晓红、北京武警总医院李彩尧、北京怀柔医院李进惠、北京东直门医院段力军、北京东直门医院李文霞、北京通州潞河医院王建华、北京通州潞河医院杨涛、北京人民医院丁秀兰、北京人民医院王晶、北京西苑医院张林国、北京通州古城医院苏庆标。人民永远不会忘记这些为了保护人民的生命和健康而英勇无畏与"非典"病魔拼死搏斗的医务人员。2006 年 6 月 24 日北京市"救死扶伤纪念坛"落成于海淀区温泉乡黛山，烈士浮雕墙正中凸起一个代表北京卫生职业特征的红心十字标志，其上 9 块青铜雕塑分别刻有 9 位英烈的形象，简单生平也铭刻在纪念坛中的烈士墙上。2007 年 4 月 5 日北京市卫生系统对烈士们首次集体祭奠，北京市各区县卫生局、各医院的 300 多位医生、护士、卫生工作者手捧鲜花，来到抗击"非典"战役中以身殉职的 9 位烈士墓碑前。2008 年 4 月 2 日北京市各界 200 余人公祭在"非典"中以身殉职的医务人员。2013 年 4 月 22 日中国医师协会在北京人民医院举行吊唁抗击"非典"牺牲医务人员活动。中国医师协会会长张雁灵代表中国医师协会，向 10 年前抗击"非典"因公殉职的北京人民医院急诊科副主任丁秀兰烈士、急诊科护士王晶烈士的雕像敬献花篮。参加活动的除中国医师协会领导外，还有北京人民医院院长王杉，以及北京人民医院医师、护士和协会相关人员等。人民将永远铭记这些英雄的事迹。

结 语

　　灾害的发生是由于自然界的异常运动造成的，有其固有的规律。有瞬间就毁掉一座城市的，如日本东京大地震和中国唐山大地震，在突然而至、排山倒海、高达数十米的东南亚大海啸面前，人类显得是如此的渺小和无奈。在数千年的人类历史上，连年洪涝和干旱，周而复始地降临到世界的不同地区，呈现出周期性的变化，人类除了筑堤抗洪或开渠引水之外，无法避免，也不可能改变这种全球性大气候的变化。对于灾害，就像对待其他自然现象一样，人类只能通过对灾害现象不断地认识和总结经验，尽量减少灾害造成的社会损失；同时，通过不断加深对灾害的认识，克服恐惧和无所作为的思想，积极面对各种灾害进行防御，减少灾害带来的各种次生灾害。要想完全避免灾害的发生是不现实的幻想，过去不可能，将来也不可能。但是，在灾害面前束手无策、无所作为的态度却是错误的，也是违反历史的。数千年的人类发展史证明，人类有能力抵御任何巨大规模灾害的打击，并在灾害的不断袭击中生存、发展。

本书所述 1949 年以后北京地区的水旱、风雹、泥石流、地震及流行病等，有关部门对此已经或正在采取各种相应的措施。

例如对于新出现的"非典"传染病，专家指出目前我国"非典"科研已在病原学、实验室诊断和临床治疗等方面取得相当进展。当然，在控制疾病流行规律和防治策略、临床治疗研究、基础医学研究方面，我们仍然还有很多工作需要做，应用开发研究方面，也要围绕早期诊断和特异性预防，开展诊断试剂盒和相关诊断方法的研究，开发疫苗和特效药物。

在预防水旱灾害方面，自 1949 年以后建造了许多大大小小的水库，在汛期控制洪水和旱期抵御干旱方面发挥了很大的作用。同时，在水利设施方面也有很大改进，除水库外，还广泛地建造机井提高灌溉面积，近几十年来又进一步发展喷灌技术，更有效地利用水资源。本书所述 1949 年以后北京地区的水旱、风雹、泥石流、地震、流行病等自然灾害，有关部门对此已经或正在采取各种相应的措施。

关于北京城市水灾问题，继 2004 年 7 月 10 日城市立交桥和局部地区严重积水，2011 年 6 月 23 日再次重现了立交桥积水、地铁进水等暴雨造成的水灾害问题。其主要原因是"过度"城市化的恶果，是城市硬化面积和透水地面面积比例失调所造成的，同时也是在解决城市交通时缺乏全面考虑的后果，这从城市积水部位大多是立交桥下的现象中即可得到证明。如果一味强调提高城市排水标准，那么势必加重下游地区的负担，甚至危及下游地区农村和城市的安全。因此问题解决的办法是必须改变过去"只排不蓄"的城市排水理念，改变传统雨污合流制和雨污分流制排水系统并存的思路，树立"城市与雨水和谐相处"的新理念，建立"留住雨水"的新思路。以新的"留住雨水"综合排水新系统来替代传统的"只排不蓄"/1/。目前北京市已经在这方面开始进行规划和实施，这将是北京今后长期需要解决的重点问题之一。

对于山区遭遇暴雨时出现泥石流危害，有关部门一方面发动群众采取群防群治的办法，北京山区有1000多名群测群防员分散在山区，定期对所在区域进行巡查，发现隐患立刻联系乡里、镇里，并报区国土分局，请应急调查队专家到现场鉴定。每年初春，房山、门头沟等全市各山区的国土分局也会对全区地质灾害隐患点开展为期1个多月的巡查，发现问题及时搬迁避险。采取了搬迁山区危险地段的村庄居民的办法，彻底解决泥石流对人民生命财产的威胁。在2012年7月21日北京遭遇特大暴雨时，门头沟区泥石流易发险村秋坡村，在7月21日暴雨来临的前一天，该村完成整体搬迁，村民均被妥善安置，全体村民躲过这场灾难。北京市国土资源局公布的数据显示，2010年北京山洪泥石流主要集中在密云、怀柔、延庆、昌平、平谷、门头沟、房山7个区县。自1994年以来，本市已5次启动山区农民搬迁工程，以解决山区农民的安全避险及生存环境问题，共搬迁4.58万户，13.32万人，市财政累计补助12.21亿元。自2003年10月—2008年，延庆已经有近5000人陆续迁出。而怀柔、昌平、密云、平谷、门头沟、房山，计划到2012年底，搬迁涉及山区的20972人。目前全市山区农民解决泥石流避险和彻底解决生存环境的规划已经做到2017年。北京市规划国土委公布的数据表明，全市突发地质灾害易发区面积为9169.2平方公里，高发区的面积为3019.3平方公里，占全市总面积的18.40%。突发地质灾害类型主要有

/1/ 刘延恺：《解决城市排水问题需要新思路》，载于《中国防汛抗旱》第21卷第6期2011年12月。

泥石流、崩塌、滑坡和地面塌陷等。截至 2016 年 5 月底，最新的地质灾害隐患点排查结果显示，全市突发地质灾害隐患点共4736 个，威胁了 97 个乡镇，742 个行政村，受威胁群众达到 5.8万人。因此，北京地区防御各种地质灾害的任务可谓任重而道远。另外，北京市山区占全市总面积的 61.3%，除门头沟、延庆、怀柔、密云等山区县以外，昌平、平谷、房山三峡三县的山区也占全县面积的 2/3，这些山区的沟壑在大暴雨的时候很容易出现山洪暴发，威胁山区居民的生命财产安全。例如今年（2016 年）8月 12 日北京突降暴雨，降雨主要集中在密云水库流域，密云水库蓄水量达到 10 个昆明湖的体量。密云县大城子镇、穆家峪镇、巨各庄镇等地区最高时降水量多达 208 毫米，多处地区遭受暴雨引发的洪水灾害。密云区镇村三级共投入 8100 人进入防汛一线，共转移 184 个村、3584 人到安置点。因此，北京山区除了泥石流之外还要注意突发山洪的威胁。

对于地震灾害的研究，这是全世界科学家都在探讨的课题。相对于气象灾害来说，地震灾害的研究更加复杂。近些年来北京的地震工作者取得一些突破性的进展，2009 年北京的科学技术人员经过 4 年的努力已经完成了北京主要地裂缝位置图。但是我们在可以期望的未来还不能有效地预测地震的发生的时候，最有效也是最可行的办法无非加强建筑物的坚固性，而这也正是目前建筑业最受人诟病的地方。一些人盲目地把希望寄托在北京是数百年古都，老祖宗的选择有先见之明；有人宣扬北京城区没有地层裂缝，感叹古人知识的神秘不可测。其实这都是不可靠的自我安慰。前已言之，北京历史上有过大地震，而且牢固如紫禁城的皇家建筑也受到破坏，连皇帝也到帐篷里去避难。所以谁也不能保证北京地区今后不会发生大地震，那些盲目迷信和乐观的态度都是错误和极其有害的。目前在环渤海地区的京津冀首都圈 15 万平方公里的范围内中国地震局布置了非常密集的地震台站，共计 107 个数字地震台站、120 个强震动观测台、200 多台套地震前兆观测设备，自 20 世纪 80 年代以来又设立了先进的地温观测点，监测强度和手段都是空前的。事实上，对于 1976 年的唐山大地震，我国的地震科学家也是有所觉察的，尽管不是十分精确。宋庆龄于 1975 年 2 月 18 日给香港友人之子邓广殷的信中说道："亲爱的广殷：我匆匆写这几行字是要告诉你，我们接到通知，现在到这个月底有一次 6 级左右的地震，中心在北京。你可以想像（象）的（得）出，每个人都很紧张。一些上海的朋友催我回上海的家，但是那样会给这里的人民中间引起更大的恐慌，所以我还是留在这里，不管会发生什么。"后来发生的河北唐山大地震是在 1976 年 7 月 28 日，虽然两者相隔一年零五个月，不过这表明我国在地震研究方面正在接近对真相的揭示。

自然灾害是客观存在的，它将伴随着人类社会的每个发展过程，所以持续不断地研究灾害、抵御灾害就是人类社会生活中的一项不可忽视的内容。问题是随着人类经济社会的发展，由于我们对环境保护和自然环境的变化规律缺乏科学的认识，而且不断出现新的自然灾害，所以不断监测环境的变化，对各种异常自然现象加强研究和认识，尽早地发现灾害产生的规律就是人类社会的当然使命。同时，认识自然环境的运动规律，杜绝违反自然规律的行为发生，也是人类在经济社会发展中需要高度重视的问题。

主要参考资料

［1］ 北京市地方志编纂委员会 :《北京志 · 卫生卷 · 卫生志》, 北京出版社, 2003 年。

［2］ 王康久、刘国柱主编 :《北京卫生大事记 · 补遗》, 北京科学技术出版社, 1996 年。

［3］ 北京市地方志编纂委员会 :《北京志 · 自然灾害卷 · 自然灾害志》, 北京出版社, 2012 年。

［4］ 北京市水利局 :《北京水旱灾害》, 中国水利水电出版社, 1999 年。

［5］ 北京市北运河管理处、北京市城市河湖管理处 :《北运河水旱灾害》, 中国水利电力出版社, 2003 年。

［6］ 北京市永定河管理处 :《永定河水旱灾害》, 中国水利水电出版社, 2002 年。

［7］ 北京市潮白河管理处 :《潮白河水旱灾害》, 中国水利水电出版社, 2004 年。

［8］ 通州水资源局 :《通州水旱灾害》, 中国水利水电出版社, 2004 年。

［9］ 顺义区水资源局 :《顺义水旱灾害》, 中国水利水电出版社, 2003 年。

［10］ 怀柔区水资源局 :《怀柔水旱灾害》, 中国水利水电出版社, 2002 年。

［11］ 密云县水资源局 :《密云水旱灾害》, 中国水利水电出版社, 2003 年。

［12］ 海淀区水利局 :《海淀水旱灾害》, 中国水利水电出版社, 2002 年。

［13］ 延庆县水资源局 :《延庆水旱灾害》, 中国水利水电出版社, 2002 年。

［14］ 门头沟水资源局 :《门头沟水旱灾害》, 中国水利水电出版社, 2003 年。

［15］ 房山区水资源局 :《房山水旱灾害》, 中国水利水电出版社, 2003 年。

［16］ 丰台水利局 :《丰台水旱灾害》, 中国水利水电出版社, 2003 年。

［17］ 大兴区水资源局 :《大兴水旱灾害》, 中国水利水电出版社, 2003 年。

［18］ 朝阳区水利局 :《朝阳水旱灾害》, 中国水利水电出版社, 2004 年。

［19］ 平谷区水资源局 :《平谷水旱灾害》, 中国水利水电出版社, 2002 年。

［20］ 昌平区水资源局 :《昌平水旱灾害》, 中国水利水电出版社, 2004 年。

［21］ 北京市气象局 :《北京气候资料》（1—4）。

［22］ 北京市科学技术协会 :《首都圈自然灾害与减灾对策》, 气象出版社, 1992 年。

［23］ 霍亚贞主编 :《北京自然地理》, 北京师范学院出版社, 1988 年。

图书在版编目（CIP）数据

北京当代自然灾害史 / 于德源著 . ‑‑ 北京 : 北京
燕山出版社 , 2023.5
ISBN 978‑7‑5402‑6856‑5

Ⅰ . ①北… Ⅱ . ①于… Ⅲ . ①自然灾害—史料 —北
京 Ⅳ . ① X432.1

中国国家版本馆 CIP 数据核字 (2023) 第 038530 号

北京当代自然灾害史

著 者	于德源
出版策划	金贝伦
责任编辑	贾 玮 王 迪
书籍设计	XXL Studio

出版发行	北京燕山出版社有限公司
社 址	北京市西城区椿树街道琉璃厂西街 20 号
邮 编	100052
电 话	010‑65240430
印 刷	北京富诚彩色印刷有限公司
开 本	710mm × 1000mm 1/16

字 数	280 千字
印 张	25.5
版 次	2023 年 5 月第 1 版
印 次	2023 年 5 月第 1 次印刷
书 号	978‑7‑5402‑6856‑5
定 价	88.00 元